VOLT RUSH

Henry Sanderson

THE WINNERS AND LOSERS IN THE RACE TO GO GREEN

電気自動車は本当にエコなのか

サプライチェーンの
資源争奪戦から環境破壊まで

ヘンリー・サンダーソン
柴田譲治 訳

原書房

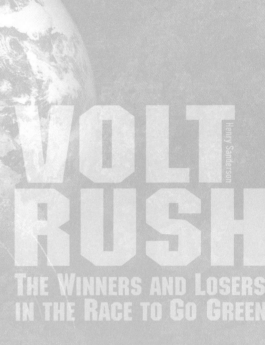

電気自動車は本当にエコなのか

サプライチェーンの資源争奪戦から環境破壊まで

目次

序章

「我々は今、想像もつかないほど猛烈なレベルにまでバッテリー生産を増強しなければならない」（テスラ社ＣＥＯイーロン・マスク）[1]

世界が封鎖状態に置かれていた２０２０年中頃、私の家族は電気自動車を手に入れることに決めた。当時私は7か月になる息子の将来について、そして世界が迅速に行動し気候変動の脅威を緩和できるのか、真剣に考えるようになっていた。その頃テスラの株価は急騰し、その生産台数はトヨタが生産する年間１１００万台にくらべれば微塵《みじん》のような数にもかかわらず、テスラは世界で最も価値のある自動車メーカーになろうとしていた。その年の4月にテスラのモデル3が英国でベストセラーになると、友人たちは購入の一大決心をし始めた。息子の未来は、将来でなく現在の私たちが下す決断で決まることはわかっていた。新型コロナウイルスのパンデミックによって世界中の経済活動が停止した時でさえ、伝えられる気候変動のニュースは深刻だった。

シベリアの熱波が世界の気温を上昇させ、史上2番目の暑さを記録した。化石燃料の消費が原因である気候変動の影響はよくわかっていても、その影響を抑えることができない。そこで私は古くなった2ドアガソリン車を売りに出し、リースの電気自動車を探すことにした。その時グーグル先生が教えてくれたのは「ガソリン車はお払い箱になるのだろうか」という人気の高い検索トピックだった。

　電気自動車は倫理的消費者《エシカル・コンシューマー》の御用達である。確かに倫理的消費というアイデアは魅力的で、現在のライフスタイルをほんの少し変更しほんのわずかな犠牲で世界を変えることができる。インデクストラッカーからグリーン投資ファンドに切り替えガソリン車から電気自動車に乗り換えるのである。ＢＢＣは「通勤やショッピングといった移動手段の選択も、気候に関わる毎日の重大な判断になる」ことを教えてくれた。[2]私が利用したリース会社は、自動車が「環境と共存する世界」を確信していた。私は将来の私が自家用車を充電しながら、かつてのガソリン車をどのような思いで振り返るのか想像してみた。ガソリン車を運転することは地球に対する理不尽な破壊行為で、完全なる反社会的挑発行為と映るようになるのだろうか。

　私は中国で30年続いた自動車ブームの最終盤の7年間を北京で過ごした。今もその時の息苦しさの記憶とともに目が覚める。喉の奥には乾いた金属っぽい味が感じられ、マスクの中は息の熱で蒸れ（新型コロナウイルスよりずっと前の話）胸の中央部が締め付けられるような感じだ。巨大な環状道路に連なる赤いテールライトが汚水色をした夕闇のなかに溶け込んでいくのを見つめ、人口2000万人を超えるこの都市から脱出できないのではないかと感じていたことを思い出す。北京がまるで地球の反対側から送られてきた絵葉書のように感じた日もあった。中国の自動車需要は圧倒的で止めることができない巨大勢力のようにも思えた。消費への欲望は都市全体を飲み込み、ついには自動車のために新たな都市を建設しなければならなくなっていたのである。

私が生きている間に中国の自動車市場が急成長したことは由々《ゆゆ》しき事態だった。気候変動への重要な対策として、私たちは電気自動車の製造を爆発的に増加させなければならない。現在の電気自動車の台数は全世界で約1000万台。北京を走る自動車の2倍足らずで、世界の自動車総台数の1パーセントにすぎない。世界全体では10億台以上の自動車が走っているのだ。バスやトラックも電気自動車に、さらに船舶やフェリー、航空機でさえ動力を電気に替える必要がある。そのためには数年前には想像もできなかった数量のバッテリーが必要だ。テスラ社を創立した南アフリカ生まれのイーロン・マスクは、電気自動車と再生可能エネルギーの電力を蓄えるバッテリーを供給するため、ネヴァダ州の砂漠に巨大なバッテリー工場「ギガファクトリー」を建設した。しかしそれはイーロン・マスクに限ったことではない。2020年の中国では、毎週のように新しい工場が建設されていたのである。

わたしはこれまでも『ファイナンシャル・タイムズ』の記者として、電気自動車に必要な原材料について取材してきた。リチウムやコバルト、ニッケル、銅そしてアルミニウムや鉄鋼といった物質だ。これらの金属のサプライチェーンと金属に関与している人物について詳しく調査するほど、ガソリンから電気への転換がもたらす経済覇権の移行がはっきり見えてきた。マスクとテスラがメディアの注目を浴び名声を得る一方、その裏では大儲けをしようとする億万長者の闇の世界、シャドウ・ワールドの存在があった。そして新たなゴールドラッシュが始まったのである。

コンゴ民主共和国では、鉱山都市コルヴェジにある緑と白で彩られた小さな空港にプライベートジェットが着陸するそばで、子どもたちも総出でコバルトを手掘りしている家族を目にした。チリでは灼熱《しゃくねつ》のアタカマ砂漠で、リチウムを抽出するマンハッタンほどの広さの巨大な池を見下ろした。中国では石炭火力発電で24時間稼働するバッテリー工場とリチウム・プラントを訪ねた。工場周辺の草原では水牛がのそのそと移動している。これらはすべて電気自動車のサプライチェーンの一部である。さらに多くの企業はこれらの資源を求めて深海の採掘計画さえ予定している。最後の未開地を開拓して資源採掘の道を開こうというのである。

毎日、私たちはiPhoneを充電し電力を輸送するために金属や鉱物に依存している。ところがデジタルテクノロジーは私たちがこうした物質世界から解放された経済に生きているかのような感覚を与える。実際にはそうした感覚の背景で、歴史上これまでにない大量の鉱物が採掘されているのである。人類がのめり込み始めた新たな依存だ*。人工知能AIやモノのインターネットIoTそしてロボットによる支配の切迫も話題になっているが、私たちの社会は、ヨーロッパ

* 米国の証券会社バーンスタインの分析によると、GDPを1パーセント増やしたければ採掘量を2パーセント増やさなければならない。

諸国がかつて石油が必要というだけで中東を分割した時代から多くの点で進歩できないままだ。

化石燃料から電力への転換の影響は経済面だけでなく、環境面にも及ぶ。これらの鉱物を採掘し精錬するには膨大なエネルギーが必要で、地域生態系も汚染されるからだ。再生可能エネルギーや電気自動車への転換の議論では忘れられがちな点だ。私たちが使っているあらゆる製品が、原材料の採掘と製造工程で世界の炭素排出に寄与している。世界の炭素排出に対して鉱業が占めるのはおよそ10パーセントと推定されている。鉄鋼の製造には石炭が必要で、バッテリーの製造には、電気化学性能が高く最軽量の金属であるリチウムが欠かせないため、鉱業はなくてはならない産業だ。電気自動車（EV）革命は、EVそのものは本質的に環境に優しいものだが、実現するには環境と世界の覇権の力学に影響を与える数多くの選択肢がある。

グリーン・エネルギーの伝道師たちは、将来石油を使わなくなれば紛争もなくなると当然のように考える傾向がある。たとえば著名な活動家ビル・マッキベンは「世界が太陽で動くようになれば、石油をめぐる紛争もなくなるだろう」と書いている。[3] iPodの発明者であるトニー・ファデルも同じ考え方で、『ワイアード』誌に「とても安価で非常に効率的なエネルギー貯蔵テクノロジーがあれば、油田をめぐる争いはなくなるだろうから、戦争もなくなる」[4]と述べている。しかしクリーン・エネルギーのインフラを構築するために必要となる原材料の確保は、石油時代と同様に地政学的である。新しいクリーン・エネルギーのサプライチェーンの一翼を担える国々は利益を得る一方で、そうでない国は辛酸を舐《な》めることになる。

クリーン・エネルギーへの転換はすでに欧米と中国との間の地政学的緊張を高めている。過去10年間で、中国はバッテリーやソーラーセルなどのクリーン・エネルギー・テクノロジーとその基盤となる資源サプライチェーンの双方で支配的な地位を占めるようになった。こうした鉱物の多くは地殻内の希少な存在というわけではないが、その大部分を精錬して製品化しているのが中国だ。私の自動車に使われているリチウムとコバルトもオーストラリアとコンゴで採掘されているのだが、精錬されるのは中国で、しかもそれを用いてバッテリーを生産しているのも中国の企業である*。バッテリー生産に用いる電力は、おそらく中国企業が新疆《しんきょう》（シンヂィァン）ウイグル自治区にある石炭火力発電を使って製造した多結晶シリコンを用いたソーラーパネルで発電されているのだろう。銅も中国に何百もある銅製錬所のひとつで精錬されたものにほぼ間違いない。つまり中国なしでは環境に優しいバッテリー駆動の未来へは移行できないのである。またエネルギーの自立性を高めていくにしても、こうしたサプライチェーンが最大のアキレス腱になる。

本書ではこうしたサプライチェーンとその背後にいる登場人物に光を当てる。そこには世界で最も秘密主義的な資源開発会社や、チリやオーストラリア、インドネシアの鉱山を買収する中国の民間企業、そして世界最大手の自動車メーカーであるテスラやフォルクスワーゲンが関わってくる。本書では化石燃料からの転換について、読者が正しく考える一助になればと考えている。

＊　本書で「コンゴ」と言う場合１９６４年以降については「コンゴ民主共和国」（コンゴ＝キンシャサ）のことであり、コンゴ＝ブラザビルではない。

必要となる資源は地殻に埋まっている。では私たちはそうした資源の採掘にどの程度の環境費用と社会費用を負担する心づもりなのだろうか。不正な掘削は監視がなければ、サプライチェーンの下流側企業による「グリーンウォッシュ」の裏に隠され見えないままになる。現在はまだ電気自動車革命の黎明期だ。つまり消費者は企業を正しく行動させ、この革命の否定的側面を問いただすめったにないチャンスを握っていることになる。グリーンテクノロジーを敵視すべきではないが、批判的視点も失ってはならない。化石燃料の時代は20世紀に長い傷跡を残した。だからこそ環境に優しい未来の産業がもっとよりよく発展するように行動しなければならないのである。

第1章 バッテリー時代

「スパイスの流れを絶やしてはいけない。新しいスパイスの流れだ」
（テスラCEOイーロン・マスク[1]）

2020年9月下旬フリーモントでの同社の株主総会で、イーロン・マスクはカリフォルニアの明るい陽光のもとステージに元気よくのぼり、テスラで満車状態の駐車場に向かって演説した。「バッテリー・デイ」と銘打って、マスクが数か月も前から宣伝してきたイベントである（彼はとんでもないものになると確約していた）。ところが新型コロナのおかげで、出席者は眩《まぶ》しく輝くモデル3とモデルYの車内でマスクをつけて運転席に座ったままだ。彼らは通勤時に交通渋滞に捕まったかのようにクラクションの不協和音を浴びせてマスクを出迎える。すると「新しい形の株主総会へようこそ。テスラ・ドライブイン・シアターのようなものです」とマスクは応えた。[2]出席者は当然喜んでいただろう。なにしろテスラ株はパンデミックの間に急騰し、生産車両台数からすれば世界自動車市場のわずか1パーセントにすぎないのだが、資産価値は世界一の自動車メーカーとなったのである。時価にすると出席者が乗っているテスラ1台当たり100万ドルだ。テスラが電気自動車モデル3の生産を伸ばそうとあくせくし破産寸前だった頃から、数年で飛躍的な成長をとげた。テスラ社は移り変わりの激しいシリコンバレーで富裕層向けの自動車を製造する新興企業として出発し、世界で鎬《しのぎ》を削りあい、利幅の薄いビジネスである本格的な自動車メーカーとなった。そして人々が本当に買いたいと思うような車を作り出すことで、100年以上にわたり普及が阻《はば》まれてきた電気自動車の活路を見出したのである。それと同時にマスクの一言一言に注目し、自分のテスラ車についてツイートする熱烈な信奉者も生み出していた。

バッテリー・デイでマスクのライフワーク的ミッション（人類の火星移住もそのひとつ）は第二段階に移った。黒のTシャツ姿でマイクロホンを握り、気取った身振りでステージを行き来するマスクは、バッテリーの価格を半額にし、大衆市場向けに2万5000ドルの電気自動車を製造する計画を大づかみに力説する。するとクラクションが鳴り響いた。しかし、そんな誇大宣伝と興奮はあっても、電気自動車は依然として高額すぎてガソリン車の競争相手にはならない。100年以上前にヘンリー・フォードはモデルTを発売し、労働者階級が購買できる車を製造することで自動車時代を導いたわけだが、マスクにはこのフォードの野心を彷彿《ほうふつ》とさせるものがあった。フォード以前、自動車は贅沢品だったが、フォードは車両価格を平均年収以下に抑えると心に決めた。フォードがコスト削減のため流れ作業の自動車組み立てラインを開発したように、マスクはバッテリーの生産規模を拡大する必要があった。マスクによるとテスラが２０３０年までに年間２０００万台の電気自動車を製造するようになるには、バッテリー生産を１００倍に拡大しなければならない。

ただしこれはテスラの場合だ。バッテリー・デイまでには、ゼネラルモータースからフォルクスワーゲンまで世界中のほとんどの自動車メーカーが電気自動車の製造に踏み切ることを宣言していたのである。さらに20か国以上が将来ガソリン車とディーゼル車の販売を停止することを発表していた。

そしてマスクは爆弾発言をする。テスラはネヴァダ州にすでに1万エーカー、およそ40平方キロメートルの土地の所有権を獲得しており、そこで食卓塩からリチウムを抽出する計画をしているというのだ。リチウムは電気自動車用バッテリーの肝となる金属である。実は米国には国内の全車両を電気自動車化するのに十分なリチウムが存在するとマスクは言う。「地中から大量の土を掘り出してリチウムを分離する。残った土はもう一度地中に戻してやる。作業前とぜんぜん違わない光景になるだろう。悪くないじゃないか。素晴らしい」とマスクは力説する。「地球にはリチウムが大量に存在する。最高じゃないか[3]」

しかしテスラの目標を実現するには、現在世界で生産されているリチウム総量の4倍が必要だ。国際エネルギー機関（ＩＥＡ）はリチウムの需要が２０３０年までに30倍、２０５０年には１００倍以上にのぼると予測している。ところが米国ではリチウムやコバルト、ニッケルはほとんど生産していなかったし、充電ステーションに必要な銅や送電網もほとんどない。それはヨーロッパでも同じだった。

マスクのリチウム事業は数年間は金属を生産しそうにない。むしろ彼の演説は開店休業中の鉱業界を奮い立たせることを目論んでいた。聴衆の中には米国の2大リチウムメーカーの重役たちもいた。そしてマスクのこの演説はフォードの重要な副官であったチャールズ・ソレンセンの100年前の発言を彷彿とさせた。「他社が我々の需要を満たせるだけの鉄鋼を供給してくれないなら、我々で生産しようじゃないか。簡単なことだ[4]」

それまではマスクもグリーン・バロンたちに頼らざるを得ないだろう。グリーン・バロンとは新興のクリーン・エネルギー・サプライチェーンを支配する企業のことだ。100年前のフォードモデルTは初期の石油掘削業者と精製業者に富をもたらし、世界規模の石油産業と世界最大の企業の創立に貢献することになった。そして今マスクは似たような原材料ラッシュを始動していたのである。そして「スパイスの流れを絶やしてはいけない。新しいスパイスの流れだ」と、宇宙旅行と寿命の延長に必須のスパイスを生産した惑星の覇権闘争を詳細な筆致で著した1965年のSF小説『デューン砂の惑星』を引き合いに出してみせた。マスクのいうスパイスとは数種類の金属のこと、つまりリチウムとコバルト、銅そしてニッケルだ。

バッテリー時代の始まりである。

第2章 期待はずれのEV——苦難の歴史

「電力は偉大である。多くの複雑なレバーを操作して歯車がガラガラうなりをあげることはない。大馬力の内燃機関がバタバタ、ガタンガタンと恐ろしい音を出すこともない。水の循環システムが故障することもない。ガソリンのあぶなそうで嫌な匂いも騒音もない」（トーマス・エジソン[1]）

「1年以内に、電気自動車の製造を開始したい。1年も先のことを話すのは好みではないが、あえて私の計画の要点を話しておこうと思う」

「実はエジソン氏と私は安くて実用的な電気自動車を数年間研究してきた。実験車両を製作してきて、その方法でうまくいくことがわかり満足している。現在の課題は再充電なしで長距離走行が可能な軽量のバッテリーを開発することにある。エジソン氏は現在そのバッテリーの実験に取り組んでいるところだ」（ヘンリー・フォード[2]）

英国で2度目のロックダウンが解除された直後、晴れた12月の寒い日、車で我が家の電気自動車を受け取りに出かけた。クリスマスまでの束の間、久しぶりの開放感を味わう車で道路は渋滞していた。自家用車があれば他の世帯と接触しなくてすむので、パンデミックの中でも安全に外出することができた。自動車がそもそもの目的を取り戻したことにも気付かされた。行きたいところへ好きな時に行けることである。それは米国文化をうまく表現し西洋社会を規定する概念でもあった。私はそんな時代の空気とともに育った。今では電気自動車が車を所有するあらゆる便益を約束し、後に車の所有に取り憑いた罪悪感も電気自動車にはない。英国のエネルギー構成の変化、そして私の自動車の動力源となるエネルギーの変化は目覚ましかった。英国の電力構成に占める石炭の割合は2013年に40パーセントだったものが2パーセントにまで減少した。1日ごとに見ればその割合が0になる日も多かった。現在私たちが燃焼させている石炭の量は、最初の石炭火力発電所が建設された1882年当時よりも少ない。私の車は風力と太陽光のエネルギーで充電されている。再生可能資源でのドライブは、考えるだけでもワクワクしてくる。

自分のガソリン車を手放す前、ロンドン東部の狭い通り沿いにあるジャックが経営する修理工場へ愛車を持ち込んだ。彼はエネルギッシュな起業家精神の持ち主だ。ジャックはボンネットを開けるなりエンジンを点検し始めた。そしてシリンダーが失火していると教えてくれた。絶滅寸前の外来生物でも見るかのように私もエンジンを覗き込んだ。エンジンの回転音と嗅ぎ慣れた臭いに包まれる。ジャックはこれまでエンジン修理一本に携わってきた。彼はエンジンをこよなく愛しているのだ。「エンジンはわかってしまうととてもシンプルなんだ」と彼は言った。私が電気自動車について意見を聞くと、ジャックはため息交じりに「電動はいいよ。だけど電気自動車にも難点はある」と言う。「慣れるまでの問題があるんだ」

私はすぐにジャックの言っていた問題に遭遇することになる。石油に一生をかけた父とともに私はテスラを受け取るドライブ中だった。父はイラクのキルクークで生まれた。そこでは祖父がイラク・ペトロリアム・カンパニーという長年世界最大だった4つの石油会社のコンソーシアムに勤めていた。1958年に勃発したイラク将校団による7月14日革命の後も会社は存続した。この革命により西側諸国が後ろ盾となっていたハーシム王政が転覆する。西側の石油企業が世界の石油市場を席巻《せっけん》し、中東を山分けにしていた時代である。こうした情勢の中でヨーロッパと米国での自動車文化が急速に成長した。父と同じように私も自動車の時代に生まれ育った。20世紀後半には移動距離が拡大し自家用車の台数も急増した。2001年にMITの研究者はこの時代をモビリティの「黄金時代」と記している。[3]

私たちはソープ・パークに到着した。子どもの頃よく急流すべりに乗るためにこのテーマパークに来たことがある。しかし今日そのテーマパークは臨時休園で、1区画がテスラの貸し切りになっていた。そこはカリフォルニアから到着したテスラがずらりと並び、冬の陽光の中で眩しく光り輝いていた。私たちは自動車のキーをもらうため事務所の外で列に並んだ。テスラのキーは黒いカードキー2枚だ。カウンターの向こうの男が車のソフトウェアは駐車場を出ると一時的に停止するが、引き続き運転はできるので心配しないようにと教えてくれた。その係員の顔つきからそれ以上の質問は無理だと分かった。彼は駐車場を指差して、Ｕターンするように指示した。車まで案内する人はなく、操作法も教えてくれない。「持続可能エネルギーへの転換を加速してくださり、ありがとうございます」という掲示があった。父と私は寒い中を歩き出し、私たちの車を見つけると不安を抱えながら車内に入った。ＱＲコードをスキャンして大きなタッチスクリーンと格闘していると、すぐにソフトウェア・アップデートのチェックが始まった。脇を歩いていく若い男をつかまえて助けてもらう。後部ワイパーはどこにあるのか聞くと、彼は笑いながら「テスラにはついてないんだ」と教えてくれた。

　そして出発だ。静かだ。何かが足りない気がする。もう動き出しているではないか。道路を滑るように動く。内燃機関の存在感、その騒音と振動に慣れきっていた私は、最初深遠な喪失感を味わった。車内を暖め霜を解かすエンジンがない。ラジオを選局するために大きなタッチスクリーンをスクロールしていると、女性の声がラウンドアバウトの交差点に来るたびに指示をしてくる。しばらくは大きめのゴルフ・カートに乗っているような感じだった。しかし高速道路に入ると、車は恐ろしいほど加速していくので、そんな気分は吹き飛んだ。そして米国の発明家エジソンの言葉が正しかったことに納得する。電気はすごいのだ。１９０９年エジソンは昼食の席である友人にこう語っている。「動力を得るために燃焼を利用するなんて考えるのもうんざりだ。まったくの無駄だ[4]」

テスラに組み込まれているソフトウェアのおかげで、多くの作家が自動車時代の終焉《しゅうえん》を嘆き始めていた。作家マシュー・クロウフォードにとって、特に自動運転車はタイヤに乗ったコンピューターでしかないだろう。シリコンバレーの重役らは「どんな操作をしても安全な車を作ろうとしている。要するに我々を阿呆扱いしているのである」[5]。自動車産業の元広告担当重役だった作家ブルース・マッコールも『ニューヨーカー』誌でこうした状況に似たような悲哀感を漂わせつつ「自動車の熱情的ともいえる絶頂期に冒険心を掻《か》き立てられるドライブ[6]」を体験できて幸運だったと書いている。そして「およそ自動車マニアの最後の世代」と言い「自動車の宣伝の仕事をしていた頃とくらべれば、自動車は感動のない中性的な大型機械と化し、パフォーマンスよりエンターテインメント性を競うようになった。ドライバーに判断が求められるのではなく、技術的な介入によってリスクを軽減する。安全性の面では良いことに違いなく先進的だが、未来はドライバーが完全自動運転のいけすかない車の乗客となる方向に向かっているのだ」

しかし私にしてみればこれらの作家は重要な点を見落としている。電気自動車で重要なのは小洒落た電子機器やソフトウェアではない。エキサイティングに進化したのはバッテリーである。自動車の下には何千個ものバッテリー・セルがあって、アルミニウム製のケースに収められている。電気自動車が実現できたのはこのバッテリーの改良のおかげだった。そしてテクノロジー業界の飛び切りの億万長者ではないこの私が電気自動車に乗り、なんの心配もなく約３００キロをドライブできるのである。内燃機関からやっとのことで奪取した勝利だ。

＊

1896年の夏、初めて実用的な電球と蓄音機を発明したとされるトーマス・エジソンは「メンローパークの魔術師」と言われた。彼の頭脳からは発明が毎日奔放に流れ出すようだった。40歳を過ぎたばかりの1日で、エジソンは綿花摘み機や電気ピアノそして「盲人のためのインク」など112件の実現しそうな発明を書き留めている。

こうしたエジソンとは対照的にヘンリー・フォードはミシガン出身の当時は無名のエンジニアで、エジソンの電気帝国の一環であるデトロイトのエジソン電気照明会社で発電用蒸気エンジンの維持管理の仕事をしていた。そんなフォードは空き時間になると、自宅裏の作業場で最初のガソリン車クアドリサイクルの開発に取り組んでいた。1896年6月の雨模様の朝、フォードは原型車を試運転したが、故郷の町では歓迎されなかった。クアドリサイクルのベンチシートの下には二気筒の4馬力エンジンがあり、舵《かじ》を切るための舵柄もついている。ところがデトロイトの通りでこの四輪自動車を走らせると、市民は迷惑がったのである。「すごい騒音で馬を怖がらせ、交通の邪魔になったからだ」[7]

エジソンに心酔していたフォードは、その夏ブルックリンのマンハッタンビーチにあるオリエンタルホテルで開催された会議で、ホテルのベランダで寝込んでいる憧れの人の写真撮影に成功した。この会議にはエジソン電気照明会社の電気技術者と重役が米国全土から集まった。会議の3日目となる8月12日、フォードは幸運にも米国の電気産業界の中心人物たちとともに、この会議の宴会に参加できた。エジソンは賓客である。出席者らは電気自動車と蓄電用バッテリーについて議論していたが、会話の合間にデトロイトからやってきたフォードの上司が「ここにいる若者はガソリン車を製作しています」と紹介した。[8] 会場のムードも一変したはずだ。なにしろこの場は電力の会議だったのだから。同じテーブルにいた人物がフォードにもっと詳しい話を聞かせてほしいと言うので、すかさずフォードは3年かけて製作してきたガソリン車のクアドリサイクルについて説明する。エジソンは耳が遠かったので、その話を懸命に聞き取ろうとしていた。そこでフォードはエジソンのそばに移動した。エジソンはフォードを質問攻めにしたので、彼はメニュー表の裏にクアドリサイクルのスケッチを書いた。それを見たエジソンはテーブルに拳をおろしドンと音を立て、頑張りなさいとフォードを励ました。エジソンに勇気をもらったフォードは感謝の念しかなかった。さらに翌日にはエジソンに誘われてフォードは同じ列車で一緒に帰ることになる。フォードはガソリン車の新しいモデルの製作への思いを胸いっぱいに抱えてデトロイトへ戻った。

　こうしてエジソンはフォードに勇気づける言葉をかけたものの、自分自身は依然として電気自動車にこそ将来性があると見込んでいた。彼は1895年に三輪電気自動車を製作している。[9] しかしバッテリーが弱点であることに気付いていた。エジソンは既存の再充電可能な鉛バッテリーを「きわもので、お騒がせ、ストッキングメーカーのイカサマ物」と言い放っていた。[10] 1900年にはエジソンは高性能バッテリー開発の誘惑に取り憑かれた。希望に満ちた新世紀が始まったその年の5月、エジソンはウェストサイド・マンハッタンの通りで、ジャージーシティ行きのフェリーを待っていた。通りは馬車が行き来して騒々しく、空気は屎尿《しにょう》の悪臭で満ちている。エジソンは2時間立っている間にも、メモ帳にアイデアを走り書きしていた。

わずかな積荷。渋滞。その結果の腐敗。それによる出費……

解決方法↓　市街地の車両の半分を電気駆動のトラックにし、速度は2倍、積載能力を2、3倍増やす……。

要改善↓車軸回りの簡便化。モーター制御の簡便化。操作の簡便化。バッテリー（？）[11]

このクエスチョンマークを記した時から、高性能のバッテリーを開発する9年に及ぶエジソンの探究がスタートする。そして彼の発明人生の中でも、何度も後退を余儀なくされる最も厳しい時期となった。エジソンはバッテリーの開発には最適の原料を発見すれば済むものと考えていた。鉛バッテリーは、1859年にフランスのガストン・プランテが発明し、当時最も有力な再充電可能技術だったが、大きくて古臭く、電解液の硫酸もよく漏れた。エジソンが求めていたのは現在のバッテリー研究者が追求しているのと同等の特性だった。バッテリー重量に対してより大きなエネルギーを蓄えられ、充電が可能でしかも何度でも放電でき、どんな条件下でも走行可能なことである。「この自然が車両の駆動用バッテリーに鉛を使うことを意図していたとすれば」と言ってから彼は、持ち前の楽観性から「自然は鉛をそれほど重いものにはしなかっただろう」と述べている。[12]

エジソンが探求を開始したのは時宜《じぎ》を得たものだった。世紀の変わり目だったこの時代にはまだ自動車産業に参入しやすかった。新聞の自動車広告には蒸気自動車、ガソリン車そして電気自動車が入り乱れ、なんとか消費者の心をつかもうとしていた。ペリー・ルイス・エレクトリック社やコロンビア・エレクトリック・ラナバウト社、そしてライカー・エレクトリック・トライシクル社も広告で競いあっていた。発見と発明の時代でもあり、バッテリー技術が急速に進歩して「馬がいない乗り物」の求めにも応えられるようになるのは当然のように思われた。そうした競争の中でガソリン車には明確な利点がなかった。エンジン音が騒々しいし、排ガスが空気を汚染し、始動するには重いクランクを回さなければならず、この時キックバックが起きようものなら腕を骨折しかねない。一方蒸気自動車は馬力はあるが、定期的に水を補充しなければならない。少なくとも都市間を移動するには電気自動車が最も確実な技術と思われた。電気自動車は構造が簡単でトランスミッションも必要ないからだ。

実際1900年には、米国の総車両のうちガソリン車が占める割合は22パーセントで、電気自動車が38パーセント、蒸気自動車が49パーセントだった。[13] 公共交通でも、1887年にヴァージニア州リッチモンドで路面電車網が敷設されて以降、馬車に代わって路面電車が利用され始めていた。ニューヨークの多くの会社も電気タクシーのサービスを提供していた。1897年から1912年にかけてエレクトリック・ヴィークル・カンパニー（EVC）はニューヨークとその周辺で電気自動車のレンタルを開始し、米国最大の自動車メーカーとなり、同時に最大の車両数を所有しそれらをリースして運用する会社となった。[14] EVCは電気タクシーの全国展開を狙い、サービスとしてのモビリティを展開しようとしていた。現代のウーバーにも通じる発想だ。

エジソンは並はずれた勤勉さを充電式バッテリーに注ぎ込む。目標は当時の鉛バッテリーの3倍のエネルギー密度のバッテリーだ。1901年の初めには、この新しいバッテリーの開発に100名以上のスタッフが汗を流していた。5月にはアメリカ電気学会（AIEE）でこのバッテリーが世界に向け公式にお披露目された。カドミウムを使った実験の後、正極にニッケル、負極には鉄、電解液に水酸化カリウムを用いることにした。正極にはニッケル水和物にグラファイト（黒鉛）の薄片も混ぜ込んでいた。それから数十年後には、このグラファイトがリチウムイオン・バッテリーに欠かせないものとなる。報道はこのニュースをエジソンの革新的発明と捉えて熱狂した。「エジソンの最新の成果は電球の発明におとらず、社会に大きな変化をもたらすだろう」とロチェスター・デモクラット・アンド・クロニクルは伝えている。[15] フォードが自分の名を冠した自動車メーカーを設立した1903年に、エジソンはある記者に対して自分なら「長距離走行ではどんなガソリン車にも負けず、少なくとも追いついていける」[16]電気自動車を製造すると自慢している。

バッテリー革命の舞台は準備万端のように思われた。『ニューヨーク・タイムズ』も「エジソンのバッテリーが間もなく革命を起こし、しばしば予測され、切望されてもいた街路から馬が消える日もすぐそこまできている」[17]と報じた。新しい電気自動車の走行可能距離は160キロほどだが、全国に発電所の数が増加すれば、田舎町でも都会と同じように利用できるようになるだろうと同紙は期待を寄せた。エジソンも「すぐにではないが徐々に……この新しいバッテリーで馬は退場することになるだろう」とし「自動車の価格も安くなる」と考えていた。[18]

しかしエジソンも報道も先走りすぎだった。実はエジソンのバッテリーは何度試験を繰り返しても成績はイマイチだったのである。小さな細孔から電解液が漏れて電池の能力がすぐに低下してしまうのだ。顧客からはすぐに苦情が出た。エジソンは出回っているバッテリーを自費で回収、生産を停止して再出発するという手痛い決断を迫られた。

エジソンは研究室に戻ると、この問題に対処するため1日24時間労を惜しまないふたつのチームを指揮した。そして1909年までかかってようやくバッテリーを完成させている。頑丈な作りのA-12ニッケル・バッテリーは鋼鉄のケースに収められ正極と負極から電極が2本出ている。「ついにバッテリーが完成した」とエジソンはその年の夏に書き残している。[19]このバッテリー開発にエジソンが投じたのは自費で100万ドル以上にのぼった。

しかし改良バッテリーの市場への投入が遅れたことは、致命的だった。エジソンがバッテリー改良に没頭していた数年の間に、内燃機関は徐々に力をつけ、バッテリーが超えなければならないハードルがさらに高くなっていたのである。しかも1年前にはフォードがガソリン車のモデルTを発表し、瞬《またた》く間に大衆市場向け乗用車となっている。かつてエジソンが初期のバッテリーで盛大な発表をしたことは、電気自動車が人々の期待をことごとく裏切るという思いを増幅させた。「日刊紙による、200マイル走るバッテリーという根拠のない約束が、電気自動車の市場導入に深刻な障害となっている」と、1909年に電気自動車の信奉者が記している。[20] 新世紀に入って10年、エジソンとフォードの力関係は逆転した。当時48歳のフォードは米国で最も裕福な人物、億万長者の自動車王となっていた。ガソリン車の勝利だった。

*

19世紀の終わり、短い間だったが電気自動車は「技術的に優位にあった」と歴史家キルシュは書いている。そんな時代にはガソリン車が自動車産業界を完全制覇するなど想定外だった。少なくとも目的に応じた異なるテクノロジー、つまり都市内は電気自動車、長距離移動にはガソリン車を使うというのが理にかなっていただろう。そして「米国のあらゆる成人男女が大量生産型自家用車を所有するなど、狂気の沙汰としか思われなかっただろう」ともキルシュは書いている。[21]

2000年に出版されたキルシュの電気自動車の歴史研究は、当時の他の多くの著者と同じく、その未来を悲観的に捉えていた。その頃ゼネラルモータースは電気自動車EV1をリコールしていて、当初は1900年の電気自動車と同じで鉛バッテリーを使用していた。このリコールは多くのユーザーを動揺させ失望させた。しかしキルシュにとっては、これも電気自動車の能力が期待を裏切る歴史の最新章にすぎなかった。

しかしキルシュが悲観主義に浸っている頃、リチウムイオン・バッテリーという新しいテクノロジーの進歩が電気自動車の方程式を書き換えていた。キルシュは著書でバッテリー産業についてざっと触れるだけで、否定的な記述で片付けている。「エジソンが最初に高性能バッテリーを約束してからほぼ1世紀が過ぎたが、多くの点でまだ実用化に至っていない[22]」

キルシュの著書が出版された翌年、私はトッテナム・コート・ロードの電気店を覗いてみた。そこの店主が私に白い四角い箱を見せて、音楽を何時間分も録音できると言う。私にはやぼったいきわものにしか見えなかった。店主はそれを手渡しながら、iPodという製品だと教えてくれた。当時すでにデジタル・モバイル時代となっていて、そのデバイスの中に埋め込まれていたのが成功の鍵となるリチウムイオン・バッテリーだった。ユーザーには見えなくても、このバッテリーの応用と影響は広範囲に及ぶ。電気自動車もその恩恵を受けることになる。すべてが変わろうとしていたのである。

第3章

ブレイクスルー──リチウムイオン革命

２０１９年12月10日、ストックホルムの晩餐会で、英国の化学教授スタンリー・ウィッティンガムが壇上に上がり、１９７０年代から１９８０年代にかけてリチウムイオン・バッテリーの発明に貢献した世界的な科学者のひとりとして、ノーベル化学賞を受賞した。ノーベル・アカデミーはリチウムイオン・バッテリーが「ワイヤレスでつながる脱化石燃料社会の基礎を築き、人類に偉大な利益をもたらした」として、ようやくその成果を認めたのである。聴衆の中には１９８０年代にオックスフォード大学でこのバッテリー開発に携わった当時96歳のジョン・グッドイナフの姿もあった。史上最高齢でノーベル賞を受賞したことになる。ウィッティンガムは、１００年以上前に生活を一変させるバッテリーの発明に奮闘したトーマス・エジソンの言葉を引用した。かつてエジソンは「もっとうまくいく方法はある。それを探すのだ」と言った。ウィッティンガムはその言葉を受けて「我々はそれを発見することができました。しかも体系的で科学的な手法で達成できたと思っています」と述べた。そしてともに賞を分かち合ったグッドイナフと京都大学出身の工学者で、ソニーに続いてリチウムイオン・バッテリーの商品化に成功した旭化成に勤務していた吉野《よしの》彰《あきら》の名を挙げ、科学に学問分野の境界はないとも述べている。「私たちの発見を、みなさん全員の協力によってクリーンな環境の構築につなげ、この地球を持続可能なものとし、地球温暖化の緩和に貢献することで、子どもや孫の世代にクリーンな遺産を残そうではありませんか」とウィッティンガムは結んだ[1]。

この点はグッドイナフも共感した。高齢にもかかわらず彼はテキサス州立大学で毎日研究を続け、新しいバッテリー化学の研究にいとまがない。背が高く眉毛の長いグッドイナフは次のように記者に語っている。「世界中の高速道路や幹線道路から化石燃料を排除し、地球温暖化に集中的に取り組まなければならない。再生可能エネルギーを利用するつもりなら……そのエネルギーを蓄えるバッテリーもいる[2]」

ノーベル賞授賞式の数か月前、第二次世界大戦中にノッティンガムで生まれたウィッティンガムは、ドイツのフォルクスワーゲンの新しいバッテリー研究所を見学するために同社を訪問した。「50年前に私たちが実験を開始した頃、後方に並んでいる電気自動車はＳＦ世界のものだった」と銀髪のウィッティンガムはフォルクスワーゲンが初めて市場投入したＩＤ・３電気自動車の前で語った。「そして今や私たちはその電気自動車を製造している。ですから私たちは実現できると信じることが大切なのだと思います。夢のように思えても信じるのです。そうでなければ夢はかないません[3]」

グッドイナフとウィッティンガムは、バッテリーが本来の可能性を開花させ、地球上で石油とガスそして石炭に過剰依存している問題を解決するのを首を長くして待ち続けた。そしてその夢が具体化したのは1970年代、世界が石油の枯渇を心配し始めた時代だった。希望の気配は思わぬところから湧き上がった。エクソンモービルである。

*

1970年代、米国では初めてアースデイが催され、およそ2000万の国民が参加する言論と抗議の全国運動が展開し、新しい環境運動に火がついた。ロサンゼルスなどの都市における大気汚染は悪名高く、市当局も重い腰を上げる。産業による公害も米国全土で臨界点に達していた。1969年にはクリーヴランドのカヤホガ川で石油を吸収したゴミに火がつき川面で火災が発生し、ワシントンDCでさえ国会議事堂から数ブロックのところに石炭火力発電所があった。[4]それで米国政府も耳を傾けるようになる。そして8か月後に最初の大気浄化法が可決され、リチャード・ニクソン大統領は環境保護庁を新設した。3年後の1973年にはアラブ産油国が石油の輸出を禁止し、さらにイラン革命も勃発して石油供給の先行きが危ぶまれた。トヨタやダイムラー・ベンツなど世界の自動車メーカーはどこも電気自動車の開発に取り組んでいた。「すでに1970年には石油の海外依存によって国力が弱体化していることははっきりしており、それはロシアの弾道ミサイルの脅威にも匹敵した」とグッドイナフは回顧録に記している。[5]1977

年、最初のアースデイを組織したデニス・ヘイズは『希望の光　脱石油世界へ *Rays of Hope: The Transition to a Post-Petroleum World*』を出版し当時の雰囲気を伝えている。時を同じくして科学者は地球温暖化の影響を警告し始め、この問題は1970年代終わりには国際的なコンセンサスになっていた。

　こうした背景があって、再びバッテリーが注目されるようになった。バッテリーが新しい技術でないことは前章でみてきたとおりだが、その起源はエジソンやフォードの時代よりさらに遠い過去にある。バッテリーは化学的にエネルギーを蓄える手段だ。一般的なバッテリーはカソード（正極）、アノード（負極）そして電解質という3つの部分で構成される。このふたつの電極間で化学反応が起きて電気が生まれるのだ。バッテリーが発明されたのは18世紀末。解剖したカエルの足が痙攣《けいれん》する原因について、ふたりのイタリア人科学者が論争したのがきっかけだった。ひとりはボローニャ科学アカデミーのイタリア人外科医ルイージ・ガルヴァーニで、動物の筋肉内で特殊な電荷が生まれているのではないかと考えた。ガルヴァーニはドロンドという電気火花を発生させる機械を使ってカエルの脚の実験を何度も繰り返している。ある日助手がドロンドに接続した端子をカエルの脚に接触させるのではなく、「メスの先端をカエルの内側下腿皮枝（神経）に軽く当てた。するとすぐに脚のすべての筋肉が収縮したのである」[6]。この実験からドロンドの装置につながなくてもカエルの脚が収縮することがはっきりした。ガルヴァーニはさらに実験を続け1791年に実験の一部始終を発表する。ガルヴァーニはこの時点でもカエルの体内で「動物電気」が生じると考えていた。このガルヴァーニの報告を読んだパヴィーア大学の物理学教授アレッサンドロ・ヴォルタは、その実験の検証を試みた。そして生物でなくても、塩水を含んだ紙をふたつの異なる金属で挟んだだけで電気が発生することをつきとめた。つまりふたつの異なる金属が電気を発生させているのだ。ヴォルタはそう結論付けた。そして木製基盤の上に異なるふたつの金属の間に塩水に浸した吸収紙をかませて交互に重ね合わせ導線を接続し、後に「ヴォルタ電堆《でんたい》」と呼ばれる装置を組み立てた。すると活性化［イオン化傾向］の高い金属から低い金属へ導線を介して電子が流れる。金属間の化学的活性の違いによってボルト（アレッサンドロ・ヴォルタの名に由来する用語）、つまり電圧が生じるのである。こうしてヴォルタは歴史上初めて連続的に安定した電気を生み出すことに成功した。19世紀後半までは電気を得る主要な手段がこのヴォルタ電堆に始まるバッテリーで、初めて長距離通信を可能にした電信にもバッテリーの電気が使われた。

バッテリー技術における次のブレイクスルーまでには100年以上がかかった。1859年にフランス人ガストン・プランテが開発した鉛バッテリーは、すでに述べたように、初めて再充電を可能にした。バッテリー端子に電圧をかけるとバッテリーの外部回路には放電時とは逆方向に電子が流れる。この鉛バッテリーは数十年にわたり市場を席巻し、後にガソリン車に照明用の電力供給と、エンジンの始動時に電気火花を発火するのに用いられるようになる。

1967年にはフォード・モーター社のジョゼフ・クンマーとニール・ウェーバーが一般的な

電解液ではなく、固体のセラミック誘電体を用いた再充電可能なナトリウム・硫黄バッテリーを発明した。同じ年、フォードは電気自動車のプロトタイプ「コミュータ」を発表、製造は英国で行われた。鉛バッテリーを用い時速40キロで走行できたのはわずか約65キロである。この新しいナトリウム・硫黄バッテリーによって走行距離は改善され、1回の充電で約130キロ走行できるようになった。フォード科学研究所の所長ジャック・ゴールドマンは「これで問題は解決した」と述べている。[7] ところがこのバッテリーは電極が摂氏300度以上になって溶融しないと動作しなかったため、自動車での市場向けの実用化は難しかった。今度こそブレイクスルーという話題が現れては消える中で、このプロジェクトも例に漏れず挫折する。

それでもこの発表によってバッテリー研究が刺激され、特に液体ではなく固体中のイオン（電荷を帯びた原子）の動きが注目されるようになった。フォードの発表から1年後、オックスフォードで博士課程を修了したばかりのウィッティンガムは、スタンフォード大学のフェローシップを得てこうした材料科学の研究を開始していた。ウィッティンガムらが研究していたのはフォードがバッテリーの電解質として利用してきた商業的に利用可能な材料であるβアルミナの伝導率だ。1971年、ウィッティンガムはこの材料の研究によって電気化学会から若手の優秀な研究者に授与されるヤング・オーサ・アワードを受賞している。さらにこの研究に注目したエクソンモービルに入り代替エネルギー・プロジェクトに従事するようになると、直後の1973年に石油危機が襲った。

「1972年にエクソンに入ると、翌年初めに石油生産が1990年以前にピークに達すると する同社の予測に基づくプロジェクトに送り込まれました」とウィッティンガムは振り返る。ニュージャージー州リンデンにあるエクソンの研究部門は、AT&Tが資金提供するベル研究所がモデルになっている。当時エクソンが手がけていた技術分野はソーラーパネルから原子炉にまで及んだ。「帰国したとしてもBP《ビーピー》(旧ブリティッシュ・ペトロリアム社)も同じことをやっていた。当時の石油会社はどこもエネルギー企業となることを望んでいた」とウィッティンガムは説明する。最初は二硫化タンタルという層状の分子化合物を用いて極低温で電気抵抗が0になる超伝導体の研究をしていた。この時ウィッティンガムはこの化合物の層の間にカリウムイオンが入り込むと電位が高くなることを偶然発見する。正極と負極の電位差が大きくなると電圧が高くなるため、この材料をバッテリーの正極として用いることが期待された。しかしタンタルは非常に重いため、もっと軽い金属のチタンを正極材料とすることに落ち着く。次にバッテリーの負極材料を見つけなければならないが、目をつけたのがリチウムだ。最軽量のアルカリ金属でしかも発生する電圧が最も高くなる。

ウィッティンガムは、日本の漁師が非充電式リチウムバッテリーを使って夜間魚網を照らしている写真を見てリチウムが実用となることを知った。銀白色で光沢のあるリチウムは水と激しく反応し、また単体では非常に不安定なので自然界では化合物としてしか存在しない。しかし容易に電子を放出することから、バッテリーの材料としては最適だった。ウィッティンガムのチームは室温で機能する再充電可能なリチウムイオン・バッテリーの製造になんとかこぎつけた。エクソンのバッテリー・セル（単独で電池として使える製品）は、二硫化チタン製のカソード（正極）とリチウムを用いた金属製アノード（負極）を有機溶剤にリチウム塩を含んだ電解液で分離している。1973年初めにウィッティンガムはマンハッタンにあるエクソン本社に呼び出され、取締役会の小委員会でバッテリーに関する自らの研究成果のプレゼンに臨んだ。「当時エクソンはビルに社名を大きな文字で表示していなかったので」本社ビルを探し回ったという。「せいぜい5分か10分で着くとは聞いていたのですがね」

ウィッティンガムのプレゼンは大成功で、エクソンは数日のうちにバッテリービジネスへの参入を決めた。「取締役らは私に『バッテリーの研究に集中し、開発研究チームを組織するよう』指示したうえで、ついにバッテリー製造に踏み切った」とウィッティンガムは述べている。さらに「当時の取締役たちはバッテリー研究を油田掘削のようなものと捉えていて」つまり「リスクは高いが数パーセントは報われる」と考えていたと彼は言う。エクソンのバッテリーは1977年にシカゴで開催された電気自動車ショーで展示され、このバッテリーでオートバイのヘッドライトを点けてみせ、エクソンはニュージャージー州のブランチバーグで製造工場を稼働させた。「みんなびっくりしたと思いますよ。第一に巨大なリチウムイオン・バッテリーがあること、第二に製造したのがエクソンだったのですから」とウィッティンガムは私に教えてくれた。エクソンはスイス製時計用の電池として小さなボタンサイズのバッテリーの生産を始めたが、この石油会社はさらに電気自動車に目をつけ、フォルクスワーゲンを電気自動車に改造する野望があった。

しかし、その後数年間石油価格の下落が続き、それまでの電気自動車の勢いにも翳りが見えてきた。1980年には自由市場を掲げるロナルド・レーガンがジミー・カーターを破り大統領選に勝利する。するとエクソンはウィッティンガムのテクノロジーを売却し、リチウムイオン・バッテリーの研究は主に学術の領域へ逆戻りした。「1970年代の石油危機が過ぎると、経営トップに変化が起き、ある日取締役たちがやってきてあれやこれやの資料を見るなりこう言った『市場規模は年間1億ドルではないと言うことだね。そんな市場は意味ないでしょう』。この時経営トップは当時の代替エネルギービジネスからほぼ手を引いたのだと思う」とウィッティンガムは振り返る。1977年から1986年にかけてエクソンは二酸化炭素と気候変動の研究をリードしたが、その後このプログラムも頓挫してしまう。すると1980年代の終わりにこの石油大手《オイルジャイアント》は方針を大転換し「気候変動否定派の最前線で活動するようになっていた[8]」

実はウィッティンガムのリチウムイオン・バッテリーは自動車への実装にはまったく不向きだった。電圧は2・5ボルト以下と小さく、発火もしやすかったのである。リチウムの金属製アノードは、電解液があれば安定しているが、充電時に樹脂状結晶という針のような結晶が形成され、それがセパレーターを貫通しバッテリー・セルを短絡させて発火した。

1980年代初め、オックスフォード大学でドイツ生まれの米国人物理学者が優れたバッテリー材料の発見に取り組んでいた。それが本章の冒頭で紹介したジョン・グッドイナフである。

彼はリチウムイオン・バッテリーの電圧とエネルギー容量を改善できるカソードの新たな材料の組み合わせを発見した。グッドイナフのチームはオックスフォード大学とその後テキサス州立大学で、リチウムイオン・バッテリー用の3種類の主要な酸化物カソード材料を発見し、今日も利用されている。この化学研究がなければ、私たちは現在も電気自動車を購入してはいなかっただろう。「当時チームは基礎科学を粘り強く追求していた。それが20年から30年たった今、日の目を見ているのです」と私に語ってくれたのは材料工学者のアルムガム・マンティラムである。彼はインドの小さな村で生まれ、1985年にオックスフォード大学のグッドイナフのもとで研究するため故郷を旅立つ。ラムと呼ばれることも多いマンティラムは、その後グッドイナフの後を追ってテキサス州立大学オースティン校へ移る。100歳の誕生日を迎えようとしていたグッドイナフはラムの隣の部屋でまだ研究を続けていた。

グッドイナフは1922年7月にドイツのイエナで生まれ、コネチカット州ウッドブリッジの牧草地と森の中で育った。イェール大学から北へ約11キロのところで、父親は大学の歴史学部の教授を務めていた。しかし両親は「不仲」で、グッドイナフはいつか両親に捨てられるのではないかと不安な思いを抱えていた。彼は文字を読むのが苦手だった。12歳の時にそんな家庭を離れてボーディングスクール［全寮制の寄宿学校］に入り、その後名門校グロトンスクールへ進み、グロトンスクールでグッドイナフは「学校の組織や規律を肯定的に受け入れ」友人もできた。[9] ホームシックにはならなかったと自伝『恩寵《おんちょう》の証人 *Witness to Grace*』に書いている。グロトンスクールの最終学年の時、両親が離婚し父は研究助手と再婚した。グッドイナフは入学試験に向けて猛勉強をしイェール大学に合格する。ちょうどその頃ヨーロッパは戦争の泥沼にのめり込んでいた。イェール大学でグッドイナフは哲学と科学に出会い、アルフレッド・ノース・ホワイトヘッドの『科学と近代世界』を読んでいる。そして1943年に兵役に召集された直後、なんとか大学を卒業した。気象技師として陸軍に入隊、アゾレス諸島の気象パターンの解析に従事し大尉に昇進する。

終戦時にはグッドイナフはイェール大学での元数学教授の後押しでシカゴ大学で物理学を勉強する場を得た。キリスト教聖職者になろうかとも考えつつ、グッドイナフは卒業後マサチューセッツ工科大学（MIT）リンカーン研究所に加わり、ここで初期のコンピューターのランダムアクセスメモリー（RAM）の研究をしている。また遷移金属化合物の研究も開始し、これがリチウムイオン・バッテリー開発の鍵となった。1970年にはウィッティンガムと同じように、グッドイナフも再生可能エネルギーに注目し始めていた。ところがMIT研究所は空軍の研究所であるため、グッドイナフは軍の要望に応えることに集中するよう命じられた。これに落胆したグッドイナフはMITを離れることを決断する。テヘランに研究所を設立する仕事の申し出があり、彼は1974年にイランへ向かった。ところが帰国の途中で今度はオックスフォード大学から教授職と無機化学研究所の所長のポストへの応募を勧める書簡が届いた。彼は正統な化学の教育は受けてはいなかったが、要請に応えこのポストに着任している。こうして彼は自由にエネルギーの問題に取り組めるようになった。

グッドイナフは1978年に金属酸化物の構造に関するある卒論に触発され、カソードに最適な材料の開発に目覚めた。自らのチームで、反応性が高いリチウムの金属アノードではなく、バッテリーで機能する最適な金属の発見に努めた。この時グッドイナフが開発した材料がコバルト酸リチウムという層状化合物で、構造的に安定しておりバッテリーの充電、放電を繰り返してリチウムイオンが出入りしても耐久性があった。これで「1970年代に課題となっていた硫化物カソードのふたつの主要問題が解決できた。作動電圧が2・5ボルト以下から約4ボルトに大きく上昇しただけでなく、金属リチウムのアノードを使わずにセルを組み立てられるようになったのである[10]」

ところが、こうしたバッテリーの可能性が見え、さらに1970年代のエネルギー危機の影響が長びいていたにもかかわらず、このテクノロジーの特許に興味を持つバッテリー企業はなかった。当時のオックスフォード大学も学術研究の特許取得には関心がなく、そんなチャンスがあれば躊躇《ちゅうちょ》なく飛びつく現代とはまったく状況が異なっていた。そこでグッドイナフは英国のハーウェルにある原子力エネルギー研究所に彼の特許申請の支援を依頼するのだが、研究所の弁護士から支援する代わりに、特許の権利を放棄する署名を求められた[11]。この時のことを「他に選択肢が思い浮かばなかった」とグッドイナフは自伝で述べている[12]。研究所は後にこのカソードの特許で数十億ポンドを得ているが、権利を放棄したグッドイナフへの配当はゼロ。オックスフォード大学への寄付さえなかった。[13]
オックスフォード大学で進められた研究の恩恵を最終的に享受《きょうじゅ》したのが日本だった。日本のエレクトロニクス産業はモバイル製品の流行を予測し、軽量で再充電可能なバッテリーを切望していた。そんな環境の中で、このバッテリー開発というパズルの最後のピースを埋めることになったのが、ノーベル賞を受賞した吉野彰である。吉野は1972年に日本の旭化成に入社、伝導性ポリマーであるポリアセチレンをバッテリー材料に用いる研究を始めた。彼がこのポリマーと組み合わせる最適のカソードを探していた時、グッドイナフの論文に目が止まる。それこそ吉野が探していたものだった。しかし彼はすぐにポリアセチレンでは十分な小型化ができないことに気付き、カーボンの利用に踏み切る。長い研究の後、吉野はリチウムイオンを保持する特殊な結晶構造をもつ最適なカーボンを見つけた。石油産業の副産物である石油コークスだ。さらに彼は「突然の発熱にそなえシャットダウン機能」[14]を実現するセパレーターも付加している。吉野は1985年にリチウムイオン・バッテリーを完成させた。リチウム・イオンバッテリーは1991年にソニーが商品化していたが、1年後には旭化成と東芝の合弁会社であるエイ・ティバッテリーが続いた。「携帯電源に対する消費者の欲求は、現在のバッテリーが電力を蓄える能力をはるかに上回っている」[15]と『ニューヨーク・タイムズ』が書いたのが1989年なので、ギリギリ間に合ったという感じだ。
小型で軽量のリチウムイオン・バッテリーはエレクトロニクスの消費市場に革命をもたらし、

ソニーをはじめとするエレクトロニクス企業による携帯ビデオカメラ、ノートパソコンさらに、後の携帯電話やタブレットの生産が可能になった。バッテリーが電力を供給する時には、正に帯電したリチウムイオンが負極のアノードから電解質を通って正極のカソードへ移動し、ここでグッドイナフが開発した層状のコバルト酸リチウムに取り込まれる。一方この反応で放出された電子は外部回路を通って移動し、デバイスに電力を供給する。バッテリーを充電する時には逆の流れが生じる。この時正極に含まれるコバルトは、正極材料に繰り返しリチウムイオンが出入りしてもその構造を安定に保つため欠かせない物質だ。

2007年、携帯電話は世界的に普及しその数は10億台を超えた。携帯電話がデジタル生活の中心に根付いたのは、リチウムイオン・バッテリーのおかげである。「新しいテクノロジーが商品化されるまでには長い長い時間、多くの年月がかかる……さらに費用曲線を上回るまで出荷が伸びるにはさらに何年もかかる」と教えてくれたのはバッテリー・アナリストのマーク・ニューマンだ。吉野はその点を見事に説明する。「一般的に、革新技術が生まれるには、ふたつのブレイクスルーが必要になる」と2021年の初めに述べている。「ひとつは基礎研究におけるブレイクスルー、もうひとつは大量生産を展開するためのブレイクスルーです。技術革新のブレイクスルーはこの両方が整わない限り実現しません[16]」。リチウムイオン・バッテリーの性能は数十年の間に着実に進歩し、1リットルのパックに蓄えられるエネルギー量は700ワット時と3倍以上に伸びた。コストも大きく下がり、MITの研究者によるとソニーが最初のリチウムイオン・バッテリーを商品化した時から97パーセントも安くなっている。[17]

リチウムイオン・バッテリーにおけるブレイクスルーはデジタル・モバイル時代が台頭する動力源となったが、電気自動車にとっても状況は一変する。リチウムイオン・バッテリーの価格が下がれば電気自動車が手頃な価格になり、大量市場商品へと変貌するのである。電気自動車のバッテリーはグッドイナフが発見したのと同じ方法を用い、負極にニッケルとマンガンなどの金属を付加することで価格を下げると同時にバッテリーに蓄えられるエネルギー容量を増大させることができた。

この大転換の立役者となるのが中国である。政府補助金の大盤振る舞いと、電気自動車で世界をリードするという中国政府の野望がバッテリー超大国を生み出していた。

第4章 中国のバッテリー王

「『台風がくれば、豚でも空を飛ぶ』。しかし豚は今飛んでいるだろうか。台風が通過したあと、残された豚はどうなるのか……我々は考えたことがあるだろうか、外国企業が下半期に戻ってきたら、目をつぶったまま寝ていられるのかと。国は競争力のないビジネスを保護してくれるだろうか」

（CATL創業者、曾毓群《ツァンユエチン》［ロビン・ツァン］2017年初め従業員に向けて）[1]

2019年の終わり、人口2万8000人のドイツの町アルンシュタットの住民が目を覚ましてみると、町の郊外にある新工場で掘削機が土地を掘り返していた。操業を停止したソーラーパネル工場があった場所だ。この23ヘクタール以上の敷地（サッカーコートでおよそ100面分）には20億ドルをかけ、ドイツ初の大規模バッテリー工場「ギガファクトリー」ができる。毎年数十万台分の電気自動車用バッテリーを出荷する予定だ。ドイツでは1876年に内燃機関が発明されてから、最高級車を製造してきている。ＢＭＷやメルセデス＝ベンツ、アウディといったブランドが信頼と技術のシンボルとなり、自動車産業は戦後ドイツのいわゆる「経済の奇跡」の原動力となった。しかしアルンシュタットの工場はドイツの自動車メーカーが建設しているのではない。資金を調達し建設しているのは当時はほとんど無名の中国企業で、８年前に寧徳《ねいとく》（ニンドー）市東部の山に囲まれた漁業の町で創業した。寧徳市といえば茶葉の生産とフウセイ（あるいはキグチ）という魚の水揚げの方が有名だった。その会社というのがＣＡＴＬである。アルンシュタットの工場の着工時にはすでにフォルクスワーゲンとＢＭＷとの間でバッテリーを供給する契約を結んでいた。両社はともに自社改革を進め内燃機関の生産から手を引く道を模索している時だった。さらにＣＡＴＬはダイムラーとも電動バスと電動トラックにバッテリー供給をする協定を結んでいた。ドイツの自動車メーカーは自動車産業全体を電気自動車へ転換するための中核的テクノロジーを中国に求めたのである。立場を変えれば、中国はドイツ自動車メーカーが生き残る道を提供したということになる。バッテリーは電気自動車では最も高額な部品だが、電気自動車を大量市場向け商品として成功させる鍵になる。こうした流れを読んだＣＡＴＬはバッテリーの製造コストを大幅に削減していた。「他の国は必死の思いで巻き返しを図っていた」と話してくれたのはボブ・ガリエンで、かつて寧徳のＣＡＴＬで最高技術責任者を務めたインディアナポリス出身の米国人だ。

２０１９年までに、ドイツ最大の産業は正真正銘の転換点にあった。気候変動に対処する欧州連合（ＥＵ）の二酸化炭素排出規制目標を達成するには、ドイツの自動車メーカーは電気自動車に移行せざるを得ず、それができなければブリュッセルの欧州委員会から多額の罰金を科されることになる。そこでフォルクスワーゲンなどの自動車メーカーからは、電気自動車の生産台数を大幅に増やし、数百億ユーロ（約1兆６０００万円）規模の投資という大胆な発言が出始めていた。しかしヨーロッパの自動車メーカーは自社でバッテリーは生産しておらず、世界規模のバッテリー・サプライチェーンの一角を占めているわけでもない。彼らは長い間、大規模なバッテリー工場へ資金投下しても、それに足りるような電動化の波がやってくるとは考えていなかったのである。こうしたヨーロッパ自動車メーカーの足をすくってみせたのがイーロン・マスクの新興企業テスラモーターズだった。ＣＡＴＬの工場が敷地を掘り返していた頃、テスラはベルリン郊外にギガファクトリーを建設するための交渉中だった。ここでも海外企業がドイツのホームグラウンドへ進出しようとしていた。こうした動きを『フランクフルター・アルゲマイネ・ツァイトゥング』紙は「宣戦布告」と報じている。[2] ドイツ自動車メーカーとしては小切手帳を開いてアジアへ向かい、大量にバッテリーを買い入れ、中国のバッテリー会社に出資するしかなかった。「我々の競争相手の拠点はウルムやミュンスターにあるのではない」とドイツ連邦教育研究省の副大臣ウルフ＝ディーター・ルーカスは言う。「彼らの拠点は韓国と中国だ。そこから得られる教訓は、未来のバッテリー技術が開発される時には、我々がその最先端にいなければならないということだ」[3]。ヨーロッパにとっては運命の逆転である。ドイツはこれまでは先進的製造技術を中国に提供してきたわけだが、今や中国はバリューチェーン（価値連鎖）の上位に進出し、ヨーロッパの競争相手となっている。ヨーロッパではこうした傾向をくいとめることができなかった。2016年には中国の家電メーカーである美的集団《メイディーチートワン》（ミデア・グループ）がドイツの産業用ロボットメーカーKUKA（クーカ）を買収した。同社のロボットはバッテリー製造の要になる。CATLの創業者曾毓群《ツアンユエチン》（ロビン・ツァン）は、同社がメルセデス＝ベンツというブランドと供給契約を結べたことの歴史的意義をよく理解していた。「メルセデスは130年以上前に自動車を発明し、数えきれないほど多くの革新によってテクノロジーを洗練させてきました。CATLのバッテリー専門技術と組み合わせれば、双方の電動化戦略にとって決定的なステップとなります」と曾は述べている。[4]

　ほとんど誰も知らないような中国の一企業が、どのようにしてドイツ自動車メーカーをその本拠地で牛耳ることができたのだろうか。CATLは2020年までにはテスラも含めほぼすべての電気自動車メーカーにバッテリーを供給しており、脱化石燃料への大転換における支配的な地位を築いていた。さらにCATLはドイツの競争相手である上海蔚来汽車《シャンハイウエイライチイーチウー》（NIO）や小《シャオ》鵬汽車《ペンチイーチウー》（シャオペン）といった中国の多くのEV新興企業にもバッテリーを供給している。これらの電気自動車メーカーは米国の証券取引所にも上場され、ヨーロッパへの輸出も開始していた。英国の自動車メーカーMGは中国の国営企業SAIC（上海汽車集団股份有限公司）が所有し、すでにCATLのバッテリーを搭載したZS EV（中国国内ではEZS）を英国で販売している。またCATLはアルゼンチンとオーストラリアのリチウム事業、インドネシアのニッケル事業さらにコンゴ民主共和国のコバルト鉱床にも出資して株式を所有し、必要な資源の入手についても手配済みだ。バッテリー産業の支配力を強化することで、中国は世界有数の電気自動車産業の構築を目指していた。中国共産党にとって、電気自動車はふたつの大きな問題の解決につながる。都市の大気汚染を軽減し、石油輸入への依存を減らせるからだ。2021年ブルームバーグ億万長者ランキングによると、丸顔で小柄な曾の資産は510億6000万ドルで地球上で25番目の大富豪である。彼のCATLはグーグルやフェイスブックよりも多数の億万長者を生み出し、すでにその資産価値はフォルクスワーゲンを超えている。オーストリア生まれのスタンフォード大学教授フリッツ・プリンツは、ドイツが「バッテリーの研究開発を怠るという戦略的誤り」を犯したと分析する。「バッテリーはせいぜいスマートフォンなどの携帯機器のものと考えていたのだろう。それが誤りだった」[5]

CATLの本部は寧徳市の端、農家が鯉を養殖している池の目と鼻の先にある。その巨大な工場のそばには、移民労働者がよく立ち寄る安っぽいラーメン店や自動車修理工場が立ち並ぶ通りがある。工場内では、自動コンベアに載ったバッテリーの部品が静かに流れている。従業員の姿はほとんど見られず、2000年代の中国の新興都市の工場なら多くの移民労働者がいるはずだが、その姿も見当たらない。かつては茶畑と山だけのとても貧しい都市だった寧徳市は、1988年から1990年まで習近平《シージンピン》が党委員会書記を務めたことで、中国ではよく知られた都市だった。習近平の父で党幹部だった習仲勲《シーチョンシュン》が、改革開放路線を進めていた胡耀邦《フーヤオバン》への弾圧支持の要請を拒否すると、習近平は賑やかな海辺の都市、廈門《アモイ》から辺鄙な寧徳へ異動させられる。左遷だった。それから1年後、胡耀邦の死去がきっかけとなり天安門での学生の抵抗運動に火がついたが、1989年6月人民解放軍による暴力的弾圧によって中国の政治体制改革への望みは潰《つい》え去る。中国全土に及ぶ抵抗運動で中国が揺れていた時、習近平は寧徳にいた。

同じ年、曾毓群という若者が中国南部、広東《かんとん》省南部の香港に近い東莞《とうかん》(ドングァン)という活気ある沿岸都市に向かっていた。天安門事件のあと政治的言論への広範な弾圧にもかかわらず、資本主義を受け入れ世界に開かれている香港にも近い。1989年、野心に燃える若者にとって東莞へ行くことは世界の中心に向かうようなもので、グローバル・サプライチェーンとつながることができ、労働者はすし詰め状態の寮に住み香港のテレビを見ることができた。東莞市は数年前までは農地と水田が広がっていたところだが、東莞市の地方政府が製造業への投資を進めていたことが、海外投資家の関心を後押しした。台湾や香港そして海外から工場への大きな投資も引き寄せると、中国人移民労働者も磁石のように吸い寄せた(東莞市の人口は1980年代に倍増している)。辺境の町は移民が片道切符でやってくる、衣服や玩具を製造する工場と売春の世界だ。夜になれば通りはシフト勤務を終え夢と希望に満ちた若い労働者で溢れかえる。曾はSAEマグネティックという香港企業に働き口をみつけた。コンピューターのハードディスク用磁気記録ヘッドを製造する会社だ。後に東莞市が強い影響力を持つようになる産業である。薄膜磁気ヘッドによってコンピューターは小型化し、かつてより多くのデータを保存できるようになった。間もなくして同社は日本のエレクトロニクス大手ＴＤＫに買収される。

曾が子どもの頃とくらべると中国はすでに大きく変化していた。彼は１９６８年、文化大革命の混沌のさなか、寧徳郊外の嵐口《らんこう》という小さな山村に生まれた。農家に生まれた曾は小さい頃から勤勉で、17歳の時上海交通大学で工学を学ぶため学校を辞め、寧徳市の小さな町から脱出する。ここで優秀な成績を収めると、北京の中国科学院で凝縮系物理学の博士号を取得した。[6] 卒業後、曾は福建《ふっけん》（フーチェン）省の国営企業に就職し、改革開放時代には鉄飯碗《テイエハンワン》とも言われた失業することもない快適な生活を送っていた。国営企業なら親にとっても誇らしくこれ以上ない就職先だっただろう。しかし起業精神が旺盛な曾には漫然とした国営企業で時間を無駄にして過ごすことに我慢がならず、わずか3か月で辞めている。

曾は10年間東莞市に滞在し、ＳＡＥマグネティックで中国本土唯一の部長にまで昇進した。この間に彼はバッテリーの勉強を始め、海外とコネクションを持つビジネスマンとも会ってきた。ひとりは湖南《こなん》（フーナン）省出身の台湾人陳棠華《チェンタンファ》（Ｔ・Ｈ・チェン）で、カリフォルニア大学バークレー校で物理化学の博士号を取得し、以前はＩＢＭで働いていた。曾は１９９０年代終わりには東莞を離れ、近くにある大きな都市、香港と隣接する深圳《しんせん》（シェンチェン）に移る計画を立てていた。しかし磁気ハードディスク会社の最高技術責任者梁少康《リャンシャオカン》が曾にバッテリー会社を立ち上げるよう説得した。最初は躊躇していた曾もこの話に乗り、１９９９年に陳棠華と共同で香港にＡＴＬを創業し最高経営責任者となる。

ＡＴＬが目指したのはモバイル電子機器用のバッテリー製造である。絶好のタイミングだった。当時は携帯電話の販売数が伸び始め、インターネット接続も増加しつつある時で、ポータブルバッテリーには大きな需要があったのである。１９９９年の終わりには、ノキアがモバイルのワイヤレスネットワークを介して情報にアクセスできる携帯電話７１１０を発売している。一方日本でも同年にＮＴＴドコモが、インターネットに接続できるｉモード携帯電話を発売した。そして２００２年には携帯電話の95パーセントがリチウムイオン・バッテリーを利用していた。[7] ＭＰ３携帯音楽プレーヤーの売り上げも伸びていて、２００１年にアップルのｉＰｏｄが発売されるとＭＰ３プレーヤーの出荷台数の伸びはさらに加速した。リチウム人気に火がつき東莞市は携帯電話と充電器、そしてモバイル製品のアクセサリー類の製造拠点となった。

しかし創業当初のＡＴＬには独自の知的財産、つまり革新的技術がなかった。そこで曾と彼の同僚は１００万ドルを投じて米国のベル研究所からリチウムポリマーの特許を買収する。ところが帰国してから、このテクノロジーの実用化は思っていたより難しいことに気付いた。充電を繰り返すとバッテリーが膨張し爆発のリスクがあったのだ。東莞市で悪戦苦闘するが、曾らは創業まもない自分の会社も先がないのではないかと心配した。彼らは電解質の組み合わせを替えてこの問題を克服できないかと、２週間夢中で働いた。そしてついにリチウムポリマー・バッテリーの実用化にこぎつける。続いて彼らは製造コストの大胆な削減に挑んだ。こうした開発手法はその後の電気自動車用バッテリーでも繰り返された開発モデルである。ATLは努力のすえ韓国の競争相手の半分のコストでバッテリーを生産できるようになる。同社のリチウムポリマー・バッテリーは他社のモデルより薄く、デバイスに合わせた形状に加工できた。こうしたことからATLはバッテリー製造を始めて3か月で高収益を上げられるようになっていた。

中国がバッテリー・ビジネスに進出し始めたのである。1991年にソニーが世界で初めてリチウムイオン・バッテリーを商品化して以来このビジネスは日本の独壇場だった。中国のバッテリー革命の動きは遅く、中国科学院物理学研究所で初めてリチウムイオン・バッテリーが開発されたのは1995年、ソニーが商品化をしてから4年が過ぎていた。[8] 2000年の時点でも日本は5億個のバッテリーを製造し、世界のリチウムイオン・バッテリー生産の90パーセントを占め、中国の生産数はわずか3500万個にすぎなかった。[9] しかし2001年にはATLがバッテリー100万個以上を出荷し、ブルートゥース・ヘッドフォンや携帯DVDプレーヤーに用いられた。同じ年中国は世界貿易機関（WTO）に加盟、海外からの大きな投資に門戸を開く。こうしてATLの貢献により中国は高付加価値のバッテリー生産国への道を歩み始めたのである。

当時ソニーはノキアにバッテリーを供給し、中国のライバル企業BYDはモトローラにバッテリーを供給していた。[10] 一方ノキアとモトローラ以外の携帯電話メーカーから急速に支持を伸ばしたのがATLである。2004年にはアップルのサプライチェーンに参入すると、iPodにバッテリーを供給した。陳棠華が家族に会うために米国に帰った時、陳は「新製品のガジェットをみせながら、実は『このバッテリーを作ったんだよ』と言っていました。バッテリーのテクノロジーは私には難しかったのですが、父のコネを利用してなんとか自分のｉＰｏｄを手に入れたいものだと考えていました」と、彼の息子は当時の様子を語っている。[11] １年前ＡＴＬは米国の大手投資ファンド、カーライル・グループと英国のスリーアイ・グループから３０００万ドルの投資を受けていた。[12]「ＡＴＬの事業は次世代中国ビジネスとして注目に値し、世界のテクノロジー市場に足跡を残している」とカーライル・グループは評価し「同社のポリマーバッテリーは従来のリチウムイオン・バッテリーより薄く、自由度が高く安全で、さらにエネルギー密度も10～20パーセント高いものを提供している」[13]。カーライル・アジア・テクノロジー・ファンドの専務取締役ガブリエル・リーが「世界一製造コストが安い土地柄」と言う東莞市から、ＡＴＬは世界に名だたる多国籍企業にバッテリーを供給した。[14] 手短に言うなら中国ではグローバリゼーションの恩恵を享受し、海外のテクノロジーと海外からの投資を受けることで中国の一企業が高付加価値製品を生産することができたのである。そして1年後に日本のＴＤＫがＡＴＬをそっくり1億ドルで買収している。

　東証一部上場のＴＤＫは１９３５年に創業したエレクトロニクス機器製造会社で、創業数年前に東京工業大学の武井《たけい》武《たけし》博士らが発明したフェライト磁性材料の工業化を目指した。フェライトが最初に使われたのはラジオで、製品は軽量化し音質も改善された。第二次世界大戦後になるとＴＤＫ製のフェライトはテレビのブラウン管（ＣＲＴ）に利用されている。同社にはカセットテープからビデオテープまで家電製品への強みと幅広い経験があった。TDKは最大手企業であり、曾はそんな会社で重役として快適なキャリアをつめたはずだ。

ところが2010年代初めに曾の目に映ったのは、大気汚染の一掃と石油輸入への依存軽減につながる電気自動車産業を真剣に支援し、欧米の自動車メーカーを追い抜き未来の自動車産業に関わっていこうとする中国政府の前のめりの姿勢だった。20世紀中、中国では内燃機関の開発にほとんど関わってこなかった。上海が世界的全盛期だった1930年代、並木道を行き来していたのは中国産の自動車ではなくビュイックとフォードだった。さらに中国の30年間の自動車ブームでは欧米の自動車メーカーと、その中国での合弁企業が大儲けをしたが、実質的には中国の世界的自動車ブランドというものはまだ存在しなかった。当時はロンドンやニューヨークの街頭で人々に聞いても中国の自動車会社の名を挙げることもできなかったくらいなので、中国製自動車を買いたいと思う人はまずいなかった。そして中国の自動車ブームは地球環境の悲劇でもあった。世界が気候変動の危険性とそれが人為的な排出が原因となっていることをはっきり認識するようになってから生じたブームであったことが、その悲劇性をいっそう高めることになった。その自動車ブームの遺産が北京のような都市と中国全土にわたって広がる大気汚染の厚い層で、それによる人的損失は早世者の数で裏付けられる。中国の人口が都市部へ流入すれば自動車の数が増加し、大気汚染の悪化と輸入石油の増加という有害な相乗効果が生まれる。中国は2020年には歴史的にみても最も多くの石油を輸入する国になっており、その量は1日に1300万バレル以上に達していた。

その解決策が電気自動車である。しかしどうすれば人々が電気自動車を買うようになるのか。2009年の初め、中国政府は補助金とインセンティブを絡ませて電気自動車を購入する人たちに金をばら撒《ま》き始める。他に類を見ない政府の介入である。この介入の中心にいたのがアウディの元エンジニアだった人物で、母国を支援するため中国に戻り、その意欲によって非共産党員でありながら共産党内でも影響力ある地位に上り詰める。萬鋼《ワンカン》は文革時代には地方農村部へ移送され、そこで村落のトラクターを分解してエンジンについて学んだ。後にドイツのクラウスタール工科大学で工学博士号を取得するために勉強し、その後10年間アウディの研究開発チームに加わる。ここで萬が研究したのが燃料電池だった。2000年に同済《どうさい》（トンチー）大学での水素燃料電池の研究開発を主導するため中国に帰国し、4年後には同大学の学長に昇格する。萬鋼の出世の勢いはここで止まることはなかった。さらに3年後には科学技術相に就任する。萬はいわばウミガメのように国外へ出てから中国に帰国し、しかも共産党員ではないのに出世するという珍しい存在だった。萬には中国における電気自動車への転換を前進させ、日本との技術競争で鎬を削る決意があった。その決意は、科学技術分野で世界に追いつくことを長らく望んでいた共産党と中国の技術官僚トップの心をつかむメッセージでもあった。そして電気自動車は中国の「863計画」という2001年に始まる国家高技術研究発展計画に組み込まれたのである。

世界的な経済危機の中で、最初はつまずきも多かったものの、電気自動車に再び世界の希望の眼差しが向けられた。電気自動車産業が、減速する経済成長の救世主になると捉えられたのである。海外の評論家は、ATLのようなバッテリー・メーカーから成長して電気自動車メーカーとなった中国のBYDについて熱く語っていた。2008年後半にはウォーレン・バフェットが同社の株式の10パーセントを買い入れている。しかし消費者に電気自動車を買う気はほとんどなかった。この頃消費者にとって良い選択として注目されていたのはエンジンと電気モーターを使うハイブリッド車で、トヨタのプリウスがその勢いを増していた。需要が存在しないのであれば、需要を作ればいいのではないか。中国政府では新規プロジェクトを実行する前にたいてい実施している一連の試験プロジェクトを開始した。2009年、中国政府は10の都市で電動バスと公共交通への助成金交付を実施する。1年後にはこの試験をさらに拡大して6都市で自家用車も助成の対象とし、各都市では地方政府が独自のインセンティブを提供することもできた。そしてこの助成金たるやまさに大盤振る舞いである。杭州《こうしゅう》（ハンチョウ）市の消費者はEVを購入すると、中央政府と地方政府から交付される助成金は合わせて2万ドル近くになる。[15] しかもこれは電気自動車を製造する何千社もの新興企業を支援する、気前の良い補助金マシンの運転開始にすぎなかった。地方政府は互いに競い合うように電動タクシーや電動バスの購入を進めた。中国の電動バスの販売台数は鰻《うなぎ》登りで、2018年末までに全世界で運行されている電動バスのほぼすべてが中国の路上を走り、中国では42万1000台が走行している（ちなみに全世界の電動バスは42万5000台）[16]。2009年から2017年にかけて、中国政府が交付した電気自動車への助成金は約600億ドルだ。政府による空前の規模の産業介入で、その結果中国の電気自動車産業はみるみるうちに世界最大規模となった。しかしこうした成長を下支えしていたのが中国の地方政府による購入で、イラリア・マゾッコ教授によれば2013年から2016年の販売台数の大半はこの地方政府による購入だった。地方政府は法人車両の融資についても斬新な対応をし、時にはそれが斬新すぎて助成金詐欺が発覚することもあった。いずれにせよ「地方レベルでの補助金は、公共調達と自家用車の市場創出という舞台で主役を演じた」と彼女は述べている。[17]

こうした経済環境の中で、中国語で「寧徳の時代」という意味の社名をもつCATLは、中国政府の支援も受けて純中国産バッテリー・メーカーを代表する会社を創業するため、ATLから分離独立した（ATLは最初はCATLの株式の15パーセントを所有していたが2015年に売却）。曾は、金髪で身長198センチの米国人ボブ・ギャリエンを雇い入れる。彼は1990年代末にはゼネラルモーターズの不運のEV1プロジェクトで最高技術責任者を務めるなど、30年にわたりバッテリーの仕事に従事していた。ギャリエンはCATLでフルタイムで働くため、家族を残し単身で寧徳市へ渡る。若干目立ちはしたが、温かく迎えられたと彼は当時を振り返る。「198センチで少々大柄なため、寧徳市のような辺鄙《へんぴ》な町ではなおさら目立った……なにしろ信号も一時停止標識もないいど田舎だった」。それが「私が去る時にはすべてが最先端の町になっていた」。CATLの最も初期の契約のひとつがBMWの中国合弁会社BMWブリリアンスと交わされたものだ。この契約がCATLにとって転機となった。BMWの厳密なテストがCATL

の品質改善につながり、ＢＭＷはバッテリー製造過程の全工程をチェックする常駐スタッフの配置を疎《おろそ》かにしなかった。[18]「［自動車］業界におけるＢＭＷの大きな信用が、無名企業であったＣＡＴＬをスターダムへと押し上げた」と国営（中国共産党中央宣伝部が保有する）英字日刊紙『チャイナデイリー』が報じている。[19]中国は合弁会社ブリリアンスのＥＶ開発を支援するようＢＭＷに圧力をかけると、２０１３年にはブリリアンスがＺＩＮＯＲＯ　１Ｅを発表。ＣＡＴＬのバッテリーを搭載する電動ＳＵＶで航続距離は１５０キロだった。「当社はＢＭＷから多くを学び、今や世界最大手のバッテリー・メーカーのひとつとなりました」と曾は述べ、「ＢＭＷから与えられる高い基準と要請によって、当社は急速に成長することができたのです」[20]と振り返る。

２０１４年から２０１７年にかけてＣＡＴＬの売り上げは年平均成長率で２６３パーセント増加した。ギャリエンによればＣＡＴＬは２０１６年には、テスラが創業以来電気自動車に搭載してきたすべてのバッテリー台数より多くのバッテリーパックを、バス製造会社ユートンバス（宇通客車）に納品している。[21]２０１７年にＣＡＴＬはゴールドマン・サックスの支援を受け深圳証券取引所に新規株式公開を申請した。これによって同社は8億５３００万ドルを調達し、中国市場で50パーセントのシェアを握る世界最大の電気自動車用バッテリー・メーカーとなった。同社はその後4年間一貫してこの地位を守ることになる。

ではＣＡＴＬはなぜこれほど早く成長できたのか。それは曾がすでにＡＴＬを世界有数のバッテリー・メーカーに育ててきた経験にある。曾と彼の同僚には競争の激しい携帯電話の世界市場から得た膨大な知識と技術があった。彼はそうしたバッテリー製造の経験をCATLに注入し、機械メーカーと共同で大量のバッテリーを製造できる独自の機械を設計したのである。さらに従業員にその機械の使用法をしっかり教育したことで、他の追随を許さない高品質のバッテリーを短時間で大量に生産できるようになった、とギャリエンは解説する。ギャリエンはこの魔法の組み合わせを「人と機械（man and machine）」あるいは「M&M」と呼ぶ。「彼［曾］はすでにバッテリー生産法を熟知していた」とギャリエンは言い「あとはそれを拡大するだけでよかった」。

それともうひとつ決定的な要因となったのが中国政府の猛烈な保護主義である。中国の助成金制度は、国内企業を後押しし中国の電気自動車エコシステムを構築するために特別に設計された。2016年から2018年には中華人民共和国工業情報化部が、認可されたEVバッテリー・メーカーの年次リストを作成しているが、すべて中国企業である。フォルクスワーゲン・グループ・チャイナのCEOヨヘム・ハイツマンも「中国の現地生産車は、中国製バッテリーの使用が義務というのが大前提」と述べている。[22]世界最大の電気自動車市場でちょうど販売が軌道に乗った時に導入されたこの政策は極めて強力で、韓国のバッテリー・メーカーであるLG化学やサムスンSDIを実質的に競争から締め出してしまった。「極めつきの戦略だった」と話してくれたのは、先進的バッテリー技術に関する業界団体NAATBattの創設者ジム・グリーンバーガーで「CATLは勝者であり、彼らは自社の規模を利用して輸出市場で効果的に競争した。産業政策をうまく利用して巨大化した中国企業にどのように立ち向かうか、それが私たち西側の現在の課題だ」と言う。

しかし曾が率いるCATLがここで自己満足するわけがない。彼にとってバッテリー産業は戦争をしているようなものだ。彼は「当社はガソリン車と競争している」のであって「ガソリン車に勝てなければ、市場に当社の居場所はない[23]」とまで言う。そして競争相手より多額の資金を研究開発に注ぎ込んだ。2019年までにCATLはバッテリーとバッテリー充電に関する特許を2000件以上取得している。通信大手ファーウェイの勤勉な企業文化と研究開発を模範としたが、ファーウェイの成長は米国での政治的懸念を膨らませていた。曾はCATLがいつまでも中国の助成金を当てにできるわけではないことはわかっていた。2017年の社内メールで彼は中国的な言い回しで「台風が来れば、豚でも空を飛ぶ」と書いている。つまり政府の支援があればどんな会社でもうまくいくという意味だ。曾はそれでは納得しない。「しかし豚は今飛んでいるだろうか。台風が通過したあと、残された豚はどうなるのか」と曾は問う。CATLのマーケティング部長楊琦《ヤンチー》（ニール・ヤン）はもっとはっきり言う。「世間では大成功を収めた会社だと思われているが、我々は常に危険にさらされている。市場環境と技術の変化は非常に早いので、トレンドについていけなければ、3か月で倒産するかもしれない[24]」。CATLは絶え間なく技術革新を追求しているからこそ、バッテリーのコストダウンにつながっている。バッテリー・セルを直にアルミ製バッテリーパックと組み合わせることでバッテリーモジュールをなくし、材料の節約とバッテリー重量の低減につなげた。2020年には16年間継続して使用できる「100万マイル」バッテリーを開発したと他社に先駆けて発表している。バッテリーが車より長持ちし、繰り返し使用することでさらなるコストダウンにつながるため、これは大きな成果だった。テスラが2020年初めに上海に工場を建設した時、CATLを調達先にしている。同社のコストと技術力がテスラの要求に見合っていたからだ。国営のチャイナデイリーは比喩的にではあるが興奮気味に「わずか数年で［CATLは］中国の新エネルギー車市場という孵化《ふか》場で、雑魚から紛れもないマッコウクジラに成長した[25]」とCATLを絶賛した。

中国の卓越した製造技術が、CATLを介して世界のバッテリー価格の大幅な引き下げにつながり、電気自動車はガソリン車に対する価格競争力をますます高めている。このように技術が普及する過程は、ソーラーパネルや多結晶シリコンの生産など他のほとんどすべてのクリーン・テクノロジーでも同じように起きていた。補助金によって生産が急増し、その結果過剰生産となったものの、結局は中国が世界市場の覇権を握ったのである。リチウムイオン・バッテリーパックの価格は2010年から2020年の間で実質的に89パーセント下がり、2010年にはキロワット時（kWh）当たり1100ドルだったが2020年には137ドルになったとブルームバーグ・ニューエナジー・ファイナンスは伝えている[26]。CATLはもともと海外で開発された既存の技術を利用したわけだが、それを洗練させ極めてコスト効率が高い方法で高品質を保ちつつ生産量を拡大するという卓越した成果を達成したと、CATLの元最高技術責任者ギャリエンは述べている[27]。そして中国以外の国や企業がCATLに追いつくことは、新しいバッテリー化学を発明しない限り無理だろうと予測する。

２０２１年にはＣＡＴＬは中国第二の上場大企業となり、時価総額は２０００億ドルを超えた。力強いバッテリー産業と自動車産業を持つことが、中国にとってなにより重要だという強い思いが曾にはあった。新しいテクノロジーは強い国力と密接なつながりがあると曾は言う。19世紀以前の中国は鉄製品と、製紙、印刷、火薬そして方位磁石のいわゆる「四大発明」のおかげで世界経済の盟主の座にあった。ところが18世紀に蒸気機関が発明されると英国が世界の工場となり、中国は「機会を逃し、絶頂期から衰退へ向かった[28]」。それでも曾は過去40年間で中国は５Ｇテクノロジーなど特定分野で大きな進歩を遂げてきたと見ている。そして現在の世界経済が注視しているのは再生可能エネルギーや電気自動車、バイオテクノロジーそして人工知能だと曾は言う。自動車業界での変化は、これまでの１００年間にはないチャンスだった。バッテリー産業は中国を経済的にも政治的にも「強い国」にする可能性がある。「人類全史において、新テクノロジーが登場した時に生産性が増大している。新テクノロジーの出現は画期的な経済発展を促進するだけでなく、世界的な競争の構造が変化する」と曾は述べている[29]。

しかし中国が覇権を握ったのはバッテリー産業だけではない。製造過程で必要になる原材料の調達でも世界をリードしているのだ。そのためには中国も国外に目を向けざるを得なかった。

第5章 中国のリチウムラッシュ

「リチウムは地球では非常にありふれた存在だ。どこででも見つかる」
（テスラCEOイーロン・マスク[1]）

2019年の小寒い秋の夕刻、王暁申《ワンシャオシェン》は一番新しい買収の成功を祝うため、ロンドンのメリルボーンにあるロイヤル・チャイナ・クラブの個室に入った。香辛料がきいた四川ソースのスズキと、スモークダックの大皿が届き、ボウル形のグラスに赤ワインが注がれると、会話はここ1年低迷するリチウム価格の話題になった。1年前の2018年、王のガンフォンリチウム社（贛鋒鋰業《ガンフォンリーイエ》）はシティバンクの後押しで香港証券取引所に上場していたが、同社は新規公開株の価格を予測範囲の下限に設定していたため、資金調達は期待していた10億ドルには届かず、4億2200万ドルどまりだった。取引初日に同社の株価は29パーセント下落、香港では本土の新規上場企業の株を買うため、いつもならリテール投資家［香港では約1億円の金融資産を保有することが条件となるステータスの投資家」が列を作るのだが、大手新聞記者はこの時の株式上場を「目を覆いたいくらい」と評している。[2] 電気自動車の売り上げは加速していたが、リチウムには誰も関心を示さなかったのだ。投資家は期待できない株と見ていた。つまりリチウムはオーストラリアの地下に豊富に存在し、いつでも簡単に船で中国へ輸入し調達できると見られていたからだ。中国中央部の新余《しんよ》（シンユー）市にある本社から世界市場へ乗り出したガンフォンリチウムにとっては幸《さい》先《さき》の悪い船出となった。

しかし、王は気にしなかった。そんな状況に妥協するどころか、彼は弱腰の市場を成長の好機と見たのである。この日の晩餐はバカノラ・リチウムの株の買い入れを祝うために準備された。バカノラはメキシコでプロジェクトを展開する企業で、見事な白髪のピーター・ゼッカーというイギリス人が経営している。彼はテーブルを挟んで王の真向かいに座り、黙っていた。バカノラ・リチウムは英国の小企業向け代替投資市場に上場され、熟練の採掘エンジニアであるゼッカーは同社の株への関心を引くため躍起になっていた。２０１５年、同社はテスラと契約を結んだと発表、条件付きであったにもかかわらずバカノラの株価は急騰したが、その後人知れずこの契約は破談となっている。同じ年の初めにゼッカーは1億ドルの資金調達を予定していた朝、その調達を諦めざるを得なくなり、投資家に衝撃を与えていた。端的に需要がなかったのだ。ゼッカーはこのプロジェクトの経営を王に譲り、この中国人と運命をともにすることにした。王にとってこのプロジェクトは完璧だった。米国との国境まで１６０キロほどあるため、米国の膝下で中国人が画策していると当局に警戒させずに米国市場へ容易にアクセスできたからだ。「米国は我々を立ち入り禁止にしている」ことを王は認める。中国との貿易戦争に乗り出したドナルド・トランプ大統領のもとで、同国が中国に対する政治的圧力を強めているためだ。

しかし米国でのリチウムの生産は実質的にゼロである。

王はざっくばらんで、温かく、気持ちの良い人物だ。静かな自信と軽いユーモアのセンスが漂う。海外での生活経験はないにもかかわらず、努力して流暢《りゅうちょう》な英語を身につけた。成功した中国人経営者を絵に描いたように、黒い洒落た腕時計をつけ、車はテスラ・モデルX、子どもはニューヨークで学んでいる。「王暁申は四六時中リチウムのことを考えている」と彼の友人ジョー・ラウリーは言う。しかし愛想の良い外見の内側では、王は取り憑かれたように、10年間で自分の会社を世界最大のリチウムメーカーに育て上げる決意に燃えていた。「より早く、よりよく、より安くという方針にのめりこんでいた」と王のパートナーでアルゼンチンの高山地帯でプロジェクトを進めるジョン・カネリツァスは語り「それとたぶん『もっと大きく』もあるね」と加えた。

＊

銀白色の金属で水と激しく反応し、爆発しやすいため自然界で見られる姿は化合物としてのみ。それが1817年にスウェーデンの化学者ヨアン・オーガスト・アルフェドソンが発見したリチウムである。金属の中で最も軽く、地殻内に最も豊富に存在する元素のひとつで、海中にも存在する。現在私たちが利用しているリチウムの大部分は、おそらく恒星が爆発した時の核反応によって形成され、その後銀河全体に広がったものだろう。[3] めったに思い浮かべることのない元素リチウムだが、デジタル世界とグリーン経済には欠かせない物質だ。私たちはリチウムなどまず見たことも触ったこともなく、西側世界にはリチウム鉱山はほとんど存在しないというのに、そんなリチウムを携帯電話やスマートウォッチ、タブレットに入れて四六時中持ち歩いている。このリチウムがなければ、電気自動車も実現しなかっただろうし、テスラも現れなかった。ちょうど青銅や鉄、石炭、石油が人類史の時代を画したように、リチウムも私たちの未来を形作る元素となるだろう。

リチウムの初期の用途としては主に痛風の治療に用いられたが、間もなくして気分を改善する不思議な力があることが発見される。20世紀の初め、リチウムはセブンアップ（もともとの商品名はビブ・ラベル・リチエイティッド・レモンライム・ソーダ）などの清涼飲料に利用され、ジョージア州のリティア・スプリングスなどのリチウムを含有する天然ミネラル温泉が人気観光地となり、マーク・トウェインやセオドア・ローズヴェルト大統領も訪れていた。[4] 1949年にはオーストラリアの精神科医ジョン・ケイドが双極性障害の患者の治療に役立つことを明らかにし、医療用途としての大きなブレイクスルーとなった。第二次世界大戦中には当時シンガポールのチャンギにあった日本の収容所に抑留されたこともあるケイドは、メルボルン近郊の放置された食品倉庫を利用して、精神疾患の患者から採取した尿の検体をモルモットに注射して生理反応を調べる研究をしていた。その過程でリチウムが尿の毒性を低下させる効果を発見し、同時に動物の気分も改善されるようだった。[5]彼の発見によって双極性障害のリチウムによる効果的な治療が可能になった。精神疾患の治療薬の発見はこのリチウムが最初である。

リチウムを初めて工業的に生産したのは1923年、ドイツのランゲルスハイムのメタルゲゼルシャフト社がチンワルド雲母《うんも》というリチウムを含有する鉱物の一種を用いて精製した。[6]その後すぐニュージャージー州のメイウッド化学が生産を開始、さらにフット・ミネラル・カンパニー、リチウム・コーポレーション・オブ・アメリカが続いた。リチウムは初期の軍事用途として潜水艦の二酸化炭素吸収剤として利用された。その後は核兵器と水素爆弾の開発にも重要な物質となっている。

バッテリー材料としてリチウムに代わる優れた代替材料はまだ発見されていない。リチウムが軽量で（特に鉛バッテリーに用いられる鉛と比較すると）電気化学的性質も優れているからだ。電流は電子の動きそのもので、電子は原子の中心核を囲む負に帯電した粒子である。リチウムはすぐにその電子ひとつを失うと正に帯電したイオンとなり、負極のグラファイトや正極のコバルト酸リチウムのような母材に潜り込み、放電と充電の際にはリチウムイオンは逆方向に移動する。リチウムは非常に軽いためバッテリーの重さを軽量化でき、重いバッテリーでは航続距離が短くなってしまうので、この軽さが重要だった。

　気候変動をなんとか抑えようとしている私たちには、これから電気自動車そして電力系統に接続する再生可能エネルギーの貯蔵に大量のリチウムが必要になるため、リチウムが豊富に存在することは良いニュースである。地殻中のリチウム埋蔵量からすると理論上すべての自動車をリチウムイオン・バッテリーを使って10億年間動かすことができる。しかし実際にはそううまくはいかない。リチウムを地殻から経済的に採掘、精錬しなければならず、それには誰かが鉱山に投資し開発する必要がある。さらにリチウムをバッテリーで使う炭酸リチウムや水酸化リチウムという物質に加工しなければならないのだが、バッテリーを発火させる原因となる不純物が混入しないように念入りな加工が必要だ。

　20世紀中は米国が最大のリチウム生産国だった。そして当時の世界市場はふたつの企業に握られていた。フィラデルフィアを本拠地とするＦＭＣとフット・ミネラル（後のサイプラス・フット・ミネラル、さらにその後のシェメタルＳＡ）で、どちらもノースカロライナ州に鉱山を所有していた。ＦＭＣは19世紀後半にカリフォルニアの果樹園を襲った樹木の感染症を抑えるための殺虫剤スプレー用ポンプを製造する会社として創業した。１９８５年には世界最大のリチウムメーカー、リチウム・コープ・オブ・アメリカ（リスコとして知られる）を買収している。日本のソニーは携帯ビデオカメラ用の世界初となるリチウムイオン・バッテリーを開発したが、この時リチウムを供給したのがＦＭＣである。当時の米国は、ノースカロライナ州の岩石から採取されるリチウムにより、その純輸出国となっていた。しかし1990年代初めにボリビアでのリチウム開発プロジェクトに失敗すると、リスコはアルゼンチンに移転し、アンデス山脈の高地でリチウムを生産するようになるが、その方法は岩石から掘り出すのではなく、巨大な池に溜めた天然の塩水を蒸発させて回収するものだった。この方法は工程の大部分のエネルギーを太陽光で賄えるので、リチウムを非常に安価に生産できた。同じ方法は国境を越えたチリでもフット・ミネラル社が採用し、またそれとは別にチリの企業ソシエダード・キミカ・イ・ミネラ・デ・チリ（SQM）も取り入れていて、この企業を所有しているのがチリの独裁者アウグスト・ピノチェトの娘婿だった。SQMは世界的生産企業として米国の2企業と肩を並べるようになる。1998年、FMCが米国内のコストのかかる鉱山を閉鎖したことで、米国最大のリチウム国内供給源に終止符が打たれ、米国に残るリチウム鉱山はネヴァダ州のシルヴァー・ピークス鉱山のみとなった。サウスカロライナ州からノースカロライナ州にかけて広がる鉱物資源に富むリチウム鉱床は、何十年も放置されたままだ（フット・ミネラル社が1980年代初めにキング・マウンテン鉱山を閉鎖した）。FMCは、携帯電話や携帯ビデオカメラ、パソコン用のバッテリービジネスにリチウム化合物を供給する最大手だが、原材料のリチウムはアルゼンチン産で、ノースカロライナ州のベッセマー・シティにある化学工場で精錬されている。

世紀の変わり目頃まで、リチウム産業は「ビッグスリー」と言われるロックウッド（後のアルベマール）、SQMそしてFMCの3社による寡占状態だった。しかしリチウム業界が一般的に産業として認識されることはなかった。というのもリチウムは主にガラスや潤滑油の製造といったパッとしない製造業向けのニッチ市場だったからで、投資家にとっても胸躍るような業界ではなかった。それが今世紀の初めにスマートフォンが発売されると需要が2倍に跳ね上がる。しかし需要拡大の土台はまだ小さいものだった。2000年のFMCの予算案を見れば中国を重要な市場とは見ていなかったことがわかると、同社でリチウム販売を手がけるジョー・ラウリーは説明する。数年後、日産の電気自動車リーフとシヴォレーのヴォルトがニュースになった時にも、リチウム業界の反応は慎重だった。電気自動車プロジェクトはこれまで何度も頓挫していたからだ。したがってリチウム業界での投資拡大計画も限定的なものとなった。「ビッグスリーは自己満足状態で、これまでの十分裕福な環境に浸りのんびり構えていたのです。もちろん新しいバッテリー需要も享受したわけだが、その後の状況変化をつかみきれず、新たな需要に対応できる製造工程の見直しが遅れた」とラウリーは回想する。「市場が拡大すれば彼らの利益となるが、電気自動車の動向についてはとても保守的に構えていた」と当時を振り返るのは、アルゼンチンでの新たなリチウム・プロジェクトの立ち上げに携わったジェームズ・キャラウェイだ。「彼らも電気自動車と市場の変化は捉えていて、大きな変化が潜んでいると感じてはいたが、結局リスクの高い無作為を選択してしまった。つまり対処の手立てを何もとらなかったのだ。ひどい判断ミスを犯したと私は思う。あの時がチャンスで、新規参入がもっと難しくなるように手を打てたはずだ」

なまぬるい馴れ合いの市場に崩壊の機は熟していた。

＊

霧雨が煙る3月の寒い日だった。まばゆいばかりの黒のテスラ・モデルSを駆って、中国中部の工業都市を抜け、じめっとした水田地帯を走り、胎動するバッテリー経済の核心部へ向かった。バッテリー工場の入り口に近づくと「かつてはこの一帯も農地でした」と今はブリストルで研究する若いスタッフが教えてくれた。近くでは牛が勝手に歩き回り、冷たい霧の中に見えてきた工場からは煙が立ちのぼり、コンクリート製の巨大な柱の周囲を大きな錆びたパイプが囲んでいる。内部にある破砕された灰色の岩石はオーストラリアで採掘されたもので、長江《チャンチアン》を遡航してから工場までトラックで輸送されている。これを巨大な石炭ボイラーで摂氏1000度まで加熱する。この岩石には約6パーセントのリチウムが含まれ、加熱後酸で溶出、乾燥させ、不純物を取り除き微細な白い粉末にしてから、他の金属と混合してリチウムイオン・バッテリーを製造する。ガンフォン社は水酸化リチウムの中国最大のメーカーで、同社の水酸化リチウムは極めて純度が高く、テスラの非常に強力なバッテリーに使われている。私が訪問した時の価格は1キロ約9ドル（約1300円）だった。冷たい雨の中、風防のないバギーでガンフォンの従業員が工場を案内してくれた。「購入したのが夏だったんですよ」と彼はジョークを飛ばす。中国では政府の規制により長江より南には暖房がない。したがって建物の中に入っても寒い。この工場と関連工場をあわせておよそ1000名の従業員が働いていて、自動車メーカーの仕様に適合するようにリチウムを原子レベルまでチェックしていると、案内の若者は話してくれた。工場は石炭火力発電を使って24時間操業している（そのため同社では1トンのリチウムの生産に約2トンの石炭が必要になる）。製造された白いリチウムが最終的に梱包された外観は牧草のベイルくらいの大きさで、トラックで長江へ運ばれ顧客に向け出荷され、バッテリーとなる。リチウムが鉱山から電気自動車に届けられるまでの旅は、すでにここまでで何千キロも移動したことになる。

私は上海から高速鉄道で新余市に来た。霧に煙る緩やかな傾斜の丘陵地と水田の灰緑色の景観の中を移動する。ここは製鉄業で有名な都市で、到着した時は他の多くの中国の都市と変わらない感じだった。地方政府が建設したスタジアムはあっても、メジャーな地方サッカーチームはない。お約束の巨大な駅ビルと、それを囲んで生えあがるコンクリートの森とパステルカラーのニュータウン街。私はこの町がニューヨーク証券取引所上場のソーラーパネル・メーカー、LDKソーラーの本拠地であったことを思い出した。競争が激化する中、中国国営政策銀行である中国開発銀行と地方政府が強力に後押しした企業である。2012年には地方政府が8000万ドルもの経済支援をしているが、それでも数年後に経営破綻した。海外から見ていると中国には政府の戦略的マスタープランがあるというイメージだったが、LDKソーラーの破綻は同政府が後押しするプロジェクトが実はしばしば破綻していることに気付かせてくれた。またLDKソーラーの破綻によって中国人起業家は競争に対して被害妄想を抱くようにもなっていた。そこで今度のリチウムではうまくいくことを、新余市は期待していた。

ガンフォンのおかげで新余市は世界の電気自動車サプライチェーンにおける活気ある拠点となった。石油を燃料源とする輸送の時代を支えた石油精製所やパイプライン、タンカーというサプライチェーンの21世紀版である。ガンフォンはやはり中国のライバル社である天斉リチウム（天斉鋰業《ティアンチーリーイエ》）とともに中国による世界のバッテリー・サプライチェーンの覇権を築き上げた。中国で採掘しているリチウムは、世界で生産されているリチウムのほんの一部だが、その80パーセント以上をバッテリーに加工している。そんな中国とくらべると米国では1パーセントにすぎない。実はサプライチェーンの中で非常に重要なのがこの加工段階だ。中国はバッテリーに必要な鉱物であるリチウムやコバルト、ニッケル、グラファイト、マンガンの大きな鉱床には恵まれていなかった。しかしその加工の覇権を握ってしまえば、どこで採掘されたリチウムであっても、必ず中国へ輸送せざるを得ない。中国はこの鉱物の中心的な取引所となったのである。今となっては中国に代われる国はない。中国の戦略は的中した。リチウムが中国に到着すれば、中国の企業がバッテリー材料に加工し、最終的に中国製バッテリーが出来上がる可能性が高くなる。２０１９年、中国に初めて工場を建設する外国自動車メーカーとして中国に上陸したテスラは、中国国内のサプライヤーを使うことが条件づけられていた。そのひとつがガンフォンである。

新余市に入って初日の夕食の時に、工場内を案内してくれたあのガンフォン従業員アンナ・リァオに、西側諸国は中国に追いつくことができるか聞いてみた。すると彼女は「西側は最初の波をみすみす逃したんです」と答えた。ガンフォンは鉱山で採掘される原材料から最終製品のバッテリーまで一貫した生産を行っている。さらに古いリチウムイオン・バッテリーをリサイクルして新しい原料として再利用もしている。多くの西側企業にはコストをかけてまで競争するのは難しいだろう。翌日私は工場所定の明るい黄色の帽子と上着を着用してからエアロックを通って同社のバッテリー工場を見学した。ガラス越しに見えるのは大きな圧延機で、銅の薄膜にバッテリー材料がコーティングされている。製造ラインは効率よく稼働しており、唯一動いているのはKUKA《クーカ》のロボットだけだ（クーカはドイツの産業用ロボットメーカーで、やはり数年前に中国企業が買収している）。中国といえば連想しがちなあの労働集約的な工場ではない。むしろ正反対である。こうして生産されたバッテリーで中国では膨大な台数の電動バスが走行している。

ガンフォンは世界にリチウムを供給するだけでは満足していない。石油に対する競争力を盤石なものとするため、電気自動車に数分で充電できる将来のバッテリー材料を模索中だ。新余市取材の最終日にはガンフォンの従業員とともに、近隣の宜春《ぎしゅん》（イーチュン）市という都市を訪れた。中国の東晋から宋の時代に活躍した有名な詩人、陶淵明《タオユエンミン》の生誕の地である。ごくありふれた煉瓦造りの建物の中では、従業員が手袋をつけてアルゴンを封入した気密容器に矩形《くけい》の純リチウムを挿入している。その後この金属を気密なアルミホイル製バッグでぴっちり梱包してから顧客に出荷される。リチウムは非常に発火しやすい金属だが、バッテリーに大量のエネルギーを貯蔵できる。リチウム金属に貯蔵できるエネルギーは、ほとんどのバッテリーで用いられるグラファイト（炭素からなる層状構造をもつ鉱物）の10倍だ。こうしてバッテリーのエネルギー密度が増大していけば、他にも航空機などへの応用の道が開ける。ノーベル賞受賞者のスタンリー・ウィッティンガムが１９７０年代にエクソンモービルに在籍し、最初のリチウムイオン・バッテリーを製作した時に試験していたのと同じ材料だ。長い間バッテリー科学者にとって聖杯のような存在だったが、その実用化が今中国の中央部で完成されようとしている。王は私にこの従来より急速に充電できるバッテリーが２０２５年か２０２６年には自動車に組み込まれることを期待していると語った。もしガンフォンがこれに成功すれば、同社は世界バッテリー市場の最先端に上り詰め、電気自動車の分野でさらに中国の成功を確固たるものとするだろう。

ＥＶ革命の可能性は幼い頃の王暁申には想像もつかなかった。彼が生まれたのは中国西域の新疆地区。１９４３年に戦争で荒廃した重慶《じゅうけい》（チョンチン）の蔣介石《チャンチエシー》率いる国民政府によって彼の祖父が砂漠の灌漑《かんがい》プロジェクトの支援に派遣された地だ。この地区はかろうじて国民政府の支配下にあったが、日本との戦いに精一杯だったため、その資源はソ連に長年搾取《さくしゅ》されていた。王の母方の家族も新疆へ移住する。王は１９９０年に大学を卒業すると、この地区の首都ウルムチにある中国最初のリチウム工場に勤めた。中国の核兵器プロジェクトに用いるリチウムの放射性同位元素を供給するため１９５８年に建設された工場である。「リチウムのことは何も知らなかった」と王は当時を振り返る。「１１５工場」では遠くアルタイ山脈のリチウム鉱石を精錬していた。１９３０年代にソ連の地質学者がアルタイ山脈は金属資源が豊富なことを発見していた。山脈の鉱山では１９４０年代後半まで、ソ連製の装置でベリリウムやタングステンなどの鉱石が年間１０００トン生産されていた。中国は同国領土内での違法採掘になるとして繰り返し抗議したが、鉱石はすべてソ連に輸送されていた。１９４９年に中国共産党が権力を掌握し鉱山が中国の管理下に戻ると、アルタイ山脈の資源は、後に王が勤める国営の新疆有色金属工業《シンチャンヨウシャイチンシューゴンニエ》が引き継いだ。共産党は新疆を「無限の宝物源」に満ちた不毛の地と見ていた。[7] 最初は新疆の北端に位置する鉱山から資源をソ連へ輸出し、融資の返済にあてていたが、中国の核開発によってリチウムの国内需要が生まれた。

１９８０年代に中国が市場を解放すると、このウルムチの国営工場はガラスやアルミニウム製品、エアコンなどの民生品の供給も開始する。そして工場は中国最大のリチウム供給元となった。一方で工場の安全性基準は低く、化学薬品が混じった粉塵《ふんじん》で皮膚に火傷ができた。リチウムは最も反応性の高い金属のひとつだが、繰り返しリチウムに暴露した場合の健康への影響について詳しい研究はない。王にとって忘れられないのは、この工場のどこにいても服も靴も手も身体中汚れてしまうことだ。水酸化リチウムの製造工場に入ると、すぐに口の中が埃っぽくなった。王は「工場内はどこもかしこもひどい埃と騒音だった」と言う。「当時は安全対策が十分というわけではない。この埃は隈《くま》なく拡散し、汗をかくと皮膚が焼けた感じがする」。そして皮膚には火傷の痕が残った。屋外ではウルムチの石炭火力発電所による大気汚染で、冬には雪が黒くなった。ある日王は同僚が事故死するのを目撃する。同僚は背が低く装置を操作できず、遠心分離機を止めるのを忘れていたのである。王は上海の高層ビルの最上階にあるオフィスから「あれは悲惨だった」と当時を回想した。

１９９０年代初めまでに新疆のリチウム資源は枯渇し、工場はオーストラリアのサンズ・オブ・グワリアという巨大鉱山（世界最大のリチウム鉱山であるグリーンブッシズ鉱山。次章参照）からリチウムを輸入しなければならなくなった。さらに悪いことに、１９９７年にチリのＳＱＭがアタカマ砂漠の高地で太陽光を利用して安価なリチウムの生産を始め、輸出も開始すると、世界市場のリチウム価格が暴落したのである。間もなくして新疆工場は破産する。そのタイミングも良くなかった。携帯電話の普及でリチウム需要が拡大していたのである。王は会社の事務所を立ち上げるため北京に移動するが、２００２年には会社を辞めている。「これ以上は無理だった」。彼は蘇州《そしゅう》（スーチョウ）市という東部の都市へ移り、リチウムバッテリーで駆動する芝刈り機の生産を目指す電動工具ビジネスに従事した。中国経済は二桁成長を続けていた一方で、石炭の燃焼が増加し、石油の輸入も過去最大となった。大気汚染のせいで空は暗く水は臭かった。そしてガソリン車の売り上げは加速していた。中国のリチウムの船出は前途多難だった。

しかし中国中部の江西《こうせい》（シャンシー）省を拠点とするある起業家がそんな状況を一変させようとしていた。

リチウムで存在感を放つ中国の興味深い事実がある。中国外では誤解されている向きも多いが、実は国営企業による成果ではなかったことだ。携帯電話やその後の電気自動車用のバッテリーにチャンスがあると感じた起業家集団が、中国では民間企業の誕生と言われるのだが、国営企業から「大海へ飛び込んだ」成果だったのである。２０００年にガンフォンを創業した李《リー》良彬《リィアンビン》は、以前は江西省新余市の国営リチウム工場で働いていた。その工場は１９６０年代には地元のリチウム鉱山から中国の核兵器産業にリチウムを供給していた。若い頃、李は従業員１０００人の大きな国営製鉄工場か、あるいは従業員１０００人以下のリチウム工場で働くかを決める時、彼は後者の方が従業員が少ないので給料の配分が多くなると踏んだ。その後工場長に昇進した李は、未来は明るいと確信していた。しかし新疆の王の工場と同じように、江西省の工場も１９９０年代にチリから輸出されていた安価なリチウムが相手では競争にならなかった。１９９７年に李は工場を退職し、ガンフォンの創業に踏み切った。最初は新疆有色金属からリチウムの供給を受けていた。こうして彼は王と顔を合わせることになる。その時リーはワンにガンフォンにくるよう説得している。２００６年のことだった。

ガンフォンも創業当初はリチウムメーカーのビッグスリーに支えられていた。同社はＳＱＭそして米国のＦＭＣの顧客としてスタートし、リチウムを買ってそれを中国で加工していたのである。２００４年に李はチリに飛び、リチウムの供給を確かなものとするためガンフォン株の15パーセントをＳＱＭに譲渡する提案までしている。「当時のＳＱＭはデューディリジェンス［Ｍ＆Ａ取引の際に相手企業の資産調査をすること］を会計事務所デロイトに依頼していて、その調査後［ＳＱＭは］この申し出を断ってきたのです。ＳＱＭの回答は『結構です』でした。当時のガンフォンはとても小さな会社だったのです」と王は言う。それから数年後、2007年にSQMの最高責任者のジュリオ・ポンセ・レロウ（次章で詳しく解説する）が新余市を訪れた後、SQMは仕切り直してガンフォンの買収を提案した。「SQMは当社の力量を知り、心変わりしたのです」と王は当時を振り返った。この頃にはFMCとロックウッド（後のアルベマール社）もガンフォンの買収に興味を示していた。王は考えあぐねたが、この時いくつかの中国の投資ファンドからの接触もあり、その中のひとつが国営の非鉄金属王手、中国五鉱集団（ミンメタルズ）が運営するファンドだった。ミンメタルズはSQMの買収案に乗るのではなく、国内の証券取引所に上場することを王に勧めた。そしてガンフォンはSQMのライバル会社となる道を選び、2010年に深圳市証券取引所に上場する。SQMはすかさず今後一切同社のリチウムをガンフォンには供給しないと発表した。もしあの時SQMがガンフォンの株を買っていれば、現在の時価総額は約50億ドルとなっていただろう。

当時中国には小規模精錬業社が点在しており、各社は化学製品に加工する原料リチウム資源を見つけ出そうと競い合っていた。銀行融資を得るのは簡単で、環境面での審査はほとんどないため、2000年代初めだというのにこれらの工場はチャールズ・ディケンズの小説に出てくるようなありさまだった。そう語るのはラウリーで、FMCで働きながら日本から上海へと定期的に中国を訪れていた。当時ラウリーがガンフォンを訪問した時、8月の暑い盛りに従業員は裸足で靴を履きゴム手袋をつけ、塩化リチウムの大釜で働いていた。ラウリーによれば、同じ工程でも

「ノースカロライナ州では、私たちは空調の効いた建物で宇宙服を着て作業をしていた」という。

中国の有名な新疆リチウム鉱床はとっくに枯渇し、他に中国は経済的に採算が取れる大きな鉱床はほとんどなかったため、ガンフォンには中国の国境を越え、海外に資源を求める以外選択肢はなかった。王はあらゆる場所を調査し、2013年にはアイルランド、ダブリン郊外のカーロウという町までチームを派遣しリチウムを探した。地質学者らは城の陰でリチウムを求めて掘削していたという。数年後、リチウムが豊富で、グリーンブッシズ鉱山のある国、オーストラリアで幸運な巡り合わせがあった。2015年ガンフォンは西オーストラリアの金鉱の町カルグーリー郊外にあるマウント・マリオン鉱山の株式を25パーセント買い入れたのである。この動きが、新たなゴールドラッシュの口火を切り、オーストラリアは主要なリチウム生産国となる。長きにわたって石炭と鉄鉱石の輸出国として名を馳せ、気候変動に対する行動に消極的だった国が、クリーン・エネルギーのサプライチェーンの中心的存在となってきた。

＊

パースから1500キロ以上離れた、巨大な鉱山が赤い傷跡を残し火星のような地形を見せるこのピルバラ地域には、人っこひとりいない。フランスの2倍の面積がある、いわゆる「フライ・イン・フライ・アウト」（FIFO《ファイフォ》）雇用形態の鉱山で、現地に鉱山町は作らず鉱夫はパースから鉱山へ週ごとのシフトで飛行機で向かい、シフトが終わると家族のいる我が家へ戻る。17世紀に初めて上陸したオランダの探検家にとってこの地域に価値は見出せなかったが、地下で鉄鉱石の豊富な資源が見つかるとオーストラリアは豊かになり、その後4半世紀以上の間景気が後退しない数少ない国のひとつとなる。中国が日本を抜いてオーストラリア産鉄鉱石の最大の輸入国となったのが2005年、その需要はとどまるところを知らなかった。鉄鉱石は自然起源の鉄を含む岩石で、石炭とともに鋼鉄生産の重要な原材料だ。鉄筋をコンクリートと組み合わせれば完璧な建築資材になる。21世紀の初めになると中国では新しい集合住宅や都市の建設がますます盛んになり、その需要によって鉄鉱石には「スーパーサイクル」*と呼ばれる価格高騰が生じた。中国は原材料の大量供給が必要な巨大な建設現場となったのである。一方のオーストラリアは巨大鉱山となり、鉱物を採掘しては中国へ船舶輸送するようになった。鉄鉱石の価格が高騰する中で、どんなに金をつぎ込んでも1トンでも多く地下から鉱物を採掘することが正当化されたため、調達費用はますます膨張した。オーストラリアの鉱夫の生活は豊かになり、両国は不安ながら互いを受け入れざるを得ない関係になっていた。

しかし2014年にはそんな雰囲気も吹き飛んだ。2007年に始まった世界金融危機後、中国の銀行融資と建設のブームは先細りになり、鉄鉱石の原価が暴落したのである。オーストラリ

* 「スーパーサイクル」の定義はさまざまだが、一般に10年から35年間の長期的な価格のトレンドを超えて、商品価格が上昇する期間のこと。

ア産鉄鉱石と石炭への中国の恐ろしいほどの食欲は衰えているように見えた。世界の鉱業界は負債に溺れつつヘッジファンド投資家からの攻撃をかわさなければならなかった。鉄鉱石の価格が突然40パーセント以上も下落したのだから、生産コストが高かったオーストラリアの小規模生産者にとっては厳しい状況となった。パースなどの都市部で優雅に暮らしていた鉱山労働者らも経済的な不透明感を感じ始め、住宅価格は下落した。投資アナリストは「中国の奇跡」の終焉を口にし始め、さらに消費中心の経済への移行を予測した。しかしこの暴落はオーストラリアにとっては未来を見直し、注目するチャンスでもあった。炭鉱夫や鉄鉱石採掘業者は、環境に配慮したり電気自動車を運転したりするなど考えてもいなかったが、彼らも新たな儲け口を探り始めていた。

同じ年、5人の地質学者が産出量の多い新たな鉱山を探すため、荷作りをしピルバラへ向かった。5人はパースの大学で知り合った友人同士で、スマートフォンの製造に必要な金属タンタルを探査し始めた。しかし彼らが見つけたのはタンタルではなく、大規模なリチウム鉱床で、鉄鉱石鉱山の間に挟まれた場所にあり、赤土の地面からリシア輝石というリチウムを豊富に含む鉱石を拾うことができた。チリではリチウムを豊富に含む塩水を蒸発させてリチウムを回収していたが、オーストラリアではリチウムは岩石に含まれていて、銅や他の金属と同じように鉱石を掘削してから破砕する。5人の地質学者のひとりニール・ビドルは探鉱家の家庭の出身だったが、リチウムについてはそれほど知識はなかった。「私たちが目もつけていなかった鉱物でした」と彼は回想する。5人の地質学者は灰黄色のリシア輝石を見つけたわけだが、最初は地殻の半分以上を占めどこにでもあるただの長石だと思っていた。「地面に露出して大量に存在していたのに、私たちはそれらに目もくれなかったのです」。しかし間もなくするとビドルはEVに興味を持ち、テスラのロゴマークがついたキャップをかぶるようになっていた。オーストラリアでは電気自動車はほとんど見かけないので、そんな格好の彼は珍しがられた。2014年9月にテスラがネヴァダ州リノの辺境に巨大なバッテリー工場「ギガファクトリー」の建設を発表すると、彼の期待は膨らんだ。「すぐにピンと来ました。間違いない、ピルバラのピルガングーラは大きなリチウム鉱床だ。どこを掘ってもリチウムが出る」

数年後ピルガングーラ・リチウム鉱山の開所式で、来賓は摂氏40度という灼熱の中でフレッシュなエビや牡蠣《かき》そしてローストビーフに舌鼓《したつづみ》を打った。ピルバラ・ミネラルズ社の新しい最高経営責任者ケン・ブリンスデンは、新しいリチウム鉱山の尾根に立った時、かつて働いた鉄鉱石鉱山が見えた。気さくな男で、透き通るような淡いブルーの瞳に少年のようなブロンドの髪、ピルバラに来て10年になり、鉄鉱石の採掘ブームに乗ったがその後破産する。ブリンスデンはシドニー育ちだが、両親は西オーストラリアの金鉱の中心地カルグーリーの出身だった。彼の家系は長年鉱業とつながりがあり、それは西オーストラリア、グワリア金鉱に入社した曾祖父に始まる。グワリア金鉱で曾祖父と同期入社だったのが後にアメリカ大統領となるハーバート・フーヴァーである。フーヴァーは二十代前半でオーストラリアの金鉱で働き始め、グワリア鉱山の立て直しに貢献し、大統領への道につながる財産を築く。[8] ブリンスデンも家の伝統を継いで1990年代前半にカーティン大学の西オーストラリア鉱業学校で学び、数々の金鉱で働いた。2006年には鉄鉱石採掘会社アトラス・アイアンに就職、ちょうど中国が駆動する原材料スーパーサイクルが始まろうとしていた。2015年にブリンスデンがビドルを紹介された時、ビドルはリチウムが面白いと言い、市場は「正しい方向に向かっているはずだ」と言っていた。ブリンスデンは鉄鉱石より期待できると思った。彼がピルバラに入社した時、会社は投機的安物株だった。しかし鉱山を開発するには資金を調達しなければならない。

それでブリンスデンは中国を訪れた。

中国の巨大バッテリー工場を見学したブリンスデンは、リチウムの需要は今後大きく伸び、中国がEVでリードすることを確信する。どんな工場へも足を伸ばした。「多くの従業員が働く工場や比較的小さなオートメーション工場、それからサッカー場が3面も取れる大きな工場も見学したが、そこで働いているのは人間ではなくすべてロボットだった」とその時のことを話してくれた。テスラとイーロン・マスクが注目を集める中EVの実質的な躍進は、政府がEV購入者に対して大盤振る舞いの補助金政策を打ち出した中国から始まろうとしていた。2015年、中国は将来のテクノロジーの覇権を握るため「中国製造2025」という野心的な計画を立ち上げる。中国を世界のサプライチェーンから切り離したうえで、自国のイノベーションを支援する政府主導の重要戦略だった。その重点分野のひとつとされたのがEVである。これによって中国のバッテリー生産量は急速に拡大した。新しいバッテリー・セル容量の70パーセント以上が中国で製造されているのだ。[9]「バッテリー工場へ行き、おそらくひとつかふたつある製造ラインの最初のラインに立っていると、その間に3番目から8番目までのライン用の建屋がつくられていて、装置を早くも設置して一部を動かし始めるなんてことも珍しくないのです」と彼は言った。[10]ブリンスデンは中国がバッテリー革命で「世界を驚かせる」ことになると確信した。3か月も中国を離れていれば、バッテリー業界の大きな変化を見逃してしまうと彼は言う。ビドルも同じ思いだった。「中国が準備万端であるらしいことはわかっても、オーストラリアにいたのでは実際に何が起きているのかわからなかった」と回想する。「私が訪問したふたつのバッテリー工場はほとんど空っぽでしたが、バッテリー製造の準備は進んでいました。とにかく巨大でした。驚きました。中国人が電気の未来へ向けて準備を進めていた規模は度肝を抜くものだったのです。ケンはそのことを率直に受け止め、すぐに理解したのです」。ピルガングーラの買収直後、ブリンスデンは中国企業、ゼネラル・リチウム社と交渉し、鉱山から採掘した未加工の岩石を買い入れてもらい、中国へ船舶輸送する契約を結んだ。岩石には1・5パーセントのリチウムが含まれ、ブリンスデンは岩石を中国に送るだけでよかった。そのおかげで加工プラントを建設している間でも会社は収益を得られる。

西オーストラリアでは他のリチウム鉱山が周囲で次々と創業していたため、時間との競争だった。以前は炭鉱業だったアルトゥラもすぐ隣でリチウム鉱山を開発していた。「私たちは丘陵の頂上に立って彼らに手を振ることができた」とブリンスデンは言う。9月にテスラのイーロン・マスクが、同社初の大量市場向け電気自動車モデル3を2016年に発売すると発表した。3か月後にはゴールドマン・サックスの投資アナリストが、リチウムを「新しいガソリン」と評した。[11]そしてリチウムの価格は上昇し始めたのである。

ブリンスデンはすぐに動き出し、鉱山開発プロジェクトの資金融資を受ける見返りにリチウムを供給する契約を結ぶ。業界で「オフテイク契約」と呼ばれる資金調達法だ。当時は炭酸リチウムと水酸化リチウムの価格が二桁の割合で急騰し、1トン当たり1万ドル近くに値上がりしていたので、タイミングは良かった。2017年初めには王暁申と契約を結んだ。2000万ドルの資金融資の見返りとして、鉱山が開業したら10年の間年間生産量の半分以上を王に提供することになる。ガンフォンにとってはこの契約によりわずかな投資でリチウムを含む膨大な量の鉱石を得ることができる。同じ年、中国の自動車メーカー長城汽車は同社初のEVを発売し、その後ピルバラの株式の3・5パーセントを買い取っている。ブリンスデンはリテール投資家や機関投資家から1億オーストラリアドルを調達した後で「明らかに需要の構造的変化が起きている」と私に明かした。

その年の10月、ピルバラは初荷となるリシア輝石8800トンをポートヘッドランドからアジア北部へ出荷した。掘削が始まって4年足らずのことだった。2018年までにピルバラは証券市場で時価総額20億ドルに達し、創業者たちは大富豪となった。

ピルバラのような企業と中国からの投資のおかげで、オーストラリアは世界最大のリチウム生産国となった。2016年から2020年の間にオーストラリアのリチウム供給量はほぼ3倍の伸びを見せる。リチウム鉱山の数も西オーストラリアのグリーンブッシズ鉱山1か所だったものが、6か所に増えた。ところがその供給量は過剰で供給速度も大きすぎたため、中国はオーストラリア産のリチウム鉱石で溢れ返った。そのため2019年にはリチウム価格が下落し始めてしまう。ブリンスデンはかつて鉄鉱石がそうだったように、どこかでスーパーサイクルが反転することは予測していたが、これほど早いとは思ってもいなかった。ロンドンの私の仕事場でブリンスデンと会ったのは2020年の初めだったが、彼は元気がなさそうに見えた。ブリンスデンはリチウムの暴落と戦っていただけでなく、2019年に請負業者が掘削現場で同僚を殺害した事件があり、ピルバラ・ミネラルズは操業停止を命じられていたのである。弱気市場だったため鉱山は生産能力の50〜60パーセントの稼働状況で、従業員も20パーセント削減されていた。「中国がくしゃみをした。それで西オーストラリアのリシア輝石が風邪を引いた格好だが、話はそれだけじゃない」とブリンスデンは数か月前の会見で述べていた。[12] 困難に追い打ちをかけたのが、2020年3月11日にWHOが正式に宣言した新型コロナウイルスによるパンデミックだった。10月までに隣のリチウム鉱山アルトゥラが破産している。さらにオーストラリア産リシア輝石の価格も粉砕され、2018年には1トン当たり900ドルだったものが1トン当たり400ドルまで下落した。「業界には厳しい時期だが、こうした傾向がいつまでも続くわけではない」とブリンスデンは述べ、「現在の価格のままでは供給は増やせません。むしろ逆に供給は縮小することになるでしょう」と話してくれた。

ブリンスデンの言い分が正しいことが明らかになる。2021年の初めまでに、中国でリチウム価格が上昇し始めたのだ。そしてブリンスデンは倒産したアルトゥラ鉱山を買い取った。その後、スーパーファンドのオーストラリア年金団体を含む投資家から2億4000万オーストラリアドルを調達している。同年の夏までには、世界が新型コロナウイルスのパンデミックから回復し、ピルバラ・ミネラルズの株価も400パーセント以上値上がりして、オーストラリアのベストパフォーマンスの株のひとつとなった。

こうしたオーストラリアと中国の間のリチウム連帯関係は、伝統的なリチウム産業界を脅かし地政学的な変化をもたらしたが、世界の自動車メーカーにも大きな問題を投げかけていた。ガンフォンなどがオーストラリアからリチウム鉱石を吸い上げるようになると、すぐにその過程の環境負荷が明らかになったのだ。リチウムイオン・バッテリーに関する価格やサプライチェーンのデータを提供するシンクタンク、ベンチマーク・ミネラル・インテリジェンスによると、オーストラリアでリチウム鉱石を採掘し中国で煆焼《かしょう》［鉱石を加熱して熱分解させること］させるとそのカーボンフットプリント（温室効果ガスの排出量）はチリやアルゼンチンのリチウムの6倍から7倍にもなるのである。電気自動車の売り上げが伸びると、このフットプリントが電気自動車のカーボンフットプリントにプラスされることになる。オーストラリアでのリチウムの採掘では、化石燃料を動力とする車両を利用して従来どおりの採掘と破砕が行われている。リチウム鉱石はその後ディーゼル動力の船に積載され中国に輸送、中国で石炭や天然ガスを用いて煆焼《かしょう》され、酸で浸出させる。この中国のリチウムラッシュによって業界の重心が移動すると同時に、炭素放出量も増加した。中国でのリチウム生産は、世界最大の二酸化炭素集約的な過程なのである。EVがガソリン車とくらべ、廃車となるまでの二酸化炭素排出総量を大きく減少させるとしても（リチウムを供給する化学会社アルベマールの推定によれば、リチウム生産で排出される二酸化炭素1キロにつき、そのリチウムをバッテリーに使うことで温室効果ガスを50倍以上削減できる）、急速に生産規模を拡大したい新産業にとっては深刻なニュースだった。水酸化リチウムはテスラの車両に用いられているタイプのリチウムだが、それが中国で生産され続けるとするなら、ある研究によると、放出される新たな二酸化炭素量はジャマイカ一国の年間二酸化炭素排出量に匹敵する。[13]

その頃までにはテスラをはじめ電気自動車メーカーはリチウムの供給元に注意を払い始めたが、遅すぎた。中国が支配するサプライチェーンはスムーズに作動しており、安価で効率的だった。2019年にはBMWが、5年間で5億4000万ユーロにのぼるリチウムをガンフォンから買い付ける契約に調印している。「これには数社のEVメーカーは不意を突かれた」とリチウムの専門家アレックス・グラントは言う。「最終消費者《エンドユーザー》は脱炭素化自動車に追加料金を支払っているわけですが、EVメーカーはそのバッテリーに使われる化学物質の製造方法についてはほとんど理解しておらず、採掘と精錬に関わる二酸化炭素排出量についてもほとんど知識がありません」。グラントはこうした状況を「炭素のモグラ叩き」ゲームと呼ぶ。石油燃焼による二酸化炭素放出をなくしたとしても、それに代わってどこかで二酸化炭素放出が発生しているのである。「ノルウェーの車両を電動化したとしても、そのために中国で二酸化炭素を何億トンも放出しなければならないのなら、いったいなんの意味があるのでしょう。どこで二酸化炭素の分子が発生しようと大気の温室効果に変わりはないのですから」

そのほかにも問題が起きた。オーストラリアが中国へリチウムを売って稼ぐようになると、政治的関係がギクシャクし始めたのである。過去数年間にわたってオーストラリア政府は中国政府への政治的姿勢を硬化させてきている。元中国大使のジョフ・ラビーが述べているように、オーストラリアは戦略的協力政策から競争政策に静かに移行していたのである。「中国に対する大方の最新見解は、この地域の米国主導の秩序を覆そうとしているというものだった」とラビーは書いている。[14] 2018年、オーストラリアは他の西側諸国に先駆けて、中国の電気通信会社ファーウェイを同国のすべての5Gネットワークから排除すると発表した。さらにオーストラリア首相スコット・モリソンが新型コロナウイルスのパンデミックの起源について、中国の武漢《ぶかん》（ウーハン）市での調査を要請すると、2020年初めには中国とオーストラリアの関係は最悪の状態となった。中国はすぐに銅や石炭をはじめさまざまなオーストラリア製品の輸入を停止することで報復した。ところが鉄鉱石とリチウムだけは輸入停止措置から外された。それは中国がオーストラリアに依存していることの現れであった。中国の巨大な鉄鋼産業にオーストラリア産鉄鉱石が供給されなくなれば、中国経済は崩壊する。さらに中国はEVテクノロジーのリーダーとなるためにオーストラリアのリチウムも不可欠なのだ。中国は2010年には10億トンの鉄鋼を生産し、他国に大差をつけて世界最大の鉄鋼生産国となっている。同じように、中国は世界最大のEV市場でもある。中国の指導者たちは、石油やガスの輸入依存が米国が監視するシーレーンで中国政府の動向をさらすことになるため、長い間懸念していたが、その依存は石油にとどまらずほとんどの採掘金属や鉱物に及んでいたのである。

ブリンスデンは両国の関係悪化を心配していた。「それが悩みの種」と彼は言い、「我々はみな冷静になって、メガホン外交を戦わせるのではなく、可能な限り建設的な外交を進めるようお願いしたい」と述べた。しかしオーストラリア外国投資審査委員会はすでに中国によるリチウムやその他のバッテリー用金属への投資について厳格な審査を開始していた。2020年に同審査委員会は中国のリチウム企業、宜賓市《イービンシー》天宜鋰業《ティアンイーリーイエ》（イービン・ティアンイー・リチウム。中国のバッテリー・メーカー最大手CATLが支援する企業）が、コンゴ民主共和国のリチウム・プロジェクトを所有するオーストラリア上場企業の株式を買い入れるのを阻止した。王の会社ガンフォンも、このAVZミネラルズという会社が経営するコンゴのプロジェクトからリチウムを買い入れる契約を交わしていた。こうしてオーストラリアが厳しい態度をとった結果、中国のオーストラリアへの投資は2020年に61パーセントも急落している。

ヨーロッパと米国に台頭してきたクリーン・エネルギーとEVのサプライチェーンへの中核的

供給国となるべく、オーストラリアは欧米諸国に接近し始めた。2019年の年末に私はビル・ジョンストンにインタビューした。彼は西オーストラリアの鉱山石油相で、バッテリーメタル［主にバッテリーの正極に用いる金属］への投資を呼びかけるためヨーロッパを訪問しているところだった。「西オーストラリアには多くのチャンスがあり、そのチャンスはまだ残っています」と彼はオーストラリア大使館で話してくれた。「中国の投資も受け入れていますが、その他の国からの投資も大歓迎なのです。バッテリーに用いる金属ならほとんどすべてを西オーストラリアで生産しています。周期律表で示していただければ、おそらく世界有数のプロジェクトを紹介できますよ[15]」

しかし中国の目はすでに他へ向き始めていた。王にはオーストラリアだけを頼りにする考えは毛頭なく、オーストラリアでのリチウム採掘が極めて炭素集約的であることを踏まえたうえで、いつかはヨーロッパや米国の自動車メーカーにそっぽを向かれることになると読んでいた。2017年、米国のリチウム専門家ラウリーが王をカナダの小規模鉱業会社であるリチウム・アメリカズに紹介した。この会社はSQMとともにアルゼンチンのプロジェクトを進めている。リチウムが豊富な塩水を、太陽光で蒸発させてリチウムを抽出する計画だ。ガンフォンはこのプロジェクトに1億7400万ドルを投資し、その見返りに将来プロジェクトから供給されるリチウムの70パーセントを取得する契約で合意し、さらにカナダ上場企業であるリチウム・アメリカズの株式の20パーセントを取得した。翌年ガンフォンはアルゼンチンでのプロジェクトのうち

SQMが所有する株式の50パーセントを8800万ドルで買い取っている。10年前、SQMがガンフォンにリチウムを提供していた時には考えられなかったシナリオだ。2020年の初め、オーストラリアと中国の関係が悪化したことから、王はアルゼンチンのカウチャリ＝オラロスのリチウム・プロジェクトの持ち株比率を51パーセントまで増やした。このプロジェクトの現場はアルゼンチンでも最も貧困な地域であるフフィ郡の北西最奥にある辺境地の海抜4000メートルにある。プロジェクトはガンフォンが全面的に所有し運営する初の海外プロジェクトだ。同じ地域ではやはり中国の建設会社が中国輸出入銀行の支援を受けて太陽光発電所を建設している。120万枚のソーラーパネルが設置され、南アメリカで最大の太陽光発電所のひとつになる。

2019年初めの晴天の日、王と会ったのは上海の科学技術博物館近くのがらんとした王のオフィスで、彼はアルゼンチン大統領マウリシオ・マクリと会談して帰国したばかりだった。マクリ大統領は、リチウム工場で再生可能エネルギーを用いる方針を歓迎してくれたと王は話してくれた。またガンフォンは数年前にもアルゼンチンで別のプロジェクト、マリアナでの開発権を確保していたことも教えてくれた。マリアナはカウチャリ＝オラロスよりさらに奥地だったため、ガンフォンは自社のバッテリーを使い太陽光発電所を建設することも考えていた。雑談の後、私たちはオフィスを出て日差しの中を近くのショッピングセンターまで歩き、混みあうカフェで昼食にした。そのショッピングセンターにはテスラ専用の充電器が50台設置されていると王は説明した。そしてテスラが上海でギガファクトリーを建設してくれたことが、ガンフォンの躍進につながったと王は言い、それは上海政府がテスラに国内業者を選ぶよう提起したからでもあった。そして1年前にガンフォンはテスラとリチウム供給の3年契約を結んでいた。ガンフォンは生産能力を拡大し生産量も増やしている数少ないリチウム企業のひとつだ。「ガンフォンは時代を先取りし、早くからそのビジョンを確信し、追求してきた」とリチウム・アメリカズの副社長ジョン・カネリツァスは言う。「西側諸国は、今になってようやくその現実が見えてきたところだ」。王は間もなくすると新たなカウチャリ・プロジェクトの加工工場を建設するため、ガンフォンの専門家チームをアンデスの高地に派遣することになるが、王はこのプロジェクトが来たるべきEV時代にガンフォンのリチウム供給を支えてくれることを期待していた。そして「長期的に見れば」と条件をつけながらも、「EV向けの需要は確実にやってきます」と王は語った。

中国はラテンアメリカに到着していた。

第6章 チリの埋蔵宝物

2018年の初め、チリのリチウム王と面会する機会を得た。サンティアゴの黄昏《たそがれ》色が消える頃、私はタクシーで郊外を抜け、馬が夕方の散歩に連れ出されているポロ競技場を過ぎた。その競技場の反対側にクリーム色の瀟洒《しょうしゃ》なマンションが立ち並ぶ一画があり、マンションには守衛もいる。タクシーはその前で停まった。中に入ると丁寧に階上へ案内された。ここは林業技術者であるフリオ・ポンセ・レロウの自宅だ。彼はチリの独裁者アウグスト・ピノチェトの娘と結婚し、ピノチェト政権下では、カリウムとリチウムの世界最大メーカーのひとつを管理していた。その間にレロウは億万長者となりチリ一番の大富豪となった。雑誌『フォーブス』によれば、世界一コストのかからないリチウム生産会社を運営し、面会した時点で彼の資産は時価総額47億ドルにのぼる。しかしこのマンションから、ポンセ・レロウはこれまで想像もしたことがないような敵、ヴィヴィアン・ウーという小柄でタフな女性を前に中国の天斉リチウムからの買収に対抗する劣勢の戦いに臨もうとしていた。私が彼の部屋に入った時、リチウム供給の覇権をめぐる世界規模の鍔迫《つばぜ》り合いは始まったばかりだった。その状況にはゴールドラッシュの典型といえる特徴がすべて揃っていた。

白髪を短く刈りきちんとした身なりでたくましい体つきのポンセ・レロウには、したたかな経営者の自信たっぷりのエネルギーがみなぎっていた。彼はチリ北部の砂漠にあるＳＱＭ社を破産寸前のどん底から救い出し、リチウムと肥料の世界最大手企業へと押し上げ、同社に自らの人生を捧げた。「フリオは無神論者だが、ＳＱＭを信じていた」と語ってくれたのは彼の腹心の友だ。しかしいつの間にか、ぬるま湯のような心地よさの腐敗に染まったチリ政治とエリート主義の表看板となり、２０１５年に発覚した一連のスキャンダルの矢面《やおもて》に立たされた。チリの最大手企業の何社かが軒並み政治家に違法献金をしていたのである。ある銅鉱山の取締役は「ＳＱＭは国営化しフリオを追放すべきだ」と語る。ポンセ・レロウは誰もが悪口を言いたくなる嫌われ者だった。

米国証券取引委員会の調査によれば、２００８年から２０１５年にかけてＳＱＭはチリの多くの政治家や政治家候補におよそ１５００万ドルもの「不正な支払い」をしていた。しかしチリの多くの人々にとってポンセ・レロウの「原罪」となったのはヴェロニカ・ピノチェトとの22年間の結婚だった。１９９０年に失職するまでほぼ20年にわたり冷酷にチリを支配してきた男と複雑な関係にある国では、多くのメディアがレロウを依然としてピノチェトの義理の息子と伝えている。１９７３年の軍事クーデターで始まったピノチェト政権下では３０００人以上が殺害されたと推定されている。ＳＱＭが民営化されたのはピノチェト政権下のことで、そこには「シカゴ・

ボーイズ」として知られるチリの経済学者グループの影響があった。彼らはシカゴ大学で自由市場経済学を標榜《ひょうぼう》するシカゴ学派のもとで学んだ経済学者たちだ。ロシアの新興財閥《オリガルヒ》が、ソ連崩壊後1990年代の民営化によって富をなしたように、ポンセ・レロウももともとは従業員のものだった株式を買い上げて経営を支配したのである。リチウムブームに乗って懐を肥やしていた中心人物のひとりがピノチェトの義理の息子ポンセ・レロウ「イェルノ」［yernoはスペイン語で「義理の息子」の意］であることは、一般の人々にとってはいかにも不公平に思えるだろう。

だからといって彼に身を引くつもりは毛頭なかった。その時彼の問題は眼の前の中国人だ。中国のリチウムメーカー最大手、天斉リチウムはSQMの株式を大量に取得し、できれば経営権を獲得して、世界のリチウム・サプライチェーンで中国の支配的地位を築きたいと考えていた。チリは長年にわたり中国に銅を売ることで満足していたが、今回は銅の時とは違う。それは技術革命の幕開けで、その主導権を握る戦いが始まったのである。レロウが私を外に連れ出し道路の反対側に停めてあった彼の車に急ぎ、空港まで運転してくれてサンフランシスコ便に乗ろうとした時、私はクリーン・エネルギー時代が動き出したことを悟った。気候変動の破局的影響を避けるために大量に必要となるこの資源を支配している人々は、新たなロックフェラーたちだ。新しい戦略的ゲームが始まったのである。そして中国はすでに投資と融資によってラテンアメリカ全体に足がかりをつけていたため、このゲームで有利なスタートを切っていた。ポンセ・レロウの宿敵である。

＊

太平洋と雪をのせたアンデス山脈に挟まれた約1000キロの細長い地域、チリ北部のアタカマは世界で最も乾燥した非極地砂漠である。この砂漠ではどこにいても人間の命が脅かされ、ある領域ではいまだ降雨の記録がない。16世紀にスペイン人が到着して以来何百年もの間、そんな砂漠に鉱物を求めて人は集まった。最初に彼らを突き動かしたのは、コンキスタドールたちをラテンアメリカに誘ったのと同じ、金《ゴールド》への強い欲望だった。次に来るのが硝酸塩で、世界の食を賄うのに欠かせない肥料だ。これでアタカマの価値が高まり、それがチリとボリビア、そしてペルーの間の戦争を誘発した。ピノチェトの統治の間、この荒れ果てた砂漠で彼は政敵を処刑し、その遺体を集団墓地に葬った。そして今アタカマはクリーン・エネルギー経済で重要な役割を果たし始めている。この砂漠は世界で一番太陽光の輻射《ふくしゃ》密度が高い。おかげでチリはとても安価な太陽光エネルギーを得ることができる。さらに砂漠には銅鉱山が点在し、アタカマは世界最大の銅産地でもある。銅は電気自動車の配線には欠かせず、充電インフラにも必須であり、平均的な電気自動車の場合1台に83キロの銅が使われていて、ガソリン車の3倍以上だ。そして砂漠の下には世界最大規模の埋蔵量を誇るリチウム鉱床がある。リチウムは周囲の山脈から数百万年前に洗い流された塩水の中に濃縮されている。「私どもは新しい電化世界経済の創生において中心的な役割を果たす用意ができている」と、チリ国営の世界最大の銅生産企業コデルコの元会長オスカー・ランデレッチェはサンティアゴ中心部にある暗い色調のパネル張りの堂々とした木造オフィスで私に語った。アタカマはｉＰｈｏｎｅやｉＰａｄ、ノートパソコンなどあらゆるデジタル生活を支えるグローバル・サプライチェーンの始発駅である。念のため言っておくと、スマートフォンがある生活やクラウドにデータを保存する能力を維持するために、私たちは依然として大地から有限の資源を採掘しなければならないのである。マックス・プランクがかつて述べたように、「採掘がすべてではないが、採掘がなければ何もない[1]」

２０１６年の前半、私はチリ北部のカラマという埃を被った鉱山町にいた。この町ではかつて２０００年代半ばに銅鉱夫が中国の貪欲なまでの銅の需要を満たすことで得た財産を散財していた。鉱夫たちは現地で「チョペリア」と呼ばれるビアバーに溢れ、さらにいかがわしい町のストリップクラブで大金のボーナスを使い果たした。新しい豪華なショッピングセンターやカジノの開発もこの銅マネーが資金源となった。しかし２０１６年のカラマには、かつて一世を風靡した町が困難に陥った時によく見られる精神的な虚《むな》しさが漂っていた。銅の価格は下落し、労働者は職を失った。こうした鬱屈した雰囲気の中で、ピノチェトが１９７３年に権力を握って以降チリで最長の鉱山ストライキが起きた。私は退職した銅鉱夫を伴って町を臨む丘陵に登った。そこにはアルゼンチンが寄贈した巨大なキリスト像がある。人々はここへやってきては生きている間にかなった願いを「砂漠のキリスト」に感謝する張り紙を貼った。

今労働者は銅ではなくリチウムを採掘するために砂漠に集まってくる。毎週約1000人の労働者が砂漠の北にある現場へバスで移動し、ギラつく陽光のもとで白く輝く数千キロも続く塩類平原《ソルトフラッツ》「サラール」で7日シフトで働く。労働者の多くはタラパカ州やアントファガスタ州など近隣地域の出身だ。サッカー場や映画用の屋外ステージがある小さな区画で波板製の小屋で寝泊まりする。1日24時間年中無休でリチウムを豊富に含む塩水を砂漠の地下深くから蒸発池へ汲み上げている。濃縮されて明緑色をした塩水はその後小さなトラックで西へ輸送され、チリ沿岸部の精錬工場へ送られる。そこで粉末に精製して大きな白い袋に詰められたリチウムは世界中に送り出される。その大部分は太平洋を渡り中国へ向かい、再充電可能バッテリーの製造に用いられ、何億台ものスマートフォンやデジタルカメラ、ノートパソコンそして電気自動車を動かし、さらに再生可能エネルギーへの転換を実現する巨大なエネルギー貯蔵施設を稼働している。

一年中肌を突き刺すようなアタカマの太陽輻射は、リチウムの抽出そして太陽光発電にも最適だ。アタカマ全体に点在する透き通った青と緑は、風変わりな億万長者が砂漠にスイミングプールでも建設しているようにも見えるが、実は塩水を満たした人工池である。塩水からリチウムを抽出する過程はゆっくりだが、リチウムはすでに塩水の中で分離していて、ほとんど太陽光だけで回収できるため、硬岩から回収するよりも低コストだ。またSQMの主力製品で、肥料の製造に用いられる塩化カリウム生産の副産物としてもリチウムが得られる。SQM（ソシエダード・キミカ・イ・ミネラ・デ・チリ）はチリでは略して「ソキミチ」として知られ、建設された44平方キロを上回る蒸発池は人工的な池としては世界最大である。この時蒸発の過程で生じた塩の山があちこちに点在し、池は生態学的に影響を受けやすい砂漠のまさに中央部にあり、周囲の潟ではフラミンゴが小さな甲殻類をついばんでいる。

ポロシャツにヘルメットを被って池の脇に立っていると、熱で皮膚が焼ける感じがした。また池に広がる眩しい緑色の水面を見ていると目が痛くなった。SQMの熱心な若い従業員アレハンドロ・ブチェルが最終産物に触らせてくれた。リチウムを豊富に含む明緑色の塩水は皮膚に痒《かゆ》みを感じた。塩の山の上に立つとそこは展望台になっていて、そこでブチェルは特別に建設された病院や日焼けどめクリームなど、こうした遠隔地で働く労働者に会社が提供しなければならないものを挙げた。砂漠の中で表面が固まった塩類平原が内海のようになってSQMの工場を孤立させていた。基礎工事ができないため、小屋や建物は人工の山の上に建て、電話線もその上を走っていた。取締役たちはその塩の山の頂上にある格別に洒落たヒュッテに泊まった。出張シェフ付きの掃除の行き届いた部屋が並ぶ。ポンセ・レロウもSQMの社長だった時にはよくこの場所を訪れ、やはりここに宿泊した。彼は鉱山経営に執拗な関心を持ち、世界の肥料市場の複雑な構造も詳しく理解していた。ところが2016年に私が訪問した時には、チリのマスコミが汚職スキャンダルを連日のように報道していたため、労働者の勤労意欲が打ち砕かれていた。ポンセ・レロウの古くからの友人でSQMのCEOであるパトリチオ・コンテッセは辞任に追いこまれた。伝えられるところによると、コンテッセは請求書を偽造し、自分の「自由裁量予算」からチリの政治家たちに総額1475万ドルの賄賂をまいていた。その賄賂の多くは、元経済相パブロ・ロンゲイラを含むあらゆる党派の政治家が運営する財団に入金されたという。米国証券取引委員会によると、ロンゲイラは娘の財団へ入金された1万6000ドルを含め、SQMから63万ドル以上を受け取っている。この収賄事件に関わった他の政府高官らはチリ捜査当局によって自宅軟禁された。

多くのチリ人はSQMをアタカマ砂漠から完全追放することを求めている。そしてSQMのリース契約を取り上げると脅していたのがエデュアルド・ビトランである。髭づらの経済学者でチリ北部のオバイェという小さな町で育った。彼はピノチェトの独裁時代にチリ大学で土木工学の教育を受け、その後ボストン大学でPhDを取得している。貧困の中で育ったビトランは、チリが民主国家に戻った時には政府で仕事をすると決め、就職ではなく研究の道に進んだ。彼の野心はチリを先進的な中産階級の国にすることだった。ビトランは度々ツイッターで自らの意見を表明していたが、彼がポンセ・レロウと彼が支持するすべてのものを憎んでいることは明らかだった。ポンセ・レロウは「少数の者が、多くの者の痛みと恐怖を利用したわが国の歴史上極めて不幸な時代の象徴だ」とビトランは言う。[2] チリの生産開発機構（CORFO）のトップとして、ビトランはアタカマ砂漠からリチウムを採取するSQMのリース契約を再交渉する担当だった（SQMの主な競合企業アルベマールはすでに2016年に再交渉を終えている）。私がビトランを彼のオフィスに訪ねた時、彼はSQMとポンセに対する憎しみの感情を隠すことはしなかった。ＳＱＭはリチウムを採掘するリース契約条件を遵守してこなかったと彼は言う。「現在一番難しい課題は……チリの政治システムの中でＳＱＭが複雑なゲームを展開してきたという点にあり、大きな問題だと思います」とビトランは話した。「私たちはサラールの所有者として、企業統治に関して、またコンプライアンスについても法律に従い、国際標準に則《のっと》って行動する企業と提携して「アタカマを」利用していきたいのです」。実は核融合に必要なトリチウムの生成にリチウムの同位元素が利用できることを知ったチリ政府は、１９７９年にリチウムを「戦略的鉱物」と位置づけていた。現在のところ原子力産業で利用されているリチウム量は取るに足らないが、チリでのこの金属の位置づけは今も変わっていない。つまりサラールのリチウム所有権は、チリ政府が保持していて、企業に地中鉱石を直接採掘する権利が与えられている銅とは違って、チリ政府が採掘権を企業にリースしているのである。一方で原子力委員会も四半期に企業が採掘できるリチウムの総量を規制している。したがってＳＱＭは１９９３年にチリ政府との間で合意したリース契約条項の規定を超えてサラールからリチウムを採掘することはできない。しかしこうしたビトランの不満をブチェルに向けてみると、彼はそんな懸念には取り合わなかった。「そうしたベネズエラ式のアプローチがこのチリでできるとは思いません」と塩類平原の頂上にある例のヒュッテでステーキを頬張りながら彼はそう言った。チリが世界で最もうまくいっている鉱山国だという評判はどこにいったのだろう。ヒュッテの外では、火山が点在する山脈が徐々に闇に沈み、砂漠の空には煌々《こうこう》と刺すように輝く無数の星が見えてきた。天体観測をするにはアタカマの夜空が世界で一番だ。実際チリの北部には強力な天体望遠鏡が点在していて、そこから天文学者たちが太陽系のはるか彼方を覗き、恒星や居住可能な惑星を探査している。

フリオ・ポンセ・レロウの生い立ちはビトランとは正反対だった。ポンセ・レロウは１９４５年11月、チリ都心部ラ・カレーラでフランス系医師と看護師の息子として中流家庭に生まれた。休暇は家族でチリ沿岸部マイテンシージョのリゾートで過ごした。当時15歳だったヴェロニカ・ピノチェト・ヒリアルトと出会ったのもマイテンシージョだ。その後ふたりは１９６９年に結婚している。ポンセ・レロウが24歳の時だった。サンティアゴの寄宿舎学校を終えてからポンセ・レロウはチリ大学で林学を学び、そこでダニエル・コンテッセと出会う。ダニエルは後にＳＱＭの最高責任者となるパトリチオ・コンテッセの弟だ。大学卒業後オンタリオ州の製材所に勤め、その後帰国して製紙パルプ会社インフォルサ、そしてチリ最大の製紙会社のひとつＣＭＰＣで働いた。１９７０年に社会主義者サルバドール・アジェンデが大統領に当選したことは、チリの多くの人にとってそうだったように、若く野心を持った実業家にとって衝撃だった。チリが突然左に傾いたのである。キューバの指導者フィデル・カストロは翌年、長い間広く報道されていたチリ訪問を実現する。白いソ連製ジェット機のタラップを降りたカストロは軍礼と21発の祝砲で迎えられた。銅鉱山の鉱夫らは「増産によってこの革命を守る」よう鼓舞され、鉱山は議会の合意により国有化された。[3] ポンセ・レロウは「チリの社会主義への道」は自分のためにならないと判断し、国を離れた。彼はパナマへ移ると１９７９年に製材所を買収している。１年後米国が画策した軍事クーデターでアジェンデ政権が倒され、大統領がサンティアゴ中心部にある大統領官邸モネダ宮で死亡したことも、ポンセ・レロウとピノチェトの娘はパナマで知った。ピノチェト将軍がポンセをチリに呼び戻すと、1年後には国営林業公社の常務取締役に就任し、これが彼のキャリアの転機となった。そしてピノチェトがメディア支配を強化し、軍事政権が敵を追い落とすなか、ポンセはチリの新たな企業エリートの階段を駆け上がり、数々の経済的な成功を勝ち取った。32歳でポンセは別の民営化された国営セルロース会社のトップとなった。1979年、ピノチェトは例の「シカゴ・ボーイズ」が進める経済改革計画を押し通すと、ポンセはアジェンデのもとで進められた国有化の撤回を担当する生産開発機構（CORFO）のトップとなる。CORFOの代表として、彼はチリ電話会社などチリで最大手企業の実質的トップにもなった。ポンセがSQMと巡り合ったのはこの頃だった。1968年に創業しカリウム肥料を製造する大企業だったがその後業績は悪化し、1971年にアジェンデが国有化していた。

サンティアゴにあるSQMの「ナイトレイト・ビルディング」（窒素ビル）では、真っ白い手袋をつけた黒いユニフォーム姿のウェイターが最上階にある芸術作品で装飾されたオフィスで、いつものように銀の大皿から料理を提供していた。ロンドンのSQMオフィスならいまでも昼はジン・トニックが定番だ。SQMには総勢1万の従業員がいたが、同社は1ドルの利益も上げていなかった。1981年に同社の取締役会と重役が刷新され、ポンセが社長に就任する。「この決断がなければ、今日のSQMはなかっただろう」とポンセは同社の社史で述べている。[4] 彼の友人パトリチオ・コンテッセは最高経営責任者として、ポンセの弟エウヘニオ・ポンセは宣伝副社長として経営に参加した。彼らはその後30年間にわたって同社にとどまる。翌年ＳＱＭは国際市場での需要低迷とチリでの肥料の補助金付き価格の下落により累積で４４００万ドルの損失となった。[5] 1年後には民営化の動きが始まる。再建に向けた準備が整うと、新しい取締役会は企業資産の売却と、経費削減のための大規模なリストラを進めた。従業員数は４０００人に削減され、会社には節約が求められた。その結果利益が出始め、株式の一部を地方証券取引所に上場した。ポンセ・レロウは汚職告発を受け１９８３年7月にＣＯＲＦＯを辞任、国家事業からも身を引き、牛を買い農業会社を始めた。その一方で彼は同じ7月に初めてＳＱＭの株式を底値で購入している。そしてポンセはＳＱＭへ復帰することになる。ＳＱＭは5年間の民営化措置が始まったところだが、この過程で最終的に同社の過半数の支配権を握るのがポンセ・レロウである。

民営化は当初「人民資本主義」というスローガンのもと、従業員に会社の株式を分け与え、彼らを株主とするはずだった。当時の労働法では、すべての企業は毎年利益の10パーセントを、従業員の給料に比例配分する形で還元しなければならなかった。ＳＱＭでは従業員は会社の利益の一部が株式で支給された。その後従業員はその株式をパンパ・カリチェラという新しい投資会社に預け入れるよう勧められる。この投資会社ではその株式を預かり、定年を迎えるか中途退社した時に返還することになっていた。国は１９８６年10月にＣＯＲＦＯを通じてＳＱＭの株式の48・56パーセントを1億４０００万ドルで売却し（今日の同社の資産価値にくらべれば微々たる額だが、1983年時点の同社の時価資産総額8000万ドルを大幅に上回っていた)、1988年3月までにSQMは完全に民営化した。パンパ・カリチェラはSQMの従業員の株式を担保として銀行ローンの融資を受け、SQMの株を買い続け、最大株主となる。このパンパ・カリチェラとカスカダス(「滝」という意味)という他の持株会社を通して、ポンセ・レロウは1990年代にSQMの株式の30パーセントを取得し、SQMの経営を支配した。その後多くの従業員が株式を売るように圧力を受けていたと証言している。元従業員によると、1989年には従業員たちがミニスカートのモデルたちから株を売るよう口説かれることもあったという。[6] 1986年にパンパ・カリチェラを創業したエデュアルド・ボベンリエトによれば、従業員全員が騙されたり圧力を受けて株式を手放していたという。

ピノチェトのもとでの民営化は、多くの企業、特にSQMの経営を改善に導いたとはいえ、異論も多い。[7] ピノチェトの「シカゴ・ボーイズ」は1980年代のチリ経済の改善と同時に、マーガレット・サッチャー政権下の英国や米国での国有資産民営化と同じような動きを目指した。ポンセはSQMを破綻から救出したのは自分であり、会社がうまく利益をあげられなかったから株価も低迷していたと主張した。しかしこうした民営化はチリに疑惑を燻《くすぶ》らせ、国は最高の資産を安値で投げ売りしたという告発も続いた。1990年にピノチェトが失脚した後に発表された会計検査院の報告書では、政府がSQMの一部を当時の公正な市場価格の3分の1以下で売却したと指摘している。[8]

こうしたポンセ・レロウの経歴は、２０００年に大統領になったピノチェトの政敵リカルド・ラゴスの友人であったビトランにとって受け入れがたいものだった。ビトランはチリは法によって統治され、政府と人民はリチウム資源からもっと多くの恩恵を受けなければならないと考えていた。彼はリチウムの生産と同時にあり余る太陽光電力の供給を利用して、砂漠でバッテリーを作り、チリを再生可能エネルギーの超大国にしたかったのである。「２０１６年の前半、私はチリに思ってもないチャンスがやってくる気がしていた」と彼は回想する。「チリ経済を転換するチャンスだった」。２０14年5月、ビトランはＳＱＭがアタカマからリチウムを採取する契約を破棄する仲裁裁判を起こす。彼は、リチウムの採掘権を定めたリース契約の条件にＳＱＭが違反したとして告発したのである。双方からの法的脅威が数年続いたあと、２０１８年1月、ビトランはＳＱＭとの間で企業統治や社会と環境に関する条件、そしてポンセが取締役会に出席する権利を放棄することを含めた複数の条件を定めた合意文書に署名した。またこの合意書では、ＳＱＭがリチウムを販売した時に政府に支払うロイヤルティーが、特にリチウム価格が高騰した場合には、大幅に増額されることも定められていた。さらにＳＱＭはアタカマの隣接するコミュニティーに１０００万ドルから１５００万ドルの寄付をしなければならず、チリでバッテリーやバッテリー部品を製造する企業には、リチウムを優遇価格で販売することにも合意している。ビトランはチリが単なる原料生産国になるだけでなく、ほとんどが中国へ流れてしまう電気自動車のサプライチェーンの付加価値もチリに落ちるようにしたかった。国内の資源で大きな国家収入を得るだけでなく、チリの経済を多面的に展開するという政府主導の大胆な試みであった。

しかしひとつ問題があった。ポンセ・レロウが舞台から降りなかったのである。選挙から数か月後、ＳＱＭはポンセとその弟エウヘニオが取締役会のメンバーではないが「戦略顧問」として会社に復帰すると発表したのである。それはビトランがやろうとしていたことすべてに反対する挑発だった。ＳＱＭは何も変わらなかったかのように、ピノチェト時代の状況に逆戻りした。しかしその決定はすぐさまチリの政治家から批判を呼んだ。大きなメディアの反発も受けＳＱＭはこの発表を撤回し、ポンセらの復帰を破棄する。それでもポンセ・レロウはＳＱＭ最大株主にとどまった。２０１８年後半、彼はＳＱＭの上場25周年を祝うためニューヨーク証券取引所に飛び、ＳＱＭの最高責任者がオープニングベルを鳴らした時にはその背後に立った。ＳＱＭはいろいろな面で依然としてポンセ・レロウの時代の遺物という状況なのである。取締役会にはピノチェトの経済改革を推進した自由市場イデオロギー信奉者のエルナン・ビュッヒの名もあった。

そんなポンセ・レロウにも間もなくその報いがやってくる。それは太平洋の向こうからやってきた。ポンセ・レロウがそれまでチリの国有資産だったものを自分の支配下においた頃、中国の四川《しせん》（スーチュアン）省西部の山間地区では蔣衛平《ジャンウエイピン》という人物が、射洪《しゃこう》（シェーホン）市という小さな県級市にある国営リチウム会社の経営権を獲得し富を得ていた。２００４年に蔣は地方政府から１１００万元（現在の為替レートで１７０万ドル）を超える価格で射洪リチウムを買収することで合意した。蔣はすぐに地方政府のリチウム資産を掌握したが、その譲渡代金を完納するのは2年以上後のことだった。[9] また、地方政府も国有資産の売買に関する法律に違反し、まるまる4年間四川省当局から民営化の承認を得ないままになっていた。ある記者によれば、こうして行動した後で報告するというやり方は中国語で「先斬后奏《シエンチャンホウツオウ》」と言うそうだ。[10] １９９５年に創立された射洪リチウム国有会社は損失を出し続けていたため、地方政府としてはぜひとも処分したかったのである。２０００年代の初めはまだ携帯電話が広く普及する前で、リチウム価格も安価で世界のバッテリー市場はまだ規模が小さかった。しかし蔣のタイミングは非の打ちどころがなかった。２００７年に初めてｉＰｈｏｎｅが発売され、数年後には誰もがスマートフォンを手にするようになる。この射洪リチウムが後に天斉リチウムとなり深圳証券取引所に上場されると、蔣は２０１５年初めに億万長者となり、フォーブスの長者番付に初めて名を連ねるのである。

蔣介石率いる中国国民党との熾烈な内戦を経て毛沢東《マオツォートン》と中国共産党が権力を掌握してから6年後の１９５５年に蔣は生を受けた。チベット系白族《ペーホー》の一員である蔣は成都《せいと》（チェンドゥ）市の学校に通い、中国を揺るがした毛沢東の文化大革命のさなか19歳でコミューンで働くため農村へ送られた。これは「知識青年」を農村へ送り込み思想改造を進める政策の一環であった。１９７８年、激動の時代が終わると蔣は成都農工大学に入学し、１９８２年に工学の学位を得て卒業したのは、ちょうど自由化と経済改革が始まった時期と重なる。彼は成都機械工場で技士として働き始めたが、数年後には別の機械メーカーに転職し、その後１９９７年に自ら事業を立ち上げた。

しかし彼が出世して四川省の大富豪のひとりになったのは、地方政府からリチウム加工工場の資産を買収する取引のおかげだった。蔣はその功績により射洪市の政治委員を務めている。そして中国の多くのビジネスマンと同じように、政府そして共産党とのつながりが切れないように賢く立ち回った。

「世界へ出よ」そして海外の天然資源を確保せよという共産党の掛け声を蔣も耳にしていた。天斉リチウムの若き社長ヴィヴィアン・ウーとともに、2012年に彼自身二度目となる大きな幸運に恵まれる。中国の政府系ファンドと中国最大の国有政策融資機関である国家開発銀行から融資を受け、米国のリチウムメーカー、ロックウッド（現アルベマール）との、オーストラリア最大のリチウム鉱山グリーンブッシズの経営権獲得をめぐる入札競争で、6億4600万ドルで落札し勝利したのである。この鉱山はオーストラリアのゴールドラッシュの時代にあたる1888年から操業し、最初は錫《すず》、続いてタンタルを生産していたが、2007年に経営破綻したあと米国投資ファンドに買収された。天斉リチウムはグリーンブッシズのリチウムを購入していた大口顧客で、同鉱山のリチウム供給量の40パーセントを買い入れ中国で加工していた。だからこそ蔣は天斉リチウムよりはるかに規模の大きい米国のライバル企業ロックウッドが、2013年にグリーンブッシズの買収に乗り出した時には危機感を抱いた。ちょうどバッテリーブームが加速し始めたところで、この米国企業がリチウム供給の確保に動くことを心配したのだ。そこで天斉リチウムは、同社の入札支援とオーストラリアでの政治的な承認を円滑に進めるため、清華《せいか》大学とハーヴァード・ビジネススクールで学び中国に強い関心を持つオーストラリア人、アンドリュー・ロウを雇った。ロウはすぐに成都市へ飛び天斉リチウムへ向かう。天斉リチウムではグリーンブッシズ鉱山を所有するカナダの上場企業タリソン・リチウム社の株式を公開市場で秘密裏に買い付け始めていた。その後株式の開示基準である10パーセントを超えたところで、蔣は中国開発銀行の融資を受けて、タリソンに対してロックウッドの買収案に15パーセント上乗せした価格を提示した。西側諸国の企業の場合、中国開発銀行のような巨大な国有銀行から国家保証に相当する、取引への信用供与を得られることはほとんどない。タリソン株を持つ投資家はこの条件を喜んで飲んだため、オーストラリアの規制当局もこの取引を承認する。天斉のチームは成都市で中国酒のマオタイを飲み交わしながら10品コースの宴会で祝杯をあげた。

＊

これがリチウム供給を確保する世界競争の第1ラウンドで、天斉リチウムは誰にも気付かれないうちに勝利していたのである。

オーストラリアの世界最大のリチウム鉱山を確保すると、天斉リチウムは今度はチリに目を向け始める。ＳＱＭに対しては時間をかけた。初めて同社の株式の2パーセントを買い入れたのが２０１６年後半。そして天斉リチウムはチリでの汚職スキャンダルの風当たりが強かったポンセ・レロウに接触し、彼が保有するSQM株式の買い上げを提案する。しかしこの時の交渉は物別れに終わった。そこで天斉リチウムは新たな機会を待つことにした。すると1年後、期待どおりのチャンスがめぐってくる。SQMの大株主であるカナダの肥料会社ポタシュ・コープが、そのライバル肥料メーカーであるアグリウムの買収を提案したのである。この時ポタシュはこの取引を進める条件として、インドと中国の規制当局からSQM株式の売却を指示されていたのだ。天斉リチウムがビトランに対してポタシュが所有するSQM株の買収を提起したのは2017年後半、セバスティアン・ピニェラがチリ大統領選挙に当選した翌日のことだ。しかしビトランは天斉リチウムによるSQM買収は気に入らなかった。最終的に中国企業がリチウム市場を支配することを恐れたのである。間もなく引退するチリの大統領ミシェル・バシェレットのもとでの最後の仕事との思いもあって、ビトランはチリの独占禁止法規制当局に苦情を申し立て、主な競争相手であることから天斉リチウムへの株式売却を阻止するよう訴えた。しかしピニェラは鉱業分野での海外からの投資を復活させる公約を掲げていて、当選後にはSQMとの取引を歓迎するというシグナルを天斉リチウムは受け取っていたのである。2018年5月、天斉リチウムはSQM株式の24パーセントを40億ドルで買い取る取引を正式に申し出る。一企業の発行済み株式の過半数以下の取得（マイノリティー出資）としては巨額の投資だ。成功すれば天斉リチウムはSQMの取締役会に3名を送り込むことができ、チリ最大のリチウムメーカーの内情がわかるようになる。

ポンセ・レロウは不満だった。長年取締役会を支配してきたが、今はビトランと天斉リチウムのおかげで、その影響力を失う恐れがあったからだ。サンティアゴでの他人を見下すような地位から政府とのあらゆるコネを動員し、ポンセ・レロウは反撃を開始し、この取引が成立すれば天斉リチウムがＳＱＭの商業上の秘密を手に入れることになると非難した。そしてチリの憲法裁判所にこの取引を停止させる訴訟を起こしたのである。それもそのはずで、天斉リチウムはすでにオーストラリアのグリーンブッシズ・リチウム鉱山を所有し、ＳＱＭの強力な競争相手となっていたのだ。しかしピニェラのチリではそうした訴えは通らなかった。天斉リチウムと付き合いのある銀行家も憤慨した。ある銀行家は「数年前この男が経済的に行き詰まった時には、天斉に支援を求めていたのです」と話す。ポンセ・レロウにとって今回の戦いはこれまでとは違っていた。それは対決の相手が中国政府だったからだ。中国がチリの重要な資産に接近した時にはビトランも一時的にポンセ側に付いたが、チリ人弁護士のアロンソ・バッロスなど他の専門家は天斉リチウムが業界に対するポンセの影響力を弱めたことを歓迎した。２０１８年４月、中国はピニェラに対し厳しい警告を発した。新しく着任した徐歩《シウブー》大使が地元紙『ラ・テルチェラ』のインタビューで、株式売却が差し止められれば「両国間の経済及び商業的関係の発展に否定的な影響を残しうる」と発言したのである。[11] するとチリ裁判所は、数年前のオーストラリア規制当局と同じように、間もなくこの取引を承認した。それ以降、ＳＱＭは企業イメージからポンセを断ち切る道を模索し、おおよその成果が達成された。

チリはリチウムブームの恩恵を受けようとしていた時、同国最大のリチウム企業への影響力を中国へ譲り渡したことになる。チリの至宝はピノチェトにより売却され、その後さらにピニェラ政権によって売却されたのである。ビトランは失望した。「中国がSQMを乗っ取り、電動モビリティの覇権を握るためにもリチウムとコバルトを独占しようとしているのは明らかだった」と彼はいう。チリ国民にはリチウムを利用して製造業と再生可能エネルギーのリーダーとなるというビトランの夢が残されていたが、チリでバッテリー製造工場を建設するというメーカーはほとんどなかった。中国のバッテリー大手はチリの製造業支援に手を貸さなかったのである。つまり19世紀に肥料生産のために世界がチリの硝酸塩を求めた時と同じように、中国企業にとって必要だったのはチリの原材料であって、生産拠点を太平洋の向こうへ移すことなど考えてもいなかったということだ。中国はバッテリー・サプライチェーンの支配権をめぐる競争の中で、支配権は公開市場を通して簡単に買収できることに気付いていた。資金さえあればサプライチェーンは支配できる。海外の鉱物資源を確保した中国は、今やEV市場を急速に拡大できる強大な位置にいる。一方のチリは、電気自動車の支配権のさらなる発展を狙う中国のグローバル・サプライチェーンの単なる一要素とされる危険にさらされていたのである。

しかし、チリで天斉リチウムが取引を進めていた頃、西側自動車メーカーもバッテリーに大量の原材料が必要になることに気付き始めていた。しかし西側諸国が覚醒したのはリチウムの確保ではない。もうひとつのバッテリー金属、コバルトだった。

第7章 コバルト問題

「エレクトロニクス業界が契約交渉を伴う行きずりのセックスのようなものだとすれば、自動車産業は結婚あるいは長期的な関係の構築だ。それは大きな文化的変化で、文化と規模の変化だ」（コバルト・トレーダー）

「コバルトはいまだに問題だ……コバルトは今やコカインであり新たなカルテルが形成されていることを認識すべきだ」（前BYDアメリカ副社長マイケル・オースティン。カリフォルニア州ニューポートビーチでのベンチマーク・ミネラル・ウィーク2018にて）[1]

彼らがドイツへ向かったのは2017年後半。世界のコバルト取引業者の小さなグループは、最高の取引になるかもしれないと思っていた。ドイツの自動車メーカー、フォルクスワーゲンが世界最大の自動車生産拠点であるヴォルフスブルクの堂々たる本社に彼らを招いたのである。

1930年代に建設され5平方キロメートルあるキャンパスには、フォルクスワーゲン主工場の赤茶色の煙突がそびえている。ドイツを世界に冠たる自動車生産国に押し上げた同社の誇るべき製造技術の象徴だ。フォルクスワーゲンは世界で販売されている全乗用車の8分の1を生産する。しかしこのドイツの大手自動車会社は2年前、ディーゼル車に偽装デバイスを取り付け、検査の時だけ排ガスに含まれる有毒物質の検査値を低く抑えていたことが発覚し、大きな痛手を負っていた。現在フォルクスワーゲンは、すべての製品を電気化することで過去の過失を払拭しようとしている。VWのウェブサイトでは同社の懸念を次のように表現した。「環境に優しい模範的存在を想像してみてください」と問いかけ「私どもフォルクスワーゲンのことを思い浮かべましたか。おそらく違うでしょう」。そこでフォルクスワーゲンは大胆にも2030年までに販売する乗用車の半数をバッテリー駆動にすると宣言したのである。しかしその約束を実現するには大量のコバルトが必要だ。鈍い灰色の金属でその大部分が世界最貧の国のひとつ、コンゴ民主共和国で採掘されている。コバルトは過去数十年の間世界の商品市場で補足的商品として扱われてきたため、自動車メーカーではこの鈍い色をした金属の知識が不足していた。そこでVWはロンドンを拠点とするコンサルタントを招聘《しょうへい》し、同社従業員にパワーポイントによる連続講義を受講させ、コバルト市場の教育を行っている。

コバルトを取引したりこの金属に注目している業者はまだ少数で、そのほとんどがヴォルフスブルクに招待されていた。VWとしてはこの金属を大量に買い入れたかったし、迅速な取引の合意に期待をよせていたので、こうしたＶＷの動きも当然だった。自動車メーカーは焦っていたのである。イーロン・マスクのテスラモーターズ（２０１7年にテスラに社名変更）が大きく注目され、実際に成功するのではないかと思われていたからだ。

自動車の電動化を誓約した自動車メーカーはＶＷだけではない。集まった取引業者のひとりは1年の半分を出張に費やしヨーロッパと米国の自動車メーカーと接触してきたが、どのメーカーも大胆な公約を掲げていたという。テスラは上海とベルリンに工場を建設し、独自のバッテリー・セルの生産を開始する計画だ。また彼が最近中国へ訪問した時には、中国のバッテリー大手の取締役が、必要なコバルトの量をナプキンに手書きし、その数字を見て心臓発作を起こすのではないかと思うほど驚いたという。コバルトは融点が高いため、ジェットエンジンのブレードを強化するいわゆる「超合金」の製造に長年用いられてきた。その市場は極めて堅調で需要も予測可能な市場であった。そんな市場を一変させることになる数字だったのだ。この取締役が求めていたのは２０２０年までに2万トンものコバルトだ。それは当時の合金市場で扱われていた全量を上回っていたのである。

ＶＷへ招待されたコバルト関係者の中には、スイスを拠点とする鉱業大手で世界最大のコバルト生産企業であるグレンコアのフランク・シュルダーズもいた。コバルト部門の責任者で精力的なフランス人だ。シュルダーズはグレンコアの取引担当者のほとんどがそうであるように、利口で頭の回転が速く、積極的だ。世界の商品市場では誰もがグレンコアに楯突いてはいけないことを心得ている。なにしろ日常生活に必要なほとんどの原材料を供給し取引している企業だ。その本部は湖畔に佇《たたず》む静寂な町バールにあり、2021年までは南アフリカの億万長者アイヴァン・グラセンバーグが率いていた。

フォルクスワーゲンは業者たちを巨大なVWアリーナフットボール・スタジアムの5つのVIP個室へ案内すると、持続可能性部門と広報部門の取締役が個別にお話ししたいことがあるので、しばらくお待ちくださいと告げた。4時間たってもVWと最初の業者との話が続いていた。その業者は中国のコバルトメーカー華友《ホアヨウ》コバルト（華友鈷業《ホアヨウグウイエ》）で、1年前には子どもの鉱夫からコバルトを買い取っていたとしてアムネスティから非難された企業だ。他の業者たちはすぐに飽きてきて、歩き回ったり、ピッチ前の席に座って互いに手を振り合ったりしていた。そんな彼らが揃って外へ出てピザ屋で昼食にしたいと申し出ると、VWの取締役たちはショックを受けた。取締役らは競争が極めて激しい製鉄会社との取引が多かったため、同業者同士が親友のように一緒に食事をとるなど思ってもいなかったのである。この少数の業者グループがコバルト市場の全体だ。電気自動車への転換は新たなフロンティアであり、そこではもう古いやり方は通用しない。

午後になってようやく待たされていた業者のもとにも取締役たちがやってきた。その中のひとりバスティアン・ブロデッサーは業者のひとりに言わせると「おそらく腕にはVWの刺青がある」忠臣だ。ブロデッサーは髪を短く刈り込んだ若者で、その業者にコバルトの「VWディスカウント」を求めた。「もちろんテスラに売ってもらってもかまわないが、当社は世界のフォルクスワーゲンなのだから値引きをお願いしたい」とブロデッサーはそこにいた業者たちに上から目線で伝えたという。そしてその晩のうちに経営者と相談して翌日には良い答えを持ってきてもらいたいと告げた。業者たちはその日の日程の最後にＶＷに不満を伝えた。するとＶＷの取締役は態度を和らげ、業者グループを夕食に向かわせた。そして一同は翌日再び顔を合わせることになった。しかしグレンコアのシュルダーズは心穏やかではなかった。というのも彼は翌朝には出発しなければならなかったからで、彼は会合は朝8時半にすることを要請した。他の業者も時間を無駄にできないと言ってシュルダーズに同意した。その晩業者たちはヴォルフスブルクの地元居酒屋で１００ドルのワインを何本も注文した。「大ショックだったよ」とひとりが日中のことを振り返る。「いつになったら出られるのかわからなくて、捕虜収容所に閉じ込められたようだった。今でもＶＷの看板をみると震えが出るよ」

ＶＷとしてはコバルトを何年間も固定価格で買い入れたかったたが、その言い値は安価すぎて業者は即座に退けた。「彼らにはコバルトの買い方がまったくわかってない」とある業者は言う。「梱包の大きさや輸送方法はどうするか。どこの加工業者に送りたいのかもわからない」。さらにフォルクスワーゲンはこの金属を直接工場の所在地であるヴォルフスブルクへ輸送することを望んでいたが、鉱山会社はコバルトがコンゴを離れた時点での支払いを求めていた。業者グループはコバルトの取引契約を1ポンドたりとも結べないまま、ヴォルフスブルクをあとにした。

フォルクスワーゲンは取引業者や鉱山会社に対して同社の部品メーカーのような扱いをしていた。メーカーの言うことをよく聞く部品会社、つまり巨大なグローバル・サプライチェーンから外されないように値引きに応じる業者との取引に慣れきっていたのである。鉱山会社も電気自動車の未来の一部に加われることを喜び駆け寄ってくるものと考えていた。なにしろフォルクスワーゲンは世界に冠たる自動車メーカーである。ところがフォルクスワーゲンは採掘の実際についてまったく理解していなかった。鉱山は工場ラインとは違って簡単に拡大することはできないため、金属を増産するとなれば、採掘の費用も上昇する。すなわち供給が増えれば価格も上昇するのである。この小さな取引業者グループは優位な立場にあった。なにしろどんな電気自動車を製造するにも必要になるコバルトを手にしているのだ。「売りたくないわけではないが、どうして値引きしなければならないのか。彼らはそのことがまったくわかっていない」。そして24時間と経たないうちに、自動車産業の巨大企業VWは撃沈した。

鉱山業者はなんの後悔もなくドイツを去った。数週間後、世界の金属取引業者にとって重要な業界の集まりであるロンドン金属取引所（LME）の年次総会の期間中、取引業者はバークレー・スクエアの外れにあるプライベートな会員クラブに集まっていた。バルコニーでは葉巻の煙が厚く漂い、屋内ではシャンパンがとどまることなく注がれている。取引業者のご機嫌が良いのには理由があった。それは鉱業会社がすべてのカードを手にしていたからである。鉱業会社は、自動車メーカーが完全に依存することになる長くて複雑なサプライチェーンの出発点なのだ。

ヴォルフスブルクでの会合はフォルクスワーゲンが目を覚ますきっかけとなった。フォルクスワーゲンを始めとする自動車メーカーは、電気自動車という夢につながる道が汚職と児童労働そして地政学によって舗装されていることを知る。自動車メーカーが電動化を急いでいる時、すぐに気付いたのは電気自動車の重要な部品はすべて外注しなければならないことだった。たとえばバッテリーはＬＧ化学やパナソニック、サムスンＳＤＩそして中国のＣＡＴＬなどアジアの大手企業から輸入しなければならず、これらアジアの企業はバッテリーの原材料をサプライチェーンのさらに上流から買い入れているのである。２０１７年時点でヨーロッパには大規模なバッテリー工場はなく、リチウムやコバルトの鉱山もない。バッテリー材料の生産もほんのわずかだ。米国の状況も似たりよったりである。中国の自動車メーカーも、サプライチェーンのすべての段階で大きな存在感を示している中国政府の支援を受け、必要となるバッテリーと原材料を確保し始めたところだった。鉱業会社にとってバイヤーは誰であってもよく、問題は金属の買い取り価格だけだった。テーブルの上には何十億ドルもの金が積まれている。アナリストの予測によれば、現在走行している10億台の自動車がすべてテスラ・モデルＸに置き換わったとすると、コバルトの需要は１４００万トンに相当し、現在の世界埋蔵量の2倍の規模になる。

世界のコバルトの60パーセント以上はコンゴで産出されていて、この国を頼りにしない限り電気自動車への急速な転換は望めないのだが、同国は世界の最貧国であり、汚職天国でもある。ヴォルフスブルクでの会合から数か月後、『エコノミスト』誌は表紙に「地獄に逆戻り」という見出しを配してコンゴを特集した。[2] コンゴ民主共和国には自動車メーカーとバッテリー・メーカーにとって厄介な選択が待ち受けていた。彼らはグレンコアのような巨大鉱業会社からコバルトを買うこともできた。ところが、このスイス企業は、元大統領ジョゼフ・カビラの友人であるイスラエル人ダイヤモンド実業家ダン・ゲルトラーを介してコンゴの汚職事件に関与しているとして厳しい監視下に置かれていたのである。(ゲルトラーの背景については次章でさらに詳細に解説する)。別の選択肢としては、コンゴで安全装備もなくしばしば子どもと一緒に手掘りで1日1ドルから2ドルでコバルトを採掘する何千人もの個人鉱夫から仕入れている中国の華友コバルトなど他のサプライヤーから購入することもできた。しかしそんなルートからコバルトを購入すれば、会社は児童労働の嫌疑にさらされ、電気自動車の評判が損なわれることにもなりかねない。自動車メーカーとバッテリー・メーカーはこの国と関わる意欲がどれほどあるのだろうか。一方のコンゴでは長年にわたり同国の資源から得られる富が国民に還元されることはなかったが、電気自動車革命はコンゴの人々に利益をもたらすのだろうか。コンゴはこれまでも、自動車の出現で必要になったタイヤ製造用のゴムから、第一次世界大戦中には銃弾の薬莢《やっきょう》に使う銅、広島と長崎に投下された原子爆弾のウラニウムまで、私たちが必要とする資源を１００年以上にわたって供給してきた。

　ヴォルフスブルクの会合の数か月前、ドイツのある高級自動車メーカーの従業員は、自社工場で使っているコバルトの産地を視察するため、人口８０００万人の国コンゴを訪問している。彼らはこの国の南部にある小規模鉱山の労働条件を目の当たりにして、背筋が寒くなる思いを抱えて帰国した。そこでは若い男女が数ドルの日当で安全装備もないままコバルトを手掘りしていたのである。彼らは地下30メートルあたりで採掘することになっていたはずなのだが、実際には地下70メートルで若い鉱夫がひしめきあって採掘している坑道もあった。コバルトを詰めた巨大な袋をかつぐ鉱夫は裸足である。ドイツからの視察団がいつも購入している鉄鋼やアルミニウムの工場が整然としているのとは別世界だ。「彼らは70の質問を携えて到着し、１００の疑問を携えて帰った」とガイドのひとりは回想する。屈託のないドイツ人が「未来が始まる」とスローガンを掲げて化石燃料の時代に終止符を打つ道を走りだした時には、手掘りで採掘する膨大な数の人々が過酷な労働条件のもとにいることなど想像もしていなかった。到着しつつある未来は、過去の慣習を引きずる中央アフリカからやってくるように思われた。

第8章 コバルトの巨人現る

「商人に国は存在しない。彼らの所在地は単なる場所であって、利益を上げる拠点に対するほど強い愛着があるわけではない」（トーマス・ジェファーソン）[1]

「EVでのドライブには、私どもも旅のお供です」（グレンコア　ニッケルヴァーク精錬所）[2]

ヴォルフスブルクの会合から数か月後、アイヴァン・グラセンバーグは厳しい警告を伝えるためにスイス、ローザンヌのレマン湖の畔に建つボー・リヴァージュホテルに到着した。湖が陽光にきらめく中、ホテル内では最高経営責任者と取引業者が、ほとんどがスーツ姿で集まっていた。精力的で競争と取引でのし上がった南アフリカの億万長者グラセンバーグにとってはおなじみの環境である。スイスNGOの抗議活動は警備員に阻止され代表団に近づけなかったため、活動家らは湖畔に沿う道路上で抗議するほかなかった。当時ザイールと呼ばれていたコンゴを30年間支配した泥棒政治家モブツ・セセ・セコが病を患い、国家が崩壊し周囲が焼け落ちた最後の数日間逃亡していたのがこのホテルである。グラセンバーグの会社グレンコアは、同社が所有する銅とコバルトのふたつの大きな鉱山のおかげで、モブツの国から巨万の富を獲得し始めていた。フォルクスワーゲンとの交渉が決裂すると、グレンコアは賭けに出た。将来生産するコバルトの大半を中国南部の都市深圳を拠点とする中国のバッテリー材料会社、格林美《グァリンメイ》（ＧＥＭ）に売却する契約を結んだのである。実はグレンコアは以前にも中国最大のバッテリー・メーカーＣＡＴＬにコバルトを売っていた。西側の自動車メーカーがコンゴ産のコバルトを望むなら、グレンコアが動いたように、迅速に行動しなければならない。グラセンバーグはとにかく機敏に動く。生まれながらの交渉人で、攻撃的な企業買収によってグレンコアを世界最大の鉱業会社に育てあげた。「自動車産業が、コバルトの重要性に気付いていなかったとは思わない」とめったに公衆の前に姿を現わさないグラセンバーグが、毎年『フィナンシャル・タイムズ』がコーディネートする「ＦＴコモディティ・グローバル・サミット」でわずかにしゃがれた声で語った。「コバルトの長期供給の大部分は中国人が獲得するでしょう。彼らはバッテリーを世界に販売するのではなく、中国でバッテリーを生産し世界にはＥＶを販売するつもりなのです」。グレンコアとしては、高い値さえつけてくれれば中国のバイヤーであろうと銅とコバルトという資産を売ることに後ろめたさはない、とグラセンバーグは続ける。「取引相手は驚くような数字を持ってくるかもしれない。絶好の値が付けば私は株主の立場に立たなければなりません。私は世界政治に配慮するためにここにいるのではないのです。ですから当然当社としてはコバルトを売ります」それが彼の結論だった。

西側自動車メーカーの多くが中国に対して持っていた不安感、それは何十年もかけて中国進出を試みても、結局世界最大の自動車市場で中国のライバル会社に負けてしまうのではないかという恐怖が膨らむ中で高まったわけだが、グレンコアはその不安の核心を見事に突いてみせたのだ。中国電気自動車メーカーが有利なのは寛大な補助金、そしてバッテリーとバッテリー材料の国内サプライチェーンを容易に利用できる点にある。グレンコアはどちらか一方を贔屓《ひいき》にするような会社ではない。グラセンバーグが言うように、儲けがすべてなのである。コバルトの価格はすでに2倍以上になり、グレンコアはコンゴから1トン輸出するごとに数百万ドル以上を稼いでいる。

しかしグラセンバーグは自信の裏に深い不安も隠していた。彼がローザンヌで演説している間にも、同社のコンゴでのビジネス関係は厳しい監視下に置かれていた。スイスを拠点とするロンドン上場の鉱業会社グレンコアが、世界最貧国で鉱山を獲得した経緯について深い疑惑が浮上したのである。それは電気自動車革命における主要サプライヤーとしての同社の地位を脅かす過去だった。

＊

スイスのチューリッヒから列車で30分、湖畔の小さな町バールを拠点とするグレンコアは、クリーン・エネルギー支持者が未来像を描く場合に思い浮かべるような企業ではない。グレンコアは南アフリカとオーストラリアの炭鉱から採炭し、気候変動に重大な寄与をする燃料である石炭を最大規模で生産している企業のひとつだ。２０１８年夏、私は南アフリカのヨハネスブルクの町を外れたところにある鉱山で、ビルほども大きいドラグライン掘削機が1日24時間休みなく黒い石炭の塊を掘削しているのを見学した。この掘削そのものが石炭火力発電による系統電力から得られる莫大な量のエネルギーを消費している。採掘現場の周りではトラックが水をまきながらひっきりなしに走り、大量の炭塵が飛散しないように突き固めている。この石炭は南アフリカのリチャーズベイからインド、パキスタンなどアジア諸国に輸出され、火力発電所で燃焼される。同時にグレンコアはコバルトやニッケル、銅の一大生産企業でもある。どの金属もバッテリーから風力タービンまでクリーン・エネルギー・テクノロジーには欠かせない。さらに同社は電子機器廃棄物の最大のリサイクル企業のひとつでもある。15万８０００人の従業員を擁し、世界50か国以上に鉱山を持つグレンコアは、グローバル経済を背後で動かす黒子のような存在で、その利益は２０２１年上半期だけで90億ドルを上回る。

南アフリカへ渡ったリトアニア移民の息子、グラセンバーグはアパルトヘイトが強力に推進されていた時期にヨハネスブルクの居心地の良い郊外で育った。身体能力に優れ競争心も強かったグラセンバーグは競歩の国内チャンピオンだったが、同国の人種差別政策が国際的な反発を呼び、オリンピック出場のチャンスは逃した。南アフリカで会計学の学位を取り、南カリフォルニア大学でＭＢＡを取得したあと、１９８４年にグレンコアの前身となるマーク・リッチ社に石炭トレーダーとして入社している。この創業者マーク・リッチが脱税と通信詐欺さらに恐喝の罪で米国司法省に起訴された翌年のことだった。リッチは、巨大なアングロ・アメリカ系石油会社の支配の及ばないところで中東産石油を売買するその取引能力から「石油王」として名を馳《は》せたが、政治や進歩的で教養あるリベラル派エリートの気まぐれにはまったく関心がなかった。彼の会社はイスラム教シーア派最高指導者のもとにあるイランやアパルトヘイト下の南アフリカなど、商売になる資源があれば誰とでも取引をしていた。そしてプレトリア（南アフリカの首都）の白人による人種差別主義に基づく支配体制は「彼の富の唯一最大の源泉」だった。[3] リッチは贈賄を多くの国でビジネスを行うためのコストと捉えていた。「賄賂は、他人が喜んで交渉に臨む価格で取引するために支払われる」とかつてリッチは述べている。[4] 米国議会の調査ではリッチのビジネスは「主に腐敗した地元当局への組織的な賄賂とキックバックに依存していた」と説明している。[5] リッチにとって唯一のリスクは、誰かが支払えなくなることだった。１９７０年代から１９８０年代にかけて、かつてないほどグローバリゼーションが進展した時代にうまく機能したのがこうした賄賂文化だった。石油生産大国は西側の石油大手にこれ以上支配されることを望まず、石油をもっと高い市場価格で販売したかった。こうした時代環境の中でリッチは世界中で取引をまとめる卓越したブローカーとなったのである。

　グラセンバーグは1980年代に若きトレーダーとして入社して以来、リッチの会社で鍛えられた。激務も苦にせず働き、リッチが開拓してきた文化を嬉々《きき》として飛び回ったのである。最初に南アフリカ、その後オーストラリアの仕事に従事し、1989年には香港と北京での任務もこなしていた。ちょうど天安門で民主化を求めるデモが繰り返されていた頃で、その間グラセンバーグはホリデーイン・リドに滞在していたが、6月4日に人民解放軍によってデモ隊が鎮圧されると、北京から退去させられた。翌年彼は石炭部門の部長となる。グラセンバーグが大きなチャンスを得たのは、亜鉛価格の対応に失敗したあと1993年の経営陣主導の買収でリッチが会社を追放された時だった。社名もグレンコアに改名された。グラセンバーグは瞬く間に出世し、2002年にトップの座に就いたのは、ちょうど中国が主導する世界最大の原材料好景気のさなかだった。しかもこの好景気はグラセンバーグがそれまで経験したことのないものだった。そしてこの景気がコンゴの中心にも直接影響を及ぼすことになる。

＊

　今私はコンゴにいる。深い露天掘りの世界最大のコバルト鉱山ムタンダ鉱山が、静寂の朝日の中で私の眼下にある。階段状に掘削された斜面は、中国の棚田のように整然としていた。すり鉢状のピットの底をトラックが1台だけ移動していて、乗用車くらいに小さく見えるが、実際には高さが5・5メートルもあり巨大なディーゼルエンジンが搭載されている。私の背後にある精錬施設は中国にある小さな化学工場のようで、多数のベルトコンベア、配管、タンクが並び、銅鉱石を砕石、浸出、精製、電解し、鈍いオレンジ色をしたおよそ1メートル四方くらいの製品（電気銅）に加工しているのだが、その様子はドライクリーニング店のハンガーに吊るされた服のようだ。この電気銅は束ねられて待っていたトラックに載せられ、南アフリカのダーバンの港へ運ばれる。コバルトは銅とは別に精錬されて水酸化コバルトという暗緑色の粉末にし、袋詰めされて、銅と同じルートを移動する別のトラックに載せられる。こうしてアフリカの中央部から毎日送り出される何十台ものトラックが、危険極まりない道を進み、いくつも国境を越えて港へ向かう。このトラック輸送がなければ電気自動車産業全体は成り立たないのである。

鉱山では大量の酸が必要になるため、銅やコバルトを積んだトラックとは逆方向に、硫酸を積んだトラックが昼夜を分かたず走行している。私がムタンダ鉱山を訪れたのは2019年2月だったが、その数か月前この鉱山へ向かう硫酸を積載したトラックが横転し18人が死亡した。しかし鉱山はどんな人身事故が起きようとも決して操業は停止しない。厳重な警備のもと年中無休で1日24時間稼働し続けているのである。鉱山入り口付近には犬が放たれ施設周囲をうろつき、特に鉱山内に侵入して採掘しようとする地元鉱夫たちを警戒していた。

アメリカ人取締役のエリック・ベストは、アリゾナ州の銅鉱山労働者の家に生まれた。きれいに刈り込まれた芝生の奥にあるムタンダ鉱山の静かなオフィスの机の上には、コバルトの最終製品を詰めた小瓶が置かれていた。その暗緑色の微細な粉末を私は見つめた。電気自動車用バッテリーの鍵であり、鉱業界にとっては価値の高い新商品である。しかし私にはどちらかというと子ども用化学実験セットの色とりどりの粉末のように見えた。ベストはパワーポイントを立ち上げたが、彼のプレゼンには熱が感じられなかった。過去数年コバルトブームの中で、この鉱山はNGOや自動車会社、グレンコアの経営陣など、非常に多くの訪問客が押し寄せていた。というのもムタンダはこの地域でも地質学的に希少な場所で、驚くほど豊富にコバルトを含む鉱山だからだ。コンゴの銅山地帯「カッパーベルト」で産出される銅とコバルトの割合はたいてい10対1であるのに対し、ムタンダでは2対1と教えてくれたのは、グレンコアで鉱床の調査に協力する元地質学者のマーク・ケンライトだ。ベストはプレゼンをさっさと済ませると、なにか質問はないかと言った。しかし何でも答えてくれるわけではない。彼は鉱山の歴史、つまりグレンコアがどのようにこの豊かな鉱床を獲得したかについては、話したがらなかった。

しかし歴史は採掘現場を見ればわかる。鉱山の縁にポツンポツンと数本の木が立っていて、輝く青空を背にそのシルエットがくっきりと見える。片隅にはいくつか巨礫があり、一帯にはよく目立つオレンジ色の防水シートも見え、コバルトを手掘りで採掘している者がいることがわかった。「あそこはもともと零細採掘業者が作業していた場所だよ」とこの鉱山で働く顎髭を生やした若いイギリス人が教えてくれた。彼は違法な手掘り鉱夫のことを「零細採掘業者」と説明した。

開発当初は地上に巨大な穴や工業的な採掘現場はなく、地元鉱夫の集団がコバルトと銅鉱石を何千年も続く昔ながらの手法で掘削し洗浄していたのだ。これはコンゴの歴史がうかがえる示唆に富む話である。コンゴでは銅とコバルトの豊かな鉱床は海外の鉱業会社に譲渡され、企業が支払う何百万ドルもの税金とロイヤルティーは遠く1300キロ離れた首都キンシャサへ流れる。この金は最終的に政治エリートのポケットに収まることもよくあることで、天然資源がコンゴの主要輸出産物であるにもかかわらず、その収入が地元に還元されることはほとんどない。

ランチを食べに食堂へ行くと、そんな話はどこかへ消えてしまった。広い泥道を運転し、炭塵が飛び散らないように水をまくトラックに何度か遭遇した。美しすぎるほどに晴れ上がった日で、遠方に緑に包まれた低い丘が見えた。その食堂は樹木が小綺麗に剪定《せんてい》された素晴らしい庭園の奥にある。屋外は暑いためビュッフェは満員で、大きなサラダやさまざまなチーズ、カラフルなデザートが並んでいた。鉱夫たちは家族や恋人を連れてやってくる。フィリピン人や米国人、南アフリカ人など多国籍の集団だ。ある若い白人カップルが自分のランドクルーザーで乗り付け日差しの中へ飛び出す様子は、まるでアウトドア商品ブランド、ティンバーランドのコマーシャルのようだった。採掘現場を離れれば埃と車の渋滞とは無縁の世界である。私はこの鉱山にやってきた自動車メーカー関係者がその秩序、効率、清潔さに感銘を受けるに違いないと思った。そして彼らが取引レートの値動きを睨《にら》みつつ、自社のサプライチェーン監査に思いをめぐらせる様子を思い浮かべた。

その日ムタンダ鉱山を去る時、すべてがうまくいっているわけではないことがわかった。鉱山ゲートの外で、袋詰めのコバルト鉱石をバイクの後部に載せて運んでいた若い男が殴られ地面に叩きつけられるのを目撃したのだ。コルヴェジ在住でグレンコアで働いている女性ドライバーは、その光景を目にして明らかに怯えた様子で、会社に報告すると言っていた。数日前にはコンゴの軍隊がテンケ・フングルメ銅コバルト鉱山の近くに現れた。この鉱山は中国の鉱業会社が所有しているので、厳重な警備が続いているのかもしれないとドライバーは心配していた。翌日ホテルで朝食をとっていると、彼女は突然地元の知事との会合に呼び出され、席を外した。

同じ日、地元の知人からワッツアップで写真が送られてきて、何百人もの鉱夫が、コルヴェジにあるグレンコアが所有する別の鉱山、コモト銅山に侵入して銅とコバルトを盗掘していたという。その写真には何百人もの若い男が黒っぽい服装で露天掘りピットの踏み固められていない斜面を這《は》い登ったり下りたりしている様子が写っていた。鉱夫たちはどうしても金が欲しかったので企業の採掘現場に侵入し地面を掘っていたわけだが、もちろんグレンコアは自社の所有地と考えている場所だ。さらに数日後、採掘現場で地すべりがあり36人の鉱夫が死亡したことが報道されると、地面に横たわる死体や岩の下敷きになった鉱夫の写真が送られてきた。こうした事態は、グレンコアが利益を生み出している国の国内事情を、グレンコア自身から切り離すことがいかに難しいかを如実に示していた。

＊

私がムタンダ鉱山を訪問した時、鉱山から得られる何百万ドルものロイヤルティーはコンゴの一般国民に落ちるのではなく、契約上の協約によってひとりの男に渡っていた。それがダン・ゲルトラーというイスラエルの億万長者で、彼は自身とコンゴのエリート階級のために、おそらくベルギー国王レオポルド2世以来、誰よりも多額の金を稼いでいた。ゲルトラーはかねてジョゼフ・カビラ大統領と親しく、コンゴにおけるグレンコアの成功に貢献した重要人物のひとりで、その同社が鉱山を確保し運営するのを支えた。グレンコアはゲルトラーに数百万ドルを融資し、その見返りとしてゲルトラーはグレンコアとコンゴ政府の間を取り持ったのである。グレンコアにとって、ゲルトラーは政府関係者と同社をつなぐ仲介業者であり、「アームズ・レングス」つまり独立対等の仲介者であった。グレンコアはゲルトラーが所有するオフショア法人に10年以上にわたり総額5億ドル以上を融資や株式、現金という形で供与し、NGOのグローバル・ウィットネスによれば、ゲルトラーは少なくとも6700万ドルの利益を得ている。2013年に元国連事務総長のコフィー・アナンが統括した研究では、ゲルトラーが関与した5件の鉱業取引で（グレンコアとの取引も含む）コンゴは14億ドルを失ったと推定していて、その額は同国の健康と教育への歳出の2倍にのぼる。後に米国財務省はこの数字を16億ドルとし、ある汚職行為防止団体は

19億5000万ドルとさらに高額の推定を出している。[6] それでもゲルトラーは一切罪に問われることなく、コンゴでの取引に一切不正はないときっぱり否定した。そして彼は「常に法に則りコンゴ民主共和国の国民の利益に配慮した経営に努めている」と平然と言い放つのである。

ゲルトラーはテルアビブの裕福な地区で、ダイヤモンド原石を研磨、カットしジュエリーにする事業で財を成した家庭で育つ。イスラエルのダイヤモンド業界で指導的影響力を持つ人物のひとりモシェ・シュニッツァーの孫にあたり、祖父のシュニッツァーはイスラエルダイヤモンド取引所を設立し、1967年から1993年までこの取引所を指揮し、世界ダイヤモンド取引所連盟の会長も務めた。家族ぐるみで情熱を傾けたのがサッカーだった。シュニッツァーは熱烈なサッカーファンで、ゲルトラーの父は1960年代にマッカビ・テルアビブFCのゴールキーパーだった。ゲルトラーは3人の妹とともにテルアビブの典型的な幼年期を過ごし、地元チームでサッカーに打ち込んだ。サッカーの才能に恵まれていたが、競技中に二度頭部を負傷し、嘱望されていたサッカーの道は閉ざされた。[7]

ゲルトラーはイスラエルで祖父の歩んだ道を後追いするより、独自の道を進みたかった。陸軍でコンピューター・オペレーターとして勤務した後経営学を学び、家族が経営するダイヤモンド研磨事業で働く。この間に彼はダイヤモンド研磨のすべてを学んでいる。しかしゲルトラーはすぐにイスラエルの居心地の良いダイヤモンド業界を退屈に感じるようになり、世界中からイスラエルに届くカットされていない黄色い原石ダイヤモンドに惹かれていった。それは彼にとってミステリアスで冒険心がくすぐられる感覚だった。「彼は原石ダイヤモンドに夢中でした」と父親のアシャー・ゲルトラーは昔を振り返り、「彼はカッティング作業の全工程を学びました。まさに原石ダイヤモンドと恋に落ちたのです」[8]。そして超正統派ユダヤ教に転向し家族とは縁を切った。

　ゲルトラーは原石ダイヤモンドをアフリカから調達することに決め、ダン・ゲルトラー・インターナショナル社を設立する。彼がまだ22歳の時である。ゲルトラーには冒険心があった。まず最初にリベリアとアンゴラへ行き、ダイヤモンドを買いあさっては主だったダイヤモンド消費国で販売していると、20世紀のほとんどの間デビアスが支配していたアフリカのダイヤモンド業界において、最大手企業と競合するようになった。彼は間もなくするとダイヤモンド業界の「新星」と呼ばれるようになり「大胆で教養があり、しかも冷酷で……切れやすい投機家」と評された[9]。

　その後ゲルトラーはダイヤモンドが豊富なコンゴに注目する。彼がコンゴに手を付けたのはグレンコアより早かった。１９９７年に反政府勢力（ＡＦＤＬ）のリーダー、ローラン・カビラがキンシャサに乗り込み独裁者モブツを退陣させる前、カビラのもとには契約を結ぼうと多くの鉱山会社が押しかけていた。23歳のゲルトラーが自らの富を築くため、コンゴの埃っぽい首都で飛行機のタラップを降りたのもこの年だった。１９７０年代からタンザニアに居住していたＡＦＤＬのリーダー、カビラは権力の座に就いたばかりで、32年間コンゴを支配した後モロッコへ逃亡したモブツは同年に前立腺がんで死去している。天然資源で儲けるにはこうした政治体制の転換《レジーム・チェンジ》がうってつけのチャンスだった。

ゲルトラーはコンゴが最も弱体化し、どん底に陥った時を逃さない。コンゴの経済は立て直しが必要だった。モブツ政権時代に長年見放され、国民の利益が盗み取られた一方で、モブツはといえば僻地《へきち》のバドリテに何百万ドルもかけて壮大な宮殿と空港を建設し、役人には「少しずつ巧妙に盗む」ことを推奨していたのである。[10]

2000年の夏、ゲルトラーは首都にある大統領宮殿のオフィスにカビラを訪ねる。後にゲルトラーと不仲になる元イスラエル警察官のヨッシ・カミーサが2004年に起こした訴訟によれば、この時ゲルトラーはダイヤモンド取引がまとまることを期待していたという。

このイスラエル人の若者は、国営ダイヤモンド鉱業会社MIBAが産出する同国のダイヤモンドの独占販売権に近い権利を供与してもらう見返りに、カビラに2000万ドル調達することを約束した。カビラには、権力を掌握する際に援助を受けたルワンダに返済する資金を用立てる必要があり、その資金調達の手っ取り早い手段が石油とダイヤモンドだった。なにしろローラン・カビラがキンシャサに到着した当初彼は無一文だったため、新政権はまず中央銀行に乗り込んだのだが、巨大なコンクリート製の出納室は空っぽで、残っていたのは50仏フラン札1枚だけだったのである。[11]さらに権力を掌握した直後、かつて支援国だったルワンダとウガンダがカビラに背を向けたため、1998年に同国東部で新たに始まった内戦、いわゆる第二次コンゴ戦争を戦わざるを得なかった。

その後2001年1月、大統領宮殿のカビラのオフィスに10代のボディーガードが入ってくるなり、大統領に発砲した。カビラは数時間後に死亡。[12] コンゴは再び混乱状態に舞い戻ろうとしていた。
ゲルトラーはダイヤモンドの独占販売はかなわなかったが、その後もテルアビブとキンシャサを定期的に飛行機で行き来し、今度はカビラの死後権力を継承した息子、30歳のジョゼフ・カビラに取り入った。「私は1997年からダン・ゲルトラーとの付き合いがある」と2018年のインタビューでカビラはジャーナリストのトム・ウィルソンに語っている。「コンゴでビジネスをしたいと言って彼がやってきて、彼はそれからずっとコンゴでビジネスをしているわけだが、もちろん今後も彼にはコンゴでビジネスを続けてもらいたい」[13]
コンゴ国内でのカビラの立場は、信じられないほど脆弱《ぜいじゃく》なものだった。彼はフランス語をうまく話せず、年齢も非常に若かった。それで彼は国外に正統性を求め、それが国内にもうまく反映すればいいと願っていた。ここでキーパーソンとなったのがゲルトラーである。彼はコンゴの「特使」となり、ついにはコンゴ国籍を取得し、テルアビブではコンゴの外交官ナンバープレートを付けて運転するようになった。カビラに気に入られたゲルトラーは、相棒でブルックリン生まれのチャイム・レイボヴィッツとともに、2003年に大統領執務室でジョージ・ブッシュ大統領との会談を仲介している。[14] ゲルトラーはカビラとともに中国にも飛んだ。[15] 実はジョゼフ・カビラは父親が権力を掌握したあと、中国人民解放軍国防大学で学んでいた。ゲルトラーは大統領の親友となり、2006年にはコンゴ川沿いにある大統領宮殿で開かれたカビラの結婚式にも招待されている。

2003年に第二次コンゴ戦争を終結させる平和協定が調印された後、コンゴ経済は深刻な資金不足に陥った。同国の銅とコバルトの鉱業界も、1970年代のモブツの誤った経営と銅価格の暴落によって厳しい状況となっていた。錆《さ》びついた機械装置は放棄され、解雇された鉱山労働者は警備のない鉱床で手掘りで鉱石をあさった。この頃の鉱山の稼働率は10パーセントにも届かなかった。[16] 1990年にはコンゴの優良資産のひとつであるカモト地下鉱山（後にグレンコアが買収するカタンガ・マイニング社が進める銅・コバルト事業の一環）が崩落し、全体の生産量が23パーセント下落する。[17] さらにその後洪水にも見舞われた。国営鉱業会社ジェカミーヌの前身であるかつてのベルギー独占企業ユニオン・ミニエールの面影はもはやまったく見られなかった。

しかし2005年になると中国の底知れぬ需要により銅価格は記録的な高値となり、銅を確保するため世界中から鉱山労働者が押し寄せた。同じ頃カビラは2006年のコンゴ初の選挙を控え、資金が必要だった。そこで元銀行家のオギュスタン・カトゥンバ・ムワンケに、新たな合弁事業を受け入れて資金調達することを許可する。「小柄で見栄をはらず、礼儀正しい」[18]カトゥンバは、若い頃南アフリカで勉強と仕事をするためコンゴ（当時はザイール）を離れ、南アフリカでHSBCイクエイター・バンクの行員となった。彼は反乱の初期に出張先でローラン・カビラと出会い、財務省のポストを提示されている。その後1998年にカトゥンバは銅とコバルトの大きな鉱山があるカタンガ州の知事に任命された。こうしてカトゥンバはカビラの家族やさまざまな鉱業関係者とも親しくなる。カビラの息子ジョゼフが権力を握ると、カトゥンバは国家資産の管理を任され、国際的な鉱業投資も担当した。カビラの側近となったカトゥンバを、『フィナンシャル・タイムズ』は「コンゴの・ディック・チェイニー」となぞらえ、権力の背後にいる実力者だが「ごく普通の祖父のような佇まい」で「映画『ドライビングＭｉｓｓデイジー』のお抱え運転手」のような風貌と伝えている。[19]

カトゥンバは後に「ネズミ捕り」と言われるようになる取引でゲルトラーとも親しくなった。「２００８年以降大きな鉱業取引を望む企業はみなこのネズミ捕りに入って『捕まり』、ゲルトラーらに金を支払わなければならなかった」と、元外交官が教えてくれた。コンゴの専門家ジェイソン・スターンズによると、カトゥンバは「アンヴロッペリエ」、つまり封筒に現金を入れて贈収賄を実行する達人だったという。

２００６年のカビラ初の選挙が近づくと、カトゥンバは次々と優良な鉱山の所有権を民間投資家に移転する取引を進め、そうした投資家の中にゲルトラーもいた。所有権移転された後これらの鉱山は大手鉱業会社に極めて高額で売却されている。この早い段階から世界銀行はこうした取引を批判し、コンゴの国営鉱業会社ジェカミーヌは資産について厳密な評価をしておらず、取引が「まったく透明性を欠く」形で進められたとした。[20]コンゴの反汚職団体も「警告する。これは投げ売りだ」と報じた。[21]

ゲルトラーがコンゴにおけるグレンコアの重要なビジネス・パートナーとなったのはこの頃

で、その関係はグラセンバーグが個人的に管理していた。するとわずか数年のうちにグレンコアは競合他社と海外の投機家を蹴散らし、コンゴの銅とコバルトの優良鉱山2か所を手に入れる。

ムタンダ鉱山は、地元民が銅とコバルトを掘るようになった丘陵の中腹に、自然発生的にできた開拓地として始まった。豊かな鉱床を発見する彼らの技能は「裸足の地質学者」とも言われ、地元鉱夫が密集している場所があれば、そのあたりの鉱石には銅やコバルトが豊富に含まれている確かな証拠だ。そして2000年代の初めまでにはこの鉱石が地元実業家でコルヴェジ在住のレバノン人アレックス・ハムゼによって取引されている。彼はコンゴでグループ・バザノというトラック輸送と物流の事業を経営していた。コバルトと銅の鉱石を洗浄し袋に詰め、採掘現場からトラックで輸送する。その鉱石の一部が隣国ザンビアにあるグレンコアの製錬所に持ち込まれた。そのコバルトの品質の高さに驚いたグレンコアは、地質学者を派遣し現場を掘削させている。彼らは円錐形の草葺《くさぶき》小屋に寝泊まりし、バザノが提供するレバノン料理で腹を満たした。そしてハムゼのやり方では大鉱脈が宝の持ち腐れになってしまうことがすぐにわかった。そこでグレンコアはこのプロジェクトの株式の40パーセントを取得し産業レベルの鉱山開発を開始する。

その1年前の2006年、ゲルトラーはムタンダ鉱山に隣接するカンスキという185平方キロに及ぶ鉱床の利用権をジェカミーヌから取得していた。2011年、ちょうどムタンダ鉱山で銅とコバルトの本格的な生産が始まった頃、グレンコアは、ゲルトラーとつながりのあるオフショア会社が、コンゴ国営鉱業会社ジェカミーヌが所有するムタンダ鉱山の20パーセントの株式も買い入れていたことを明らかにした。ジェカミーヌはこの株式（及びカンスキの株式25パーセント）を負債3140万ドルを含め2億2000万ドルでゲルトラーに売却していたのである。しかしグレンコアの新規上場目論見書によれば、ムタンダ鉱山だけで30億ドルの価値があるとされ、ゲルトラーにとって極めて都合の良い取引だったことがわかる*。その後2013年になるとグレンコアはムタンダとカンスキを合併させる。この取引によって「ふたつの企業の間に長年存在した良好な関係」がさらに深まることになったとゲルトラーは言う[22]。しかしグレンコアがムタンダの開発に10億ドルを費やしたのに対し、ゲルトラーがカンスキ開発に注ぎ込んだのはわずか1億ドルにすぎない。こうしてふたつの鉱山が合併したことで地球上で最大規模となるコバルト鉱山から、ゲルトラーは数百万ドルのロイヤルティーと支払いを得られるのである。

ゲルトラーとグレンコアは、コンゴへやってきた初期の無鉄砲な投機家たちを金の力でねじ伏せる。グレンコアの力の前に彼らはなすすべがなかった。グループ・バザノのハムゼも買収に応じ、マルタで裕福な引退生活を送ることになった。NGOグローバル・ウィットネスによれば、ゲルトラーが鉱業界で生き残ることができたのもグレンコアの力のおかげだという。「ロンドン上場の大企業がバックにいたからこそ、彼はコンゴの鉱業界屈指の強者たちをノックアウトでき

* ゲルトラーはこの評価を「主観的」としている。以下を参照 'Responses by Dan Gertler to Global Witness,' https://cdn2.globalwitness.org/archive/files/libraryresponses%20by%20dan%20gertler%20to%20global%20witness.pdf.

た」とグローバル・ウィットネスは指摘する。[23]
　ふたつの鉱山を確保したグレンコアは、コンゴで優位な立場に立てた。銅価格は金融危機による価格低迷から回復し、1トン当たり1万ドルという記録的価格に向かっていた。中国は世界の原材料のおよそ半分、他国では前例のない量の原材料を消費していた。鉱業会社としては、とりあえず金属を採掘し船に載せて中国へ送っておきさえすればよかった。中国は銅、アルミ、鉄鉱石、コバルトなどあらゆる金属を求めていた。採掘と商品取引も行っていたグレンコアは、特に2011年、ロンドン株式市場に100億ポンドで上場してからは資金調達のうえで有利な立場になり、銅鉱山の買収、開発に力を入れた。グラセンバーグは取引をあさった。グレンコアは業界一の切れ者集団である。同社は南アフリカの炭鉱を買い上げ、2012年初めには長年のライバル、エクストラータ社を買収し、グレンコアのバランスシートには非常に多くの鉱山が追加された。こうしてグレンコアは侮れない巨大企業にのし上がったのである。
　株式市場上場によって、グラセンバーグや同社の銅部門トップでコンゴの資産を監督するアリストテリス・ミスタキディスなどグレンコアの主だった取締役は億万長者となった。カミソリのように鋭く機転が利くアリストテリスはテリスと呼ばれ、世界の銅市場に関する深い知見があり、ディナーをともにする客にも世界中のあらゆる銅山の詳しい話で楽しませることができた。そしてテリスは銅の世界市場を支配する男、「銅王」として知られるようになる。ミスタキディスは父親が国連で海洋生物学者として働いていたローマで育ち、その後ロンドン・スクール・オブ・エコノミクスで学んだ。彼は新しく手に入れた富を隠そうとはしなかった。2015年にミスタキディスはロンドン一の高級住宅街ベルグラヴィアにあるノーマン・フォスターが設計した1画の複層住戸《デュプレックス》を4600万ポンドで購入している。[24] 床面積約730平方メートルでこの値段は、当時のロンドンで3番目の高額アパートだ。ちょうど世界の銅市場が最高値を付けた頃である。しかし翌年には銅価格は世界金融危機以来の最低水準にまで下落した。

一方グレンコアには思ってもないところから問題が浮上した。ニューヨークで最も成功したヘッジファンドのひとつオクジフである。

2012年2月、ロンドンの若きヘッジファンド・マネージャー、ヴァンジャ・バロスがオクジフのロンドン事務所のマイケル・コーエンという米国人所長に1本の電子メールを送った。それは『フィナンシャル・タイムズ』の記事のコピーで、カビラの懐刀カトゥンバが墜落事故で死亡したことを伝えていた。メールには「ご参考までに」とあり、死亡した人物はコンゴ民主共和国におけるパートナーの中でも「重要人物」で、その人物記述はゲルトラーと一致するとも記されていた。しかし数日後にはゲルトラーからバロス宛にメールがあり、「私は大丈夫……心は悲しいが無事だ……今はカビラをしっかり支えなければ……明日埋葬の予定だ」とあった。[25]

2年後の2014年、オクジフは贈賄容疑で米国司法省と証券取引等調査委員会の査察を受けていることを公表する。

オクジフは元ゴールドマン・サックスの銀行役員ダニエル・オクがジフ・デイヴィス社による

出版事業の資産運用のため1994年に設立したヘッジファンドだ。このヘッジファンドが運用する資産総額は390億ドルで、パートナーのコーエンがロンドンで運用している。彼は以前勤めていたフランクリン・ミューチャル・アドヴァイザーズからオクジフへ転職して2年後の1999年、27歳でロンドン事務所設立のために派遣された。法廷証言ではオクのお気に入りとして言及されたコーエンは、2007年に同社が株式公開した時には3番目に高い報酬を得る幹部になっていた。[26] そして同じ年にコーエンはウェリントン公爵が所有していたハンプシャー州の不動産を1200万ポンドで購入している。

しかし中国のコモディティ・ブーム（原材料・資源市場の好景気）とそこから得られる潜在的利益がコーエンをアフリカへ引き寄せた。アフリカでは2007年の後半、ちょうどグレンコアがコンゴに進出した頃、オクジフはゲルトラーと「コンゴ民主共和国におけるダイヤモンドと鉱業部門を含む、利益の見込める投資機会の特別な融通を基本にした」パートナーシップ締結について協議していた。司法省の和解書ではゲルトラーの名前は出さず「イスラエル人実業家」とだけ記されているのだが、それによるとオクジフのゲルトラーに関する身辺調査で、彼が「紛争相手に対しては喜んでその政治的影響力を利用し、……［しかも］不愉快としかいいようのない仲間を囲い込んでいる」ことがわかったと記されている。[27]

オクジフは2008年以降、ゲルトラーとコンゴ民主共和国での数件の取引を開始しているが、その際「オクジフの資産の一部は投資機会と優先権を確保するためにコンゴ民主共和国の高級官僚への多額の金銭の支払いにあてられる」という了解があった。2008年後半、オクジフの従業員は、ゲルトラーの帳簿の監査でコンゴ民主共和国の高官への贈賄が明らかになったことを知らされると、官僚への支払いに関係する記録は最終監査ですべて削除するよう指示した。司法省によれば2005年から2015年にかけて「あるイスラエル実業家が……コンゴにおける鉱業部門での特別な投資機会と優遇価格を得るために1億ドル以上の贈賄をした」。FBIニューヨーク支局の副局長ウィリアム・スウィーニーも「最も純粋なかたちの賄賂」と呼んだ。[28] ロンドンを拠点とするNGO、RAIDは、大多数のコンゴ人が1日1・25ドルで生活していることを考えれば、オクの私有財産で9万5000人以上のコンゴ人が一生涯食べていけると指摘する。ところがゲルトラーは罪に問われることはなく、コンゴでの贈賄も否定した。一方ヘッジファンドのオクジフは2016年に和解し、刑事罰と法定罰合わせて4億1200万ドルの罰金を支払うことで合意している。

公には、グレンコアとゲルトラーの関係について、グラセンバーグは強気の姿勢を崩さなかった。2016年8月、グラセンバーグは、ゲルトラーと司法省によるオクジフの捜査に関する懸念を否定した。「私どもは何も聞いておりません」と彼は言い「ご存じかと思いますが、ダンはムタンダのパートナーなのです。そうなったのは、彼がたまたま私どもの鉱山のすぐ隣に資産を所有しており、それを私たちのムタンダ鉱山と合併させたからです」[29]。しかし司法省の和解書にグラセンバーグは神経をすり減らしていたはずだ。和解書には賄賂として金銭がコンゴ高官にわたったと明記されていたのである。

グレンコアは好んで自社を行動する企業と表現する。ゲルトラーから距離を置けると踏んだグレンコアは、彼のコンゴの鉱山を買い上げる方向で迅速に動いた。2017年2月、ゲルトラーがグレンコアに対する負債、すなわちムタンダ鉱山の株式の31パーセントとグレンコアのもうひとつの鉱山カタンガの株式10・3パーセント分を返却した後、グレンコアがゲルトラーに5億3400万ドルを支払う契約を締結したのである。投資家たちは安堵のため息をつき、グレンコアの株価は2014年11月以来の最高値に上昇した。その11月にはミスタキディスがロンドン金属取引所（LME）が開催する毎年恒例の行事に出席し、メイフェアにある5ハートフォードストリートという会員制クラブでエスプレッソをすすりながらいつものクライアントと顔合わせをしていた。

ゲルトラーに鉱山からのロイヤルティーは引き続き入るが、グレンコアのパートナーからは外れた。そしてグレンコアは世界の電気自動車メーカーにコバルトを供給する体制を整える。2017年にはテスラ、アップルそしてフォルクスワーゲンとの交渉を開始し、テスラをコンゴの自社鉱山にも招いた。しかしグラセンバーグは、長期的な電気自動車の需要を満たせるほど世界はコバルトを生産することはできないと公言している。

その頃ワシントンとヨーロッパではカビラ大統領を孤立させ辞任させようとする圧力が強くなっていた。カビラは歓迎されないまま政権に長居していたのである。街頭では抗議行動が起き、2016年末の2期目の任期終了後もカビラは憲法を無視して居座り続けようとした（コンゴ憲法は大統領を3期以上務めることは認めていない）。さらにカビラはコンゴの重要な鉱山をゲルトラーだけでなく中国人にも売却していた。2017年6月、米国財務省はカビラの軍最高幹部のひとりフランソワ・オレンガ将軍へ制裁を科し、カビラの家族の一部にも米国ビザの発給を停止した。さらに米国国連大使ニッキ・ヘイリーは2017年10月にキンシャサを訪れ、コンゴ川沿いの宮殿で90分の長い会談で、カビラを強く叱責し、2018年に選挙を実施しなければ、米国は同国への支援をすべて打ち切ると伝えた。その後12月、米国財務省はマグニッキー法のもとでゲルトラーの制裁に狙いを定めた。税理士セルゲイ・マグニッキーが拘置所で死亡したことに関与したロシア高官を制裁するため2012年に議会で可決された法律である。この制裁によってゲルトラーはすぐに米国金融機関から締め出され、米国への入国も不可能となり、米国企業との取引に関わることも禁止された。また米国外の企業であっても、ゲルトラーと取引をすれば制裁のリスクにさらされることになり、この制裁の矢面に立たされたのがグレンコアだった。世界中ですべての商品を米ドルで販売していたグレンコアは、制裁措置のあとすぐにゲルトラーへの支払いを止めるほかに選択肢はなかった。

2018年4月、ムタンダ鉱山のゲートに詰めていた地元鉱山職員は、コルヴェジの地方裁判所の代理として行動していると告げるコンゴの現地当局からの穏やかならぬ訪問を受けていた。当局の執行官が鉱山に入ると、地方裁判所が差し押さえる予定であることを示すため、あらゆるオフィス備品に付箋を貼りつけた。屋外に出て銅の処理工場でも同じように付箋を貼った。執行官がこうした業務を遂行していたのは、未払いのロイヤルティーに対する30億ドルの損害賠償を求めてゲルトラーが起こした訴訟のためだ。ゲルトラーはコルヴェジの裁判所で訴訟を起こすと、裁判所が執行官にムタンダ鉱山から最大で6億9500万ドル、カタンガから22億8000万ドルに相当する銀行口座、資産そして鉱山資産の所有権を差し押さえる権限を与えたのである。さらにジェカミーヌも同じ裁判所で、負債が大きくなっていることからカタンガ・マイニング社の解散を求めグレンコアに対して訴訟を起こしていた。グレンコアのコンゴでのプロジェクトは、グラセンバーグの大胆で華麗な動きは影を潜め、悪夢の様相を呈し始めていた。

そうした状況下でグラセンバーグと彼の戦略参謀でオックスフォード出の元銀行家ポール・スミスはある妙手を画策していた。彼らはワシントンに飛び、国防総省や財務省、国務省などトランプ政権の高官と会談し、ゲルトラーが所有するふたつの鉱山を売却した場合、その唯一のバイヤーは中国企業になり、電気自動車が普及しようという時に中国が世界のコバルト市場のシェアを100パーセント独占することになると訴えたのである。米国はEVを製造するたびに中国に人質を取られるような事態を本当に望むのだろうか。グレンコアの役員によれば、この時米国高官らはグレンコアの問題提起に対して、暗黙の支持を示したという。グレンコアはそのメッセージが米国側に受け止められ、特に中国による鉱物資源の支配とそのアフリカへの影響力に懸念を膨らませているトランプ政権下において、同社の主張が受け入れられたものと確信した。またグレンコアによると、同社の役員らはスイス当局へも同様の問題提起をしている。「ゲルトラーはグレンコアに対し事実上こう言ったのです。あなたたちを法廷に引っ張り出す。そしておそらく私が裁判に勝利するだろう、そして私があなたたちを法廷で打ち負かした時には、実質的にその鉱山を手に入れ、他の相手に売ることができる。その相手はミスター・チャイナになるだろう」とこの一件に詳しい人物は述べている。

グレンコアはゲルトラーにユーロでロイヤルティーを支払う決断をする。弁護士と相談してみると、米国人ではない個人にドル以外の通貨で支払うことで制裁を回避できることがわかったからだ。グレンコアは「法律と経営上の選択肢を慎重に検討した」とし、この結果は「適用されるすべての制裁義務を適切に遂行する」ものになるだろうと述べた。契約の一環として、ゲルトラーは法廷訴訟をすべて取り下げることに合意した。「カタンガ・マイニングが、ロイヤルティーを米ドル以外の通貨で、米国人のいないヴェントゥーラ［ゲルトラーの会社］に支払うことは、適用されるすべての制裁義務を適切に遂行するものである」とグレンコア社は声明を出した。[30]

グレンコアのコンゴにおける差し迫った問題は消え去った。そして同じ月、グレンコアはカタンガ・マイニング社を巡るジェカミーヌとの紛争も解決する。ミスタキディスのもとで累積した56億ドルの債務を帳消しとし、過去の商業紛争に関連して1億5000万ドル、さらに探査プログラムの一環として生じた損害を補償するために4100万ドルをジェカミーヌに支払うことで合意したのである。こうしてグレンコアは危機から脱出することができた。

しかしワシントンの一部ではこの事態をグレンコアのようには考えていなかった。グレンコアがゲルトラーにユーロでロイヤルティーを支払うことに決めた同じ日、司法省はカタンガ鉱山に関するグレンコアのロイヤルティーの受け渡し会社になっているヴェントゥーラを含めゲルトラーのオフショア企業14社にも制裁を科したのである。

それから3週間と経たないうちに、グレンコアは司法省がコンゴとベネズエラ、ナイジェリアでの同社の活動について捜査を進めていることを明らかにした。その影響を受けグレンコアの株価は12パーセントも下落し、時価総額は50億ドル減少する。司法省の文書提出令状は、グラセンバーグがコンゴに入りムタンダの緩やかな丘陵を採掘することに決めた運命の年である2007年まで遡る書類を要求していた。一方グレンコアは、石油会社BPがルイジアナ州沖合で原油流出事故を起こした際に、米国当局と対立した同社の前CEOトニー・ヘイワードを、司法省に対応する取締役会委員会の委員長に任命する。整った身なりでたくましい体つきのヘイワードは、グレンコアの男性のみの役員会《ボーイズ・クラブ》からの申し出を快諾するが、投資家からグレンコアがゲルトラーを排除しない理由を問われればすぐに怒りだすタイプでもあった。ヘイワードはNGOのグローバル・ウィットネスに対して2014年に「いかなる調査も実施する根拠はまったくなく、私どもは実施するつもりもない」と発言していた。[31] ところがそんな発言から4年が過ぎてみると、彼はまさにそうした調査の書類作成責任者となっていたのである。2022年5月、グレンコアは有罪を認め、米国、英国そしてブラジル当局が捜査を切り上げる代わりに15億ドルを支払うことで合意した。グレンコアはコンゴ民主共和国で政府職員に2750万ドルを支払ったことを認め、「その一部がコンゴ民主共和国の高官への賄賂として使われ、不正なビジネス上の利益を得ることを意図していた」のである。

一方、コンゴ当局としては、EV革命が到来した暁にはその成果の一部でも共有したかった。コンゴは電気自動車業界がこれからの成長株であることと、そこへ原料を供給することになる同国の役割をよく理解していた。なにしろコンゴは世界のコバルトの70パーセント以上を産出しているのだ。その市場独占状況はサウジアラビアが享受する石油市場の独占をはるかに上回る。2016年1月、私はロンドンの超高級街区の中心にあるクラリッジズ・ホテルの静寂で贅沢な雰囲気の中でジェカミーヌの会長の話を聞けた。レオポルド2世が1876年にコンゴ遠征の支援を募るためにロンドンを訪れた折に滞在したホテルである。きちんとしたスリーピース・スーツ姿のアルバート・ユマは側近を脇に革製のソファにゆったりと体を預けていた。髪も見事に整えられ、超富裕層の税金対策相談に応じる資産アドバイザーのような雰囲気だ。世界最貧国のひとつコンゴは化石燃料からの脱却に必要なすべてのコバルトを有するが、その資源の行方を握っているのがこの人物である。そのユマはよく「バッテリーはドルで製造するのではなく、コンゴ民主共和国のコバルトで製造する」と言う。「コンゴとしては、アラブ諸国が石油というチャンスを得て国を築き上げ、その収入を国民と分かち合ったように、この機会を逃がしたくないのです」とその思いを話してくれた。コルヴェジから車で2時間ほどのところにルブンバシという埃っぽい町があり、2019年夏、そこで開かれたコンゴ民主共和国鉱業会議に出席した時、ユマは地元出席者からセレブのような歓待を受けていた。彼はコンゴが2002年に鉱業法を導入して以降、ジェカミーヌは配当を受け取っていないと、繰り返し主張した。そして「ミルクと蜂蜜が得られると言われたが、20年たっても我々は何ひとつ得ていない」と述べた。

コンゴではこれまで国際的な大手鉱業会社が非常に寛大な待遇を受けてきたので、このユマの主張は会場の共感を得た。ところが海外の鉱業会社取締役の目には、ジェカミーヌがほしいのは金銭、しかも莫大な金銭を求めていると映った。「やつらはロシアの新興財閥《オリガルヒ》にそっくりで、程度というものを知らず、とにかく際限なく金をほしがる」と、コンゴ民主共和国で活動するある海外の鉱業会社取締役は語った。また別の海外鉱業取締役は私にこう尋ねた。高額のロイヤルティーと税金を払ったとして、その金はどこへ行くのだろうと。その金銭が保健医療や教育に支出される保証はないだろう。キンシャサで開かれたユマの娘の贅を尽くした結婚式が話題になると、こうした感情はさらに高まった。データ自体も冷酷な事実を伝えている。コンゴのひとり当たりの年収は購買力平価にして785ドルで、依然としてアフリカでも最低の水準なのだ。カーターセンターによると2011年から2014年にかけてジェカミーヌに支払われた資産売却とロイヤルティーの約7億5000万ドルが、同社の口座から消えていたという*。

---

* 2018年11月、ユマはあらゆるNGOを攻撃した豪華な体裁の報告書を発表し、この指摘を声高に否定してい

しかし数々の批判にもかかわらず、ユマはカビラと親しく、キンシャサではコンゴの2002年鉱業法の改正に向けた機運が盛り上がっていた。この法律はコバルトによる収入の配分がより多くコンゴに回るようにするため内戦のさなかに成立していた。

2018年3月の初め、多くの小型自家用機がキンシャサのヌジリ国際空港に着陸した。乗っていたのはコンゴの鉱業最大手のCEOたちだ。中にはアイヴァンホー・マインズ社のロバート・フリードランド、アップルのスティーヴ・ジョブズとは大学時代の友人で伝説的な株式プロモーターだ［投資活動の資金を調達する］。グレンコアのグラセンバーグ。金生産会社ランドゴールド社の物言いが乱暴な南アフリカ人社長マーク・ブリストウ。そしてコンゴ民主共和国最大の銅とコバルト鉱山のひとつを買い上げたばかりのチャイナ・モリブデン（洛陽《ルオヤン》欒川《ルアンチュアン》鉬業集団）社長スティール・リーがいた。こうした面々を特定の場所に集まるよう要請するのは容易なことではなく、それが可能なのはほんの少数の国だけだ。ひとつは中国、そしてもうひとつがコンゴ民主共和国である。CEOらは直前になってカビラに会うよう呼び出されたが、カビラは急ぐ様子はなく、CEOらはホテルでいら立ちを燻らせていた。翌日になって彼らは呼び出された。天井が高く広々とした部屋で、カビラは部屋の中央にある玉座のようなイスに腰掛け、鉱業会社のCEO

る。ジェカミーヌ社は消えた資金はすべて「1ドル単位で」同社の口座で追跡できるとユマは言う。「彼ら［NGO］の唯一の目的は疑似民主主義の理想の名のもとに、コンゴ民主共和国を不安定化させ、エネルギー転換を確実にするために世界が渇望するコバルトやコルタン、銅、ガリウム、ゲルマニウムその他の戦略的鉱物に対する海外の需要に滞りなく奉仕することにある」とユマは述べている。

らはカビラの片側に一列に並んだ。反対側にはユマらコンゴの高官がいた。CEOらは、国際的な鉱業会社への課税を大幅に引き上げ、コバルトを「戦略的鉱物」と宣言して脅迫する新たに公表された改正鉱業法の計画を緩和するようカビラに求めた。

カビラは、アフリカ諸国の政府との交渉に長い経験を持つブリストウが主導する彼らの嘆願に辛抱強く耳を傾けた。しかしその場にいた人たちによれば、カビラは新たに立案された鉱業法について詳しいことはほとんど知らないようだったという。この時の会談はなんの解決もないまま終了した。

その後カビラは「現在の経済環境に関する政府見解に基づいて」政府が戦略的とみなす鉱物への課税を10パーセント引き上げる権利を政府に与える新たな鉱業法に署名し成立させる。[32] コバルトは間もなく戦略的鉱物のひとつに指定された。新鉱業法では鉱業会社がコンゴ人の請負業者を使うこと、さらに新規鉱業ベンチャーの株式の少なくとも10パーセントはコンゴ人が所有することも要求していた。

一部の投資家はグレンコアとゲルトラーの関係や同社の石炭事業の推進に嫌気がさし、グレンコアから離れる決断をした。「グレンコアは発電分野の脱炭素化を遅らせるだけでなく、新興市場での石炭規制に反対するロビー活動を積極的に展開している」とあるロンドンのファンド・マネージャーは指摘する。「明らかにグレンコアは厳しいジレンマに立たされている。価値ある銅とコバルトの資産を守るために、米国の制裁リストにあるゲルトラー氏とのビジネス関係を継続するのか、あるいはその関係に終止符を打つかだ」とグレンコアの持ち株を売却したロンドンのファンド、サラシン・アンド・パートナーズ社は言う。「グレンコアがこのゴルディアスの結び目をいかに解決するかという喫緊の問題以前に、株主にとってそもそもの大きな疑問は、グローバル・ウィットネスが発行する資料によれば、なぜグレンコアは新規上場以降ゲルトラーから十分に距離を置くチャンスがありながらそうしなかったかだ」

ブリュッセルを拠点とするNGOリソース・マターズの概算によると、ゲルトラーはコバルトと銅の販売で2018年には1日平均20万ドル以上のロイヤルティーを得ている。そしてそのコバルトが世界最大の自動車メーカーで利用され、私たちのスマートフォンにも使われているのだ。

2年後テスラのイーロン・マスクは上海郊外にわずか10か月で竣工した新たなギガファクトリーの操業を開始した。式典にはグレンコアの若い男ふたりも参加していた。テスラの上海ギガファクトリーはこの自動車メーカーにとって大きな転換点で、最大の電気自動車市場の幕を切って落とし、テスラはグローバル企業へと変貌する。テスラは中国のバッテリー・メーカーCATLやリチウム生産企業ガンフォンなど中国の重要なサプライヤーとの関係を深めた。また自社の原材料の管理を増強するため、マスクはグレンコアから直接コバルトを買い入れることにも合意していた。そしてテスラとグレンコアは複数年の供給契約を締結した。後にグレンコアのある幹部は「弊社はテスラの原料調達部門になりたいのです」と語っている。この契約は20年間グレンコアを指揮し2021年にCEOを退任するグラセンバーグ最後の功績のひとつとなった。この成果によってグレンコアは電気自動車革命の中核に収まる。

*

2019年2月の午前5時半、外はまだ暗く身が引き締まるような寒さの朝、グラセンバーグはハイドパークに近いフォーシーズン・ホテルの誰もいない明るいロビーで朝のランニングの準備をしていた。機敏で精力的なグラセンバーグは、5時半に起床するのはいつもどおりといった様子である。グラセンバーグとあれやこれやの取り巻き連中にとって、年次業績を発表するため町に来た時はいつも、早朝ランニングは儀式のようになっていた。そしてグラセンバーグに質問をするチャンスでもあった。ただし彼のランニングについていければの話だが。

1日前グラセンバーグはグレンコアの企業文化を劇的に変え、将来の方向性を変えると発表し、彼がこれまでの仕事を通して積み上げてきた重要なもの、石炭を否定していた。英国国教会や資産総額32兆ドル以上にのぼる大投資家グループであるクライメイト・アクション100+などの圧力で、グラセンバーグはグレンコアの石炭生産量を現在の水準である年間1億5000万トンを上限とし、これ以上炭鉱は買収しないことを約束していた。そうすれば炭鉱の石炭が枯渇するにつれ生産量も減少していくとグレンコアは言う。アジアとオーストラリアにおけるグレンコアの石炭ビジネスを指揮し、企業買収によって事業を拡大してきた男が、石炭で儲けるのはもう辞めると誓ったのである。パキスタンやインド、マレーシア、ヴェトナムなどの国々では、将来も石炭を必要とするという彼の確信にも反することになる。グレンコア会長のトニー・ヘイワードは、前年のFTカンファレンスで、エネルギー転換に関する質問に対して「いったいなんの転換ですか」と聞き返していた。グレンコアの人間は事態がどうなることを望んでいるかではなく、事実をありのままに述べる。それはV・S・ナイポールのコンゴを題材にした『暗い河』の冒頭にあるような態度だった。「世界は非情である。無価値な人間、みずから無価値になれる人間が生きられる場所はない」。グレンコアはマーク・リッチが同社を創立して以来初めて、この地球の健康に公に取り組んでいる。「グレンコアの周辺の環境が変化したのです」と英国国教会の資産運用責任者エドワード・メイソンは言う。

62歳のグランセンバーグにピッチを落とす選択肢はない。ランニング集団が道路をわたって公園の暗がりに入るとたんにグラセンバーグはスピードを上げた。わずかに前傾姿勢を保ち、かつて競歩選手だった頃のように屈強かつ流麗に走る。すると私を含め彼の走りについていけない者を叱咤し始めた。私たちは彼のエネルギーがまったく衰えていないことを感じながら、再び明るい月の光に照らされる中を走り続けた。

第9章　血まみれのコバルト

「零細採掘業者など誰だってまっぴらごめんだ」（自動車メーカーの調達部長）

「コンゴの経済史は思いがけない幸運に恵まれた歴史である。同時にありえないほどに大きな不幸の歴史でもある。その結果人口の大部分には莫大な利益の一滴すら落ちてこない」（デイヴィッド・ヴァン・レイブルック[1]）

2014年、コンゴのコルヴェジにあるカスロという小さな町の警察官が家族のために新しい屋外トイレを掘ることにした。裏庭で穴を掘っていると、黒土の中から現れたのは豊かなコバルト鉱脈だった。自宅の居間や風呂場、寝室そして台所の下まで掘り返し始めた。そのうち隣近所の人たちも穴掘りに加わると、一帯は間もなく「爆撃を受けたよう」なありさまになったと、2015年に現地を訪れたジャーナリスト、マイケル・カヴァナフは伝えている。[2] 地元の牧師でさえ教会の床に巨大な穴を開けコバルトを求めて掘った。家族総出でコバルトを掘り、地元市場で換金するようになると、家々は崩れ始め道路は穴だらけになった。「家の外に出てみたら大きな穴が空いていたということもある」と中国のある取締役は言う。死傷者も絶えず、道路地盤の下にも穴が掘られ、地元の道路は通行止めにしなければならなくなった。大きな土砂崩れもあって数十人が死亡している。間もなくすると掘り進んだトンネルが崩れ落ち、数百人が生き埋めになり死亡するという事故もあった。死者は250名と公式に発表された。この一帯からコバルトを買い入れている企業のひとつが中国の華友コバルトで、学校教育をうけていない起業家陳《チエン》雪華《シュエファ》が中国東部の桐郷《とうきょう》（トンシャン）市という県級市で設立した企業である。この華友コバルトは、2006年にコンゴに設立した子会社コンゴ・ドンファン・マイニング・インターナショナル（CDM）を通じ、すぐにコルヴェジ一帯からコバルトを買い上げる最大のバイヤーとなった。ダン・ゲルトラーの支援を受けて大鉱山を買収したグレンコアとは違い、華友コバルトは主に個人で採掘するコンゴ人鉱夫からコバルトを買い入れていた。コンゴ内戦（第一次、第二次コンゴ戦争）が公式に終結した後数年間は、華友コバルトも多くのバイヤーと同様に買い入れたコバルトがどこで誰が採掘したものなのかは問題にしていなかった。またこの一帯のコバルトは非常に高品質でしかも安価なため、多額の投資をして鉱山を開発するまでもなかった。地元の人々は良質の鉱脈の発見法を知っていて、かつて国営鉱業会社ジェカミーヌが操業していた古い採掘現場の周辺で採掘を行っている。掘り上げた鉱石は地元の取引業者に売り、業者は華友コバルトに売却する。華友コバルトでは鉱石に簡単な処理を施してからトラックでダーバン港へ輸送、その後中国へ直行しグローバル・サプライチェーンの流れに乗る。その時までにコバルトは他の産地のものと混合され、裏金のように「洗浄」されるのだ。コバルトがどこで産出されたのかわからなくなり、採掘に携わった者の血と汗と労力も消去される。

　国際的な贈収賄が続く中でコバルト取引は途切れることなく続き、そのおかげで私たちのスマートフォンのバッテリーにコバルトが供給されている。コルヴェジでは武装闘争はなかったので、2010年の米国ドッド＝フランク法のもとで供給元などに関する情報開示が義務付けられている錫やタンタル、タングステンとは異なり、コバルトは「紛争鉱物」ではない。しかしコルヴェジ周辺では何千人もの男性、女性、子どもがコバルトを掘っていて、死亡する者も多いのだ。ところがアジアの大手電子機器会社やその製品を利用する西側諸国からの支援はまったくない。消費者がこうした人々の存在に気付くことは難しいだろうが、彼らがグローバル・サプライチェーンの底辺を支えているのである。そして華友コバルトがアップルなど主要スマートフォン・メーカーにコバルト製品を供給するようになった頃、個人的に採掘するコバルト鉱夫の40パーセントを占めていたのが子どもたちだった。[3]

　コンゴ民主共和国の南隅にある小さな鉱山からコバルトを詰めた25キロの袋を毎日運び続けるコンゴロ・マシマンゴ・リーガンもそんな子どものひとりだ。この鉱山は鉱物を豊富に含み地表のわずか数メートル下に巨大な鉱床が現れる。コルヴェジでのリーガンの1日は午前5時に始まる。赤土を手で掘ったトンネルが崩落するような事故はしょっちゅうだ。鉱夫たちはビールやウィスキーを飲みタバコを吸って1日の労働を乗り切っていたと、彼は回想する。リーガンの叔父はコバルトを「ネゴシオン」という地元取引業者に売り、コンゴロは給料がわりに無料の食物と宿泊所を与えられた。「とても疲れたし、とても苦しかった」とコンゴの南東部コルヴェジの学校そばにある間に合わせのサッカーコートの端で、眩しい日差しの中に立つコンゴロは私に話してくれた。「数え切れないほど落盤があった。鉱山の中で死んでいく子どもたちも見た」。17歳の少年はその鉱山を脱出し、現在はコルヴェジを拠点とするカトリック慈善団体グッド・シェパードの支援を受けて学校に通っている。彼はそれ以来ずっと文字の読み書きを学んでいる。2014年のユニセフの推定によると、携帯電話の販売数が19億台を上回った年に、コンゴでは約4万の子どもたちがコバルト鉱山で働いていたのである。OECDは2019年になってようやく、零細採掘現場にはおよそ4件に1件の割合で子どもたちが存在、つまり働いていることを認識した。かつてのカタンガ州の調査に基づいた研究によれば、子どもの約23パーセントがコバルト鉱山で働いていると推定されている。[4]

これがグローバル・サプライチェーンの論理である。実態が複雑なため、その真の環境費用と社会的費用は隠されたままだ。商品を消費し続けることによって遠方のコミュニティーと貧しい人々に災いをもたらしている。ピーター・ドヴァーンが「消費の生態学的影」と呼ぶ事例のひとつだ。環境に対する世界的な懸念が高まっていても、この影は大きくなり続けていて、コバルトはその典型例なのである。古い携帯電話を廃棄して新しい携帯電話を買い、ガソリン車を電気自動車に買い替えると、デバイスごとに使われるコバルトの量は改善され少なくなっても、総コバルト需要は増大する一方だ。「私たちは消費財の生産、利用、更新による生態学的コストを遠隔地と将来世代に転嫁しているのだが、環境保護主義はその流れを抑制できていない」と2010年にドヴァーンは述べている。[5] 世界のコバルト生産量は1970年から2009年の間に年間で平均3万8000トンだったものが、2010年から2019年の10年間では年間約14万5000トンにまで増加した。[6]

この増大分の環境費用と社会的費用は、販売価格にまったく反映されず、その費用を負担しているのがコンゴの人々である。一方でコンゴでの死傷者数は明らかにされておらず、コバルト採掘の深刻な健康被害を解明する調査も始まったばかりだ。ベルギーのルーヴェン大学とコンゴのルブンバシ大学の研究者によって2014年末と2015年に実施された調査から、カスロの子どもたちの尿と血液には、付近のコントロール地域の子どもたちと比較して、コバルトなどの金属が高濃度で含まれていることがわかった。さらに「暴露に関連する」酸化作用によりDNAが損傷している証拠もあり、そのほとんどが子どもたちに現れている。この研究者らは32人の子どもを含むカスロの住人72人から血液と尿のサンプルを採取した。近隣地区からは同じような構成のコントロール集団を選んだ。ルーヴェン大学公衆衛生及びプライマリーケア学部の毒物学者ベノイト・ネメリー教授によると、その調査結果は気がかりなものだった。「鉱山地区に住む子どもたちは、その他の地区に住む子どもたちとくらべ、尿に含まれるコバルトの量が10倍も多い。その値はヨーロッパの工場労働者に認められている量よりはるかに高い。サンプル数は限定的であるとしても、その結果は極めて明確だ。この差異を偶然に帰することはできない」。調査の結論は手厳しいものだった。「既存のコバルトのサプライチェーンは持続可能ではない」[7]。2020年に『ランセット』に掲載された別の研究でも、鉱山の町ルブンバシで生まれた子どもたちは、町の外で生まれた子どもたちとくらべ先天的障害を持つ割合が高く、子どもたちの父親が銅とコバルトの鉱山で働いている場合はさらにそのリスクが高いことがわかった。出生前の暴露が出産結果に及ぼす影響についてはほとんどわかっていないが、この研究結果は「父親の鉱山労働での暴露が出生異常の最も強く関連する要因であった」と決定的な結論を引き出している[8]。そして症例群と対照群どちらの母親も「これまでに報告された妊婦の中で、体内の金属濃度が最も高いことがわかった」のである。

＊

2019年の初め私は上海から時速279キロの高速列車に乗り、化学産業で有名な衢州《くしゅう》(チュイチョウ)にある華友コバルトの工場を訪ねた。旅に同行してくれたのが同社のブライス・リーで、企業の社会的責任を担当する責任者に新しく就任した人物だ。リーは桐郷市にある華友コバルト本社で最高経営責任者の甥に英語を教えていたが、その後2005年に華友コバルトに入社している。中国中央部の雨に濡れた水田地帯を疾走する静かな車内で、リーはウィーチャットの画像を繰りながらコンゴでの体験談を聞かせてくれた。彼が最初に行って以来コンゴにはほとんど変化がないと彼は言う。さらに多くを望む中国とは違い、コンゴの人々は財産はなくてもいつも幸せそうだった。衢州は上海の水源である長江のデルタ地帯（長江デルタ）に位置するのだが、到着してみると巨大な駅をぐるっと囲むように工場が点在していた。リーと私は建設作業中で騒々しい華友コバルトのゲートまで車で移動した。足場で囲まれた建設中の建物は、韓国のLG化学と共同で進める新工場で、コンゴ産のコバルトでバッテリーのカソードを製造する。リーは工場を案内してくれ、さまざまな加工段階の全体を見せてくれた。工場外部の倉庫には、上海や寧波《ねいは》（ニンポー）市からトラック輸送で到着した原料コバルトを詰めた大きい白い袋が10段積みにしてズラッと並べられていた。

コンゴ産のコバルトはさまざまな産地のものがすべて混合されるため、それがカスロのような零細採掘現場で生産されたものなのか、華友コバルトが所有するもっと大きな鉱山で生産されたものなのかはわからなくなっている。工場内ではコバルトを粉砕し、混濁液状《スラリー》にして大きなタンクへポンプで送る。酸で浸出、濾過して不純物を除去してから炉で加熱すると純粋なコバルト溶液になる。その後ニッケルとマンガンを混合してバッテリー材料が製造されるのである。最終産物のコバルト溶液は、バッテリー内での発火リスクをなくすため完全に純粋なものでなければならないので、機械を使って原子レベルの精度で検査されている。ある部屋には大型の鋼鉄製タンクが何列にも並んでいて、部屋の空気は金属臭と薬品臭が強く、その臭いがあまりに強烈だったので、私は頭がくらくらした。壁には「どこに投資するにしても、私たちは地元コミュニティーに責任を持たなければならない」というスローガンが掲げられている。この工場のコバルト生産能力は年間3万トンで、全世界市場の3分の1を占める。ここはコンゴと電気自動車を結ぶ重要な拠点のひとつなのである。

私たちは屋外を歩いて工場の別棟へ行くと、そこでは電動バスの大型バッテリーパックを分解しリチウムやニッケル、コバルトを含む粉体、いわゆる「ブラックマス」を回収し、浸出させてリチウムなどを抽出していた。中国ではすべてのバッテリーパックにバーコードを付けリサイクルすることが法律で義務付けられている。習近平主席のもとでの環境規制は「厳しく」、「生態学的文明」を創造するとした彼の環境キャンペーンは非常に厳格だとリーは言う。自動車メーカーはコンゴを回避するためにリサイクル・コバルトの利用に非常に熱心で、2019年にはすでに50社以上が華友コバルトからリサイクル材料を買い入れる契約を結んでいるとリーは教えてくれた。その契約分の製造工程は工場の他の製造工程からは分離されている。そうすることで、児童労働によって生産された可能性があるコンゴ産原料と混合していないことを自動車メーカーに対して保証するためだ。華友コバルトはこのコバルトのリサイクルを大きな成長分野と見ていて、2020年にはリサイクル原料から約3000トンのコバルトを回収する目標を立てた。華友コバルトが最初にリサイクル用バッテリーとして入手できたのは、使用頻度の高いバスのバッテリーだった。しかしリサイクル・コバルトは自動車メーカーが必要とするコバルトのほんの一部に過ぎず、華友コバルトがコンゴから離れることはできない。

細身で頭をきれいに剃り上げている華友コバルトの創業者陳雪華《チエンシユエフア》は、工場で寝泊まりし食事も工場内で取ることもしばしばで、コバルト処理の技術的なことなら何時間でも話すことができる。陳は毛沢東時代が始まったころ桐郷で生まれた。15歳になると学校を辞めて金を稼ぐ方法を見つけなければならなかった。家族は鶏やアヒル、ウサギを育てていたが、陳はモヤシを売ることにした。毎朝自転車で8～9キロを走って地元の市場へ向かった。19歳になって彼は地元の工場で働き始めるが、朝はモヤシを売ってから会社へ通った。その工場が1994年に倒産すると陳は初めて自らの会社を創業する。ニッケル化合物を生産する化学会社だった。「とても素朴な工場で、台所で食材を調理しているようなものだった」とリーは言う。その後陳は陶磁器用のコバルトの製造を開始し、2002年に華友コバルトを創立した。会社が成長するにつれ海外からのコバルト供給が必要になり、国際取引業者と接触するようになったが、彼らは常にマージンを上乗せしてくるため付き合いづらかった。彼はコバルトがすべてコンゴで生産されていることに気付くと、国際取引業者から買い入れるより現地へ行って直接コバルトを確保する方が簡単だと考えるようになる。そこで2003年、ちょうどコンゴが第二次コンゴ戦争から復興しつつある時、陳はコンゴへ向かった。

中国政府が国内企業に対して「海外へ進出し」資源とビジネスを確保することを推奨した時代でもあった。中国企業は国営政策銀行の信用をバックにアフリカへの進出を加速させ、道路や港湾、インフラを建設し、鉱山に投資するなどしていた。２００７年にはコンゴ民主共和国のジョゼフ・カビラ大統領が、中国国営の中国鉄路工程総公司（ＣＲＥＣＧ）及び国家水力発電会社シノハイドロと90億ドルの「インフラ・資源取引契約」を結び、アフリカ大陸最大の取引のひとつとなった。インフラ開発に中国からの投資（借款）を受け入れ、その返済は天然資源で支払うという契約形態である。たとえば中国企業とコンゴ国営企業の合弁事業会社《ジョイント・ベンチャー》シコミンズ社は銅とコバルトの鉱床に30億ドルを投資し、コンゴのインフラにも70億ドルを投資する。シコミンズ社は将来この鉱山で生産される金属を販売することで投資分を回収するというわけだ。この取引では中国に2行ある政策銀行のひとつ中国輸出入銀行の支援を受けている。これは「中国株式会社」とも言われるようになった国ぐるみの典型的な手法で、２０００年代の中国政府に見られる戦略の特徴である。その投資規模は契約が成立した年のコンゴ国家予算より大きい。この取引により、すでに見たように１９９８年2月に中国人民解放軍国防大学で学んだカビラと中国の関係はさらに強固なものとなり、中国はコンゴの資源を利用する権利を獲得した。

同時にこうした大きな政府間契約の発表の裏では小規模ながら機敏な動きをする華友コバルトなどの民間企業がアフリカ中に進出し、中国人従業員が製錬所で働き、取引業者として活動している。コンゴはコバルトを入手するチャンスが多く、中国の中小企業には魅力的な国だった。それはカビラの父ローラン・カビラが１９９７年に権力を握った後、零細採掘業を奨励してきたこととと、中国国内にはこの金属、コバルトの鉱山はほとんどなかったためである*。世界銀行の支援を受けて起草された２００２年コンゴ鉱業法では、認可された地区での零細採掘業を合法としたが、そうした認可地区が実際に新設されたり施行された例はほとんどなかった。１年後コンゴの国営鉱業会社ジェカミーヌは１万１０００人を解雇し、その多くがクルザー（creuseurs フランス語で穴掘り人）と呼ばれる手掘りでの採掘を続けている。それは彼らが給料の大部分を自動車やテレビの購入に使い果たしてしまっているからだ。[9] 現在は操業停止になっているか、水没している一部の古い鉱山が彼らにとって最適の採掘現場となっている。他の採掘現場は民間企業やダン・ゲルトラーのような投資家に売却され、手掘りの採掘者はほとんどあるいは一切補償を受けないまま追い払われた。この頃のコンゴのコバルトはその90パーセント以上が手掘りで生産されていたと推定されている。中国人はバイヤーとなるチャンスと目ざとく判断し、多くの小規模取引業者がコンゴへ向かった。中国経済が二桁成長をしていた頃で、中国は世界の携帯電話の製造工場となっていた。ＢＹＤは今でこそ世界最大の電気自動車メーカーだが、１９９０年代の創業当時は深圳で携帯電話用のバッテリーを製造していた。そして深圳は「１９２０年代を彷彿とさせる荒々しい資本主義の拠点」となったと作家のデイヴィッド・ヴァン・レイブルックは書いて

＊　中国はコンゴからの輸入コバルトに依存しているが、他の原材料とくらべ一国に依存する程度が最も高く、大部分をオーストラリアとブラジルから輸入している鉄鉱石よりも一国に依存が集中している。

いる。[10] レイブルックは2006年に現在は中国ニッケル最王手の金川集団《チンチユアンチートウアン》が所有するルアシという鉱山を訪ねた。そこでは「子どもたちが、十分に補強されていない深さ12メートルもある井戸を這うように下りていくのを見た。『Plop the Gnome』と印刷されたTシャツを着た粉塵まみれの5歳の少年にも会った。運が良ければ、彼らは1袋で5ドルをもらえる」。ガーディアンのジャーナリスト、ロリー・キャロルも2006年にコルヴェジを訪れ、鉱山業が荒廃し、鉱夫たちが古い採掘現場をあさらなければならない状況を目に焼き付けている。彼はコルヴェジを「太陽の下のスターリングラード」と呼び「大きな穴が空いた道路が廃墟と化した錆だらけの工場へ続く」と書いた。[11]「トラックとブルドーザーが整然と並び、今にも動き出しそうだが、タイヤはなくエンジンにはクモの巣が張っている」。米国の外交公電は、鉱夫は「産業革命以前の労働条件」のもとで働いていると伝えた。[12]

華友コバルトにとってコンゴへの進出は当初は大変だった。最初は調査のために訪問し、ビリー・ロウテンバッハのグループ・バザノなどの最初期の投機家の話を聞いている。ロウテンバッハは白人のジンバブウェ人で、1998年にはジェカミーヌを経営していた物議の絶えない人物だ。「進出に関わるどの段階でも、蓋を開けてみると難しい問題が出てきた」とリーは回想する。しかし華友コバルトがその難しさに気付くまでには、すでに同社は莫大な資金を投入していた、と彼は言う。

それでも華友コバルトはこの地域に集まってきた中国の小規模取引業者から金属を買い上げる

ことでコバルト取引を支配するようになる。中国の鉱業会社の数はハウト＝カタンガ州に登録されていて、『環球時報』によると２００５年に15社だったものが２０１３年末には１００社以上に増加した。コルヴェジ近郊にある丘陵の、轍《わだち》が残る道路を走っている時、「ＣＤＭ［華友コバルトのコンゴの子会社］は全中国人の集束点のような存在だ」と両腕を広げて周囲の農村を指しながら教えてくれたのは慈善団体グッド・シェパードのヴィタール・クムングだ。彼は親が働いている間妊婦や子どもたちも作業に加わる「見れば涙が溢れ出るような場所」へ行ったことがあるという。その鉱山は兵士が警備していて誰も入ることはできないと彼は言い、採鉱現場の一部は政府も接近できないようだった。そんな中で華友コバルトは「零細採掘者の王」となったと、ＮＧＯリソース・マターズの研究員エリザベス・カーセンスは言う。

　普通、零細採掘者の鉱石は現地でネゴシアントと呼ばれる取引業者に売られ、取引業者は地元市場で売却する。この段階で計量と検査が行われるのだが、私が話を聞いた多くの人がこの計量、検査には不正操作があることを指摘する。そして南アフリカ・リソース・ウォッチも、こうした不正操作は「政治、行政当局も十分承知していながら」継続しているという[13]。そして華友コバルトなどの大手バイヤーが大きな価格決定力を持つようになった。コンゴのほとんどの鉱夫の日当は1～2ドルであるというのに、２０１１年の華友コバルトの課税前の売り上げは２億６７００万ドル、２０１６年には4億４２００万ドルに増加している。ハーヴァード大学の奴隷労働の専門家シダース・キャラが言うように「どんなビジネスでも利益を増やす最も効果的な方法は経費を最小化することです。そしてほとんどのビジネスにとって経費として最も大きいのが人件費なのです」[14]。華友コバルトは供給源を拡大するために、2008年にコンゴで3か所の鉱山プロジェクトを買収し、さらに7年後にはおよそ13平方キロある南カタンガ鉱業会社の銅とコバルトの鉱業権をジェカミーヌから5200万ドルで買収し、同社は1900年にベルギーが採掘した最初の鉱脈のひとつである歴史的なルイスウィシ鉱山を所有することになった。

手掘りで採掘されたコバルトの大部分は華友コバルト経由で中国へ輸送され、それによってコンゴを完全にグローバル・サプライチェーンに組み込んでいるわけで、華友コバルトは中国によるコンゴの資源支配強化に貢献しているのである。2019年までに中国はコンゴのコバルトの90パーセントを精錬加工している。華友コバルトは、中国が西側世界への輸出を拡大させているスマートフォンやコンピューター用バッテリーに使われるコバルトの重要なサプライヤーだ。華友コバルトが供給しているのはソニーやノキア、サムスン電子そしてアップルといった大企業である。さらにBYDやフォルクスワーゲンなどの電気自動車メーカー、またLG化学やサムスンSDI、CATLなどバッテリー・メーカーのサプライチェーンにも素早く参入した。華友コバルトはコンゴの鉱山から中国の精錬所、バッテリー材料の製造まで、垂直統合的な生産体制を構築している。2015年に上海証券取引所に上場すると、中国アフリカ開発基金の支援も得た。同基金は国営の中国開発銀行が創設し、株式の10パーセントを所有する。こうして華友コバルトは中国最大のコバルト生産会社となった。華友コバルトがコンゴでのギャンブルに出てから

10年後、コルヴェジ周辺の鉱物の90パーセント以上が中国へ出荷されていた。[15] しかしコバルトがどこで産出されたか、どのように採掘されたか、子どもたちが採掘に関わっていたかなど誰も気にしない。その結果、世界中の消費者全員が児童労働をすすめる間接的な共謀犯となっているのだ。世界が気にかけていたのは携帯電話の製造とそのサプライチェーンを安上がりにすることだけだった。設計はカリフォルニアで、製造は中国。しかしコンゴにまで思いが及ぶことはない。

そんな世界に揺さぶりをかけ、まどろみから覚醒させるには、電気自動車と世界的NGOの活動が必要だった。

＊

2016年の初め、世界的な人権NGOであるアムネスティは、児童労働を助長しているとして華友コバルトのコンゴ事業を非難する、歯に衣を着せぬ報告書を発表した。報告書は「私たちの死の理由」という表題で、鉱業界を震撼《しんかん》させると同時にコルヴェジの児童労働をめぐるメディア報道を刺激した。[16] この報告書は発表の1年前に5か所の採掘現場で実施された調査に基づいて、7歳という小さな子どもたちが「産業鉱山の廃棄物である尾鉱」の中からコバルトを含む鉱石をあさり、採取した鉱石を洗浄し、選り分けてから売却している姿を克明に伝えた。ほとんどの鉱夫は手袋や作業着、マスクといった基本装備すらつけずに長時間コバルトを掘り続ける。インタビューに応えた多くの子どもたちが1日に12時間働き、重い荷物を運んで1日に1〜2ドルを手にしていると話している。学校に通っている子どもたちは、週末や休校日だけでなく毎朝学校へ行く前と放課後に鉱夫として働いているのである。

アムネスティが訪ねた地域のひとつがカスロだ。坑道があちこちにあり、住まいの床を掘り返した入り口から入る坑道もある。鉱夫は木槌《きづち》と鏨《たがね》、ヘッドライトをつけて30メートル以上の深さにあるトンネルまで裸足で下りて行き、そこから岩石層に沿って水平にトンネルを掘ってゆく。この掘削作業は組織的ではなく、無計画なため「隣の掘削チームのトンネルとぶつかってしまうこともあり、鉱夫たちは調査員に心配を打ち明けてもいた。夜うっかりしていると隣のチームが自分たちの坑道に入ってきて鉱石を盗んでいってしまう」というのである。カスロの子どもたちは公然と鉱山の地上部で働き、コバルト鉱石を選りすぐっては砕いていたと、報告書は書き添えている。

アムネスティは、コバルトのバイヤーが誰であるかははっきりしていると言う。華友コバルトの子会社CDMが「コルヴェジおよびその周辺の零細採掘者が生産するコバルトを単独で買い付ける最大のバイヤーだ」。さらに報告書では鉱山省のある高官が「CDMは巨人だ」と発言したことも引用されている。ムソンポの買入市場で買い取り屋を運営するある中国人事業家は、CDMは大きすぎて「アメリカのような存在」だという。アムネスティの報告書にはCDMの倉庫の外にある看板の写真も掲載されていて、その看板には「銅もコバルトも高値で買い入れ」とあった。調査員はムソンポで鉱石の袋を積んだ華友コバルトのオレンジ色のトラックに目をつけ、ルブンバシにあるＣＤＭの製錬所まで追跡した。アムネスティ報告書の結論は手厳しく、華友コバルトは「人権を無視している」と述べ、「華友コバルトが子どもたちと成人が危険な環境で働く零細採掘からコバルトを買い入れ（その後売却し）ているリスクが極めて高い」と結論付けている。

この報告書は、大手電子機器会社の多くが、彼らが購入したコバルトの出自についてまったく把握していないことも明らかにした。この報告書に対する一部の多国籍企業最大手の反応には唖然とさせられた。世界最大のバッテリー・メーカーのひとつサムスンＳＤＩは「供給されたコバルトがコンゴ民主共和国のカタンガ鉱山で生産されたものかどうかは弊社には判定できかねます」と言うのである。アップルは「弊社では労働と環境のリスクを見極めるために、現在コバルトを含む数十種類の原材料について評価しているところです」とだけ述べている。またＶＷは「持続可能なサプライチェーン運営の社内機構」ではコバルトのサプライチェーンでの人権侵害は確認されなかったとした。「世界で最も裕福で、最も革新的な企業が、その部品に使われている原材料の仕入先を明らかにする義務もないまま、驚異的なまでに洗練されたデバイスを販売できるというのは、デジタル時代の大きなパラドクスである」と、地元の非政府組織アフリカン・リソーシズ・ウォッチの代表で、アムネスティと共同でこの報告書を執筆したエマニュエル・ウンプラは述べる。[17]

このアムネスティ報告書が桐郷市にある華友コバルトの本社にドスンと嫌な音をたてて届く。同社は国際的な不名誉を受けたうえ、重要な顧客を失うリスクにさらされた。アップルの従業員はサプライチェーンの調査のために自らコンゴを訪問することは社内規定によって認められていなかったが、すぐに同社は調査が終了するまでの間、華友コバルトをサプライチェーンから排除している。華友コバルトには事業をガラス張りにする以外に道はなかった。そこで同社はリーを新たな部署と新役職である企業社会責任部門の責任者に任命し、企業社会責任実行委員会を設置した。そして「倫理的供給の世界的リーダー」となると宣言したのである。同社はそのサプライチェーンの分析に着手し、リズ・ミュラーＬＬＣという会社の米国人女性リズ・ミュラーによる監査を実施する。華友コバルトはきちっとしたウェブサイトを立ち上げ、リーには世界を回って講演させた。２０１７年のロンドンでのあるプレゼンで、リーが見せてくれた1枚のスライドのタイトルには鮮やかな赤い文字で「衝撃！　華友コバルトは子どもを雇っていない」とあった。その他にも「華友コバルトはコバルトを零細採掘業者から直接調達したのではなく間接的に買い入れた」とも書かれていた。しかしそれは仲介業者つまりネゴシアントや買付業者が間にはいった場合だけの言いわけであって、華友コバルトもそのことは十分承知していた。プレゼンによると華友コバルトは「零細及び小規模採掘業者」が生産したコバルトの20〜30パーセントを買い入れているとあるので、同社がこうした採掘現場がどういう場所であるか知らなかったとは考えられない。また「華友コバルトは法を遵守する責任ある企業で、コンゴ民主共和国で高い評価を得ている」とあり、さらに「道路を舗装し、井戸を掘り、農業を育み、学校に投資し、地元コミュニティーの公衆衛生にも携わっている」と主張していた。

中国政府も鉱業部門の変革を公に推進し、中国金属・鉱物・化学品輸出入業者商工会議所（CCCMC）のもとに「責任あるコバルト・イニシアチブ」を立ち上げ、北京で開いた会議にはアップルとサムスンも参加した。

しかし、こうした耳触りの良いレトリックの一方で、現場の変化はほとんどなく、華友コバルトは零細採掘者からコバルトを買い入れ続けていて、コバルト価格が上昇して10年ぶりの高値になった2017年には2億9700万ドルという莫大な利益を上げている。同社は児童労働は排除したと主張しているが、どうしてそう断言できるのだろうか。すべての現場を24時間監視することはできないうえ、あらゆる産地のコバルトが地元の市場で混ぜられてしまうのである。リーのプレゼンでもその点を認めていて、「特定の零細採掘業者のサプライチェーンをいくら教育したとしても、コンゴ民主共和国の従来の零細採掘サプライチェーンにおけるリスクを制御することは非常に難しい」と述べている。唯一の選択肢はこの零細採掘市場を閉鎖することだとリーは言う。しかし零細採掘業者からの調達を完全にやめてしまうのは正しいことではないと、彼は言い添えた。

2年後衢州市へ向かう列車の中でリーは、アムネスティに目をつけられず、いまだにコンゴから買い付けを続け、安価でコバルトを提供している他の中国企業への不満をもらした。華友コバルト単独ではコンゴに変革をもたらすことはできなかったのである。アップルはどうか、自動車メーカーはどうだったか、なぜ彼らはコンゴに踏み込まなかったのか。華友コバルトは現場の環境を変えるほど多額の投資はできなかった。「このサプライチェーンの一部だけに責任を押し付けて、状況が改善されることを期待し続けることはできない」と持続可能性コンサルタントのアシェトン・スチュワート・カーターは語る。華友コバルトのライバルである中国企業のひとつハンルイ・コバルト（南京寒鋭鈷業《ナンチンハンチィグゥイエ》）は、上海証券取引所へ上場する際の目論見書で、児童労働を排除する方法を具体的には示さず、コンゴの取引企業者から買い入れることを公表している。リーの思いはよくわかった。他の中国企業がいまだに行動を変えないのなら、この問題は解決しようがないではないかと訴えているのである。

*

こうしたアムネスティの活動は100年以上前、ちょうど自動車産業が産声を上げた頃に世界の注目を集めたコンゴに関わる運動を思い出させる。19世紀後半、コンゴはベルギー王レオポルド2世の個人領地としてコンゴ自由国の名のもとに支配されていた。象牙は同国の主要輸出品で、ヨーロッパ中のピアノの鍵盤に使われた。しかし19世紀末までには、新たな原材料の需要が増えてくる。ゴムだ。ジョン・ダンロップが1888年に空気タイヤを開発したことで自転車が大流行となると、レオポルドはなんとかこれで儲けられないかと腐心していた。象牙ブームは数年前に去り、レオポルドは破産寸前になっていたのである。捨てる神あれば拾う神ありで、彼の植民地は赤道に近い森林の木々を登る野生の蔓性《つるせい》ゴムにも恵まれていた。自転車の大流行は利益を上げる絶好のチャンスとなり、レオポルドは再び私腹を肥やしたが、コンゴの人々やベルギーの納税者にはなんの利益もなかった。この時得られた利益は、ブリュッセルの外れにあるヴェルサイユをモデルにした豪華な庭園がある植民地博物館など、ベルギーでのレオポルドを記念する建造物の建設費に向けられたのである。コンゴでは大量のゴムを抽出するため、強制労働制度が課せられ、集落ごとに出役ノルマが割り当てられた。歴史家トーマス・ペイケンハムは「レオポルドは空中ブランコ乗りのように世界のゴム景気に乗った」と述べている。[18]「ゴム景気以前までは、コンゴの輸出品といえばわずかな石油と象牙だった。それが1902年にはゴムの販売量が18年間で15倍に増加し、輸出額の80パーセント以上、金額にして4100万フラン以上に達した」。ゴムの販売量が急増したのはコンゴ人が手作業で抽出するため安価だったからで、それは何年も後のコバルト採掘と同じだった。

ゴム生産を最大化するために、コンゴの各地域にはゴム採取のノルマが与えられ、さらにベルギーの恐怖の「公安軍」が派遣され、若者を強制的に働かせた。十分なゴムを採取できなかったり労働を拒否した者は公安軍によって処罰された。切断された手が記事や写真として掲載されたが、これは冷酷にも罰として切り落とされたものである。「手の切断は、番兵がゴムの生産不足を正当化する手段にもなっていた」と歴史家マヤ・ジャサノフは述べている。[19]「十分なゴムが採取できなければ、公安軍の兵士は先住民を射殺して彼らの手を切り落とす。時には銃弾を惜しんで、生きたまま手を切り落とすこともあった」

リヴァプールの海運会社に勤め定期的にアントウェルペンへ向かうあるフランス系イギリス人の若者がこうした事件に興味を持った。エドムンド・モレルはパリ郊外で、フランス人公務員とクエーカー教徒家系のイングランド女性との間に生まれた。4歳で父親を亡くした後、母親はパリで音楽教師として生計を立て、モレルはイングランドの寄宿舎学校ベッドフォード・モダーンへ入学する。17歳の時にモレルはリヴァプールのエルダー・デンプスターという海運会社で事務員の職につく。夜はフリーランスのジャーナリストとして西アフリカに関する記事を執筆した。最初のうちコンゴでの虐待の話は考えたくなかったが、1900年までにモレルは自らの人生を変えることになる驚くべき発見をする。コンゴからの船舶が象牙とゴムを満載してアントウェルペンに到着するのだが、コンゴへ帰る時に載せているのは武器弾薬だけだったのである。コンゴ人は彼らの労働に対して支払いを受けていないことは明白だった。このことを発見したモレルは、コンゴにおける蛮行を明らかにすることになる。コンゴは、一度もその地に足を降ろしたことがない王を裕福にすることだけを目的とした奴隷労働に基づく私的領地だったのである。モレルの1904年の著書『王レオポルドのアフリカでの支配 *King Leopold's Rule in Africa*』と続編の『赤いゴム *Red Rubber*』がこのコンゴ自由国という神話を粉砕した。モレルはアイルランド人でコンゴの英国領事ロジャー・ケイスメントとともに世界的なキャンペーンを展開し、レオポルドと彼のコンゴ自由国に対する国際世論の圧力を強めた。新聞や雑誌には焼かれた村落と切断された手の写真が掲載された。ケイスメントは『闇の奥』を1899年に発表していたジョゼフ・コンラッドにもモレルが書いた冊子を送っていた[20]。コンゴについてコンラッドは「モラルの時計が何時間も戻ったようである」と書いている。「そして事実は……奴隷貿易の廃止（残酷であるため）から約75年たっても、ヨーロッパ列強の思惑で建国されたアフリカのコンゴという国家にはそれが存在し、黒人に対する無慈悲で組織的な残虐性が統治の基盤となっている」[21]。ケイスメントとモレルが設立したコンゴ改革協会がレオポルドに対して圧力をかけたことが、1908年にレオポルドの私的領土であったコンゴ自由国を、ベルギー王国政府が管轄するベルギー領コンゴへ転換する大きな要因となった。

モレルの活動から100年以上が過ぎた、現代のコバルト貿易はひとつの宗主国の権力によって牛耳られているわけではないが、容赦ないまでに効率を追求し、コストだけを重視するグローバル市場に支配されている。現在、金属が輸送される先はアントウェルペンのドックではなく、中国東部沿岸地域の巨大な港である。ゴムがそうだったようにコバルトもグローバル・サプライチェーンに組み込まれ、世界の全消費者が利用する製品に使われる。コバルトがグローバル・サプライチェーンを流れる間に得られる価値の大部分を吸い上げているのが中国で、コンゴからはそのままでは直接工業生産に利用できない粗製水酸化コバルトという中間製品として輸出されている。さらに華友コバルトとLG化学との提携により、コンゴ産の原材料から高付加価値のバッテリー製品を生産したことも、中国がバッテリー・サプライチェーンにおける地位を強固なものとする契機となった。コンゴでは試薬などの化学薬品や信頼できるエネルギー資源の入手が非常に困難なため、華友コバルトはコンゴでコバルトの製錬を行うことは考えていないとリーは言う。さらに内陸国のコンゴから製品を輸出するのは容易ではなく、国境を越えるのも難しいことが知られている。グレンコアはトラック輸送を回避するため、2億3700万ドルを投資して硫酸生産工場を建設しなければならなかった。またLG化学にはコルヴェジ周辺の緑がうねるような丘陵地帯に工場を建設するチャンスはなかった。こうしてレオポルドの時代にモレルが訴えた問題は今も問われ続けている。コンゴ人はコバルトを輸出しているが、その見返りに何を得ているのかと。

＊

2018年に恒例のコンゴ民主共和国鉱業週間に白いテスラモデルXがルブンバシにやってきた。大勢の人にお披露目するため最高級ホテルの庭園に展示された。近い将来電気自動車に乗るような人はおらず、国内にスーパーチャージャーもないコンゴでは、違和感を覚える光景である。電気自動車の登場は、グローバリゼーションと貿易に常につきまとう不平等の新局面だ。コルヴェジの零細採掘者に関する研究があるサセックス大学の研究者ベンジャミン・ソヴァクールはそれを「脱炭素格差（decarbonisation divide）」と呼ぶ[22]。電気自動車の需要が増えるにつれ、コルヴェジの鉱夫は粗末な装備で地中からさらに多くのコバルトを掘り出すことで対応した。彼らはグローバル・サプライチェーン上の誰よりも熱心に国際価格に対応しようとしたが、その見返りは最も少なかった。貿易による収益ではコンゴがバリューチェーンの階層を上昇する役にはたたず、コンゴが繁栄することもなかった。2018年、コンゴでは人口の73パーセント約6000万人が1日1・9ドル以下で生活をやりくりしていると推定されている。

EVは環境に優しく社会に有益であるはずだったので、こうした事実が明らかにされると電気自動車業界にとっては厄介なことになった。電気自動車の購入者は「善行を示すこと」つまり環境に配慮している証を示すことに関心があったからだ。「EVの購入者は心情的に善い行いであるはずだと信じ、地球を救うためだと思ってEVを購入するわけだから、その車がクリーンでないことは最も聞きたくないこと」と語ってくれたのは、サプライチェーンを追跡する企業、RCSグローバルのCEOニコラス・ギャレットだ。

しかしアムネスティの報告書が鉱夫の苦境を明らかにし世界的NGOの力を見せつけたとしても、アムネスティは間もなく彼らの高潔さが、特に自動車メーカーに対して意図せぬ影響をもたらしていることに気付かされることになる。コンゴの鉱山で働いている子どもたちの写真は注目を集め、興味を持ったジャーナリストがコルヴェジへ向かうようになった。ロンドンに拠点を置くニュース専門局スカイニュースが、ふたりの児童鉱夫リチャードとドーセンについて報道し、そのニュースを数百万人が視聴すると、彼らを避難所へ移して保護する資金が集まった。しかしこうしたメディアの注目は、コンゴからコバルトを輸入する自動車メーカーとバッテリー・メーカーにとってはリスクが増すだけだ。電気自動車に使われるコバルトを採掘する子どもの写真は、一夜にして企業の評判を貶《おとし》め、しかもその写真はクリックするだけでいつでもSNSで見られることを企業は懸念する。しかし中国国営の『環球時報』は、スカイニュースの報道は「中国企業に対する西側の陰謀の一環」で、でっち上げとまで主張した。[23]

簡便で迅速な解決策としては、コンゴからのコバルト輸入を完全にやめてしまえばいい。「零細採掘は是が非でも避けたい」とある自動車メーカーの調達部長は言う。2019年4月パリで開催された、責任ある調達に関するOECDの会合で、BMWの調達及びサプライチェーンの責任者アンドレアス・ウェントは誇らしげに立ち上がると、BMWはコンゴからの調達はやめ、代わりにオーストラリアとモロッコから輸入すると述べた。彼のメッセージはわかりやすかった。消費者は、運転する自分の車にはコンゴの粉塵まみれの鉱山からガレージまで運ばれたきた金属は一切含まれていないことに安心できるというわけだ。しかしコンゴを無視し、コンゴを排除しようとしたところで、気休めにすぎない。持続可能な携帯電話メーカーであるフェアフォンのモニク・レンパースは、アムネスティの報告書を受けて企業はこの問題に真摯に取り組むのではなく「リスク回避戦略」を採用し、コバルト採掘に児童労働は関わっていないことを印象付けたと分析する。つまり「零細採掘コバルトの問題を認識し、サプライチェーンのどこかで流入しているることがわかっているのであれば、零細採掘コバルトはまったく存在しないと主張するよりも、完全ではないにしても状況が改善された鉱山から調達されていることを示した方がはるかによいにもかかわらず、西側企業は零細採掘によるコバルト問題に真摯に取り組むことに大きな抵抗を示した」のである。

他の選択肢としてはアイヴァン・グラセンバーグのグレンコアからの調達がある。グレンコアのコバルトはカスロのような混沌とした手掘りの零細採掘現場からは隔離され、重武装を施したフェンスの中で採掘されている。2018年4月、グレンコアはコンゴの小規模採掘会社からコバルトを調達すれば、児童労働のリスクが増すと公に警告した。そして「コバルトの生産と流通を担う大手企業として、弊社はバリューチェーンにおけるさらなる透明性の進展に貢献し、零細採掘の根本原因であるこの地域の貧困問題に取り組みます」とグレンコアは発表したのである。

「弊社としては零細採掘を支持しませんし、コンゴ民主共和国の零細採掘業に由来する原材料は一切製錬せず、購入もしません[24]」

コンゴでの児童労働疑惑は、大手鉱業会社に競争上の大きな優位性をもたらした。2017年後半、世界経済フォーラムはニューヨークでの会合で、グローバル・バッテリー・アライアンスを設立、グレンコアやカザフスタンのERGなどの鉱業会社が参加している。ERGを指揮するのはボストン・コンサルティング・グループ（BCG）の元経営コンサルタント、ベネディクト・ソボトカである。ＥＲＧの前身会社は英国の不正対策局による調査のさなかロンドン証券取引所から上場を廃止されたが、現在ソボトカは世界経済フォーラムの会合とダボス会議の常連である。グローバル・バッテリー・アライアンスは「倫理的で持続可能な……リチウムイオン・バッテリーのグローバル・サプライチェーン」構築を目的として発足した。アライアンスの設立発表のプレスリリースで、ソボトカはこの「大規模な鉱業連合」が児童労働を排除してコバルトを生産する点を強調した。そして「残念ながら、スマートフォンや電気自動車に零細採掘の児童労働に由来するコバルトが含まれる確率はほぼ１００パーセントです。新たな倫理的エネルギー調達組織の設立が改善に貢献するとしても、私たち全員が全力を尽くして児童労働を廃絶する必要があります」とソボトカは述べている。[25]

大手鉱業会社は自社の資源供給を「倫理的」かつ「持続可能」という概念と結びつけたかった。こうした企業は世界の金属取引の中心であるロンドン金属取引所（ＬＭＥ）に対してコンゴの零細採掘から調達した可能性のある金属を指定倉庫から排除するよう求めた。当時34歳で清潔感のあるＬＭＥ最高経営責任者のマシュー・チェンバレンは、双極化した論争の板挟みになっていた。チェンバレンはケンブリッジ大学で計算機科学を修め、数年前に香港で証券取引を扱う香港証券取引所が、１３８年の歴史があるこの金属取引所を買収した際にはＬＭＥの相談役を務めていた。鉱業会社はＬＭＥに対し、指定倉庫にある中国のコバルト地金はコンゴ産かどうかが不明で、そのことがＬＭＥのコバルトで取引契約を結ぶ妨げとなっており、コバルト国際価格の流動性を阻害していると異議を申し立てた。それは中国の小規模生産企業であるヤンタイ・キャッシュ（煙台《ヤンタイ》凱《カイ》実《シ》工業）の金属で、それをＬＭＥから排除すべきだと大手鉱業会社は訴えたのである。

チェンバレンは行動を起こす。２０１８年10月、ＬＭＥはコバルト供給各社に対して２０２０年末までに責任ある調達基準に適合しなければならず、それができなければ取引所から排除すると通達した。しかし「責任ある調達」基準とは誰のための基準なのか。この通達は、グレンコアが関与する汚職疑惑を指摘したアムネスティを含む14のＮＧＯから即座に批判を浴びた。こうしたＬＭＥの動きは「グリーンウォッシュ」にほかならないとＮＧＯは主張したのである。そして「汚職こそが責任ある調達に取り組む企業が長い間見逃してきたサプライチェーンのリスクであり、そのことが重大な影響をもたらしている」と指摘する。[26] ＬＭＥはすぐにこの通達を撤回せざるを得なくなり、すべての金属とすべての供給者に対して責任ある調達を導入すると釈明している。

自動車メーカーにとってすぐに都合のいい供給者となったのがグレンコアだった。同社は英国重大不正操作局と米国司法省から汚職疑惑の調査を受け、イスラエルの億万長者で米国から制裁を受けているダン・ゲルトラーにロイヤルティーを支払っているが、自動車メーカーにとっては児童労働のリスクを冒すよりはましだったのである。２０１９年後半にグレンコアは韓国のバッテリ・メーカー、ＳＫイノベーションとサムスンＳＤＩへコバルトを供給する契約を交わした。

このコバルトは最終的に電気自動車のバッテリーに用いられる。グレンコアにとってはコンゴ進出に意欲を示したことが報われ始めていた。しかし他の企業にとっては、グレンコアとゲルトラーのつながりが厄介な問題として残されたままだ。NGOリソース・マターズのエリザベス・カーセンスはこうした供給契約を「見ざる言わざる聞かざる」契約と呼んだ。「グレンコアのコバルトに100ドル支払うごとに、米国に制裁されている企業に2ドル以上がわたっている」と彼女は言う。「違法契約と関係していないことを確信したい企業は、まずグレンコア＝ゲルトラー・コネクションを見ておく必要がある。簡単に言えば、ダン・ゲルトラーへの支払いについてグレンコアに厳しく質問し満足できる回答を得たことをはっきり示せないなら、その企業がクリーンだとはとうてい言うことはできない」というのだ。[27] ある業界幹部は、アムネスティの報告書は逆効果だったと述べている。「NGOは自ら問題を生み出した」と言うのである。「零細採掘に反対すればグレンコアに巨額の小切手を渡すことになる」からだ。

＊

コンゴ政府には徐々に心配が募っていた。零細採掘の悪い評判によって自動車メーカーがリチウムイオン・バッテリーからコバルトを排除する取り組みを加速させることになれば、来たるべきブームによる恩恵を得る機会を逃してしまうリスクを冒しかねない。2018年4月、パリで開催された「責任ある鉱物サプライチェーン」に関するOECD年次会合には、コンゴがコバルト貿易における児童労働問題に取り組んでいることを参加者に示すため、コンゴの閣僚もパリへ飛んだ。1年後国営鉱業会社ジェカミーヌの元社長アルバート・ユマは、前にも触れたルブンバシのコンゴ民主共和国鉱業週間で、零細採掘部門を非難し始めた。参加者が零細採掘の死者を悼み1分間の黙禱《もくとう》を捧げた後、ユマが登壇する。彼は零細採掘の無秩序な運営について説明し、海外の仲介業者に国際市場よりも安い価格で売却しているため、コンゴの歳入を数百万ドルも減らす原因になっていると述べた。2018年にはコバルトの価格が10年ぶりの高値となる1ポンド当たり40ドルまで急騰すると、コルヴェジ周辺の零細採掘者からの供給が急増した。鉱夫はコバルトを採掘すれば良い稼ぎになったが、中国人バイヤーの儲けほどではない。中国人はコンゴ政府のお膝元ですべての利益を吸い上げていたが、コンゴには汚職と地方エリートが関与してこうした中国の動きを止める力がない。ユマはそのことに気付いた。NPOのサザン・アフリカ・リソーシズ・ウォッチが述べるように、コンゴは「地元の開発を加速させるためにコンゴ人による排他的管理のもとにあるはずの零細採掘を、故意であれ過失であれ外国人が支配できる……白紙委任状を渡していたのである」。さらに悪いことには、零細採掘者からの供給が急増した結果、高騰していたコバルト価格が翌年には暴落し、コンゴ政府が鉱業部門でもっとロイヤルティーを稼げると目論んでいた矢先に、1ポンド14ドルまで下落したのである。コバルトを採掘している鉱夫はすぐに、期待するほどの儲けは得られないことがわかった。彼らは無意識に自らの製品の価格を破壊していたのだ。コルヴェジにはコバルトを掘って稼ぐより実入りの良い職は他になかったので、何千もの鉱夫が破産に直面した。さらに深刻な懸念もあった。自動車メーカーがコバルトを手を出すには危険すぎる「血の鉱物」とみなした場合、コンゴは神に与えられた独占的利益を失う恐れがある。そうなれば好景気は始まる前に終わってしまうだろう。解決策はこの業界に何らかの規制を課すことだった。

＊

車でコルヴェジに入ると、この国のすべての金属がどこへ行くのか、疑問の余地もなくはっきりする。町へ入る道路の両側は、「買取王ウー」あるいは「８８８」（中国では縁起のいい数字）といった看板を掲げた買い取り店がひしめく。コバルトや銅を店先へ持っていけば誰であろうと、詮索されずに買い取ってもらえる。壁には「Ｃｕ」や「Ｃｏ」の元素記号が書かれている。この埃っぽい町には中国料理店や中国のカジノが点在し、世界最貧国のギャンブラーが運試しをしている。世界中のどこの鉱山でもそうだが、コバルトでひと儲けできたとしても、彼らはあっという間に使い果たしてしまうのである。

カスロ鉱山の全面的な崩落の危険に直面し、ルアラバ州当局は２０１７年に６００世帯全員を鉱山から避難させた。華友コバルトはこの強制移転の費用を負担するのと引き換えに一帯で産出されるすべてのコバルトを購入し続ける権利を取得したことで、あらゆるコバルトが混在する地元市場からの仕入れを回避できることになった。住民には華友コバルトから新しい住居か現金が提供されたが、住民の大半は現金を選んだとリーは言う。40ヘクタールの土地から家屋が撤去されると、鉱山を囲むようにフェンスが建てられ、やってくる鉱夫をチェックするセキュリティゲートが設けられた。この一帯は今や電気自動車のサプライチェーンへの参入を期待しつつ安全な零細採掘を可能にする、リーが言うところの「モデル鉱山」となろうとしているのである。ベルリンを拠点とするサプライチェーン監査企業RCSグローバルはこの一帯を監視し、フォードやフォルクスワーゲン、LG化学、華友コバルトなどが所属する企業連合にそのデータを供給している（中国企業が所有するボルボも後にこの企業連合に加盟。グレンコアとテスラはフェア・コバルト・アライアンスという団体に加盟しているが、この団体もRCSグローバルと提携している）。監査データが得られれば、状況が完全ではないにせよ少なくとも改善はされていることを企業は確信できるというわけだ。最終的に、コーヒー農家が実際に市場価格より高く買い取ってもらえるフェアトレードコーヒーの認証のように、零細採掘でもそうした認証制度の創設が期待されている（現状では零細採掘コバルトの大部分が市場価格より低く買い取られている）。

私が鉱山を訪れた時は、華友コバルトの社用車である格好いい最新のトヨタ・ランドクルーザーに乗せてもらい、短いドライブだったがコルヴェジを外れた悪路を進んだ。途中、飛び跳ねるように走るタクシーや地元の乗員オーバーのミニバスとすれ違った。しゃがんで働く鉱夫の鉄製の像がある町のラウンドアバウトを通過する。この像は初期の投機家のひとりで、グループ・バザノの後ろ盾だったレバノン人ビジネスマンが資金を提供したものだ。騒々しいカスロの町中を通り抜け鉱山の背の高い金属製ゲート前に到着した。ゲートの内部では、かつてそこで暮らしていた家族の気配も、錯綜《さくそう》するトンネルもなかった。採掘現場は整地され、過重労働も排除されているため、鉱夫は大きな露天掘りピットの底にオレンジ色の防水シートを張りその下で作業している。彼らが除去しなければならない土の量も減少していた。鉱山では約600名の鉱夫が働いていて、前年の約5000人からかなり減少しているが、これはコバルト価格が下落したことも原因している。長沙《ちょうさ》（チャンシャー）市出身の中国人警備員が付き添い、誇らしげに「児童労働もアルコールも禁止」と書かれた看板を指差した。大きめの黒いハンチングを被り色褪せた黒いジャケット姿の彼は、真新しい中国の集合住宅にいても違和感はなかっただろう。彼は華友コバルトが建設したトイレと小さな診療所も指し示してくれた。

鉱夫たちは協同組合を組織し、医療費を賄《まかな》い鉱夫が死亡した場合には家族を支援し、政治集会では鉱夫の代表として活動する代わりに、鉱夫は売却するコバルトの袋の一部を組合に納入している。コバルトを採掘した後、鉱夫は現場の倉庫で破砕し、計量し、等級付けをする。それが終わると、認証を受け地元取引業者に売却されその後華友コバルトが買い取る。中国語のソフトウェアが組み込まれたバーコードリーダーのような携帯式の機械で鉱石をスキャンすると、鉱物の含有量が示される。そしてその詳しい内容は中国全土で用いられる発票《ファピャオ》という領収書にも記載される。この鉱山から出発するトラックも検査を受け、華友コバルトの子会社CDMに到着するまでに貨物に手を加えられないよう封印される。死傷事故や強制労働の報告にはスマートフォン・アプリが使われる。こうした報告は直接中央データ局へ送られ、華友コバルトにすぐ警報が届くと語ってくれたのは、コルヴェジ生まれで南アフリカでMBAを取得した愛想がよく肩幅の広いコンゴ人、ロバート・ビツンバだ。彼はRCSグローバルの現場監視に従事している。現場の状況が悪化すれば、そのデータは顧客である自動車メーカーなどとも共有されるので、RCSは直接華友コバルトに改善支援を求めることになる。コンゴ民主共和国で「基本的なデューディリジェンス」［企業が当然実行すべき正当な注意義務。特に人権に対する配慮義務のこと］さえ実行できない他の中国企業とは違う、とビツンバは説明する。他の企業では「人々はなんの規制もなく採掘している」ので「非常に危険な状態で、政府もこの問題に取り組むべきだ」と彼は言う。

ビツンバの話によれば、今では採掘現場に子どもはひとりもいないし、犠牲者も少ない。RCSによれば、2018年7月に現在の鉱山が稼働してから3か月の間に死者が3名あったが、それ以降は死者は出ていない。7月から9月の間に児童労働の事例が5件記録されているが、この数字もその後はゼロが続いている。リーによれば華友コバルトはこのモデルをコンゴの他の鉱山にも拡大することを検討しているという。そうしなければ、人道上腐敗したコバルトが市場で売られ続け、サプライチェーンに関わるすべての人がリスクにさらされることになると彼は言う。「カスロで生活する家族がある限り、児童労働のリスクを避けることはできない」。だから「私たちはこのモデルを別の場所でも実行しその効果を確かめようとしている」。しかし、ビツンバに現場での安全装備について尋ねると、彼はまだ装備は箱詰めされたままで、まだ配布されていないと答えた。

カスロのプロジェクトはルアラバ州政府の支援も受けているが、批判もあった。村民の移転に対する抗議行動が起き、コルヴェジのいくつかの組織が移転反対運動を展開しているのだ。また組合は誰が管理しているのか、政府とはどうつながっているのかという点でも疑念が持ち上がっている。無償で学校教育を提供することで子どもたちが採掘現場から脱出する支援をしている慈善団体のグッド・シェパードは、住民の移住と補償に関する懸念から、華友コバルトとの関係を断つことにした。アフリカン・リソーシズ・ウォッチのエマニュエル・ウンプラは、地元の鉱夫は採掘したすべてのコバルトをひとつの企業、つまり華友コバルトへの販売を強制されるのではなく、自分が売りたい相手に売れるようにすべきだと語る。「鉱夫たちが自ら設立した協同組合に所属し、そこで働き、鉱物を買い取り業者に自ら販売できる、そういった環境が必要なのです」と彼は言い、「鉱夫たちが『この買い取り価格では安すぎる』と不満を主張し、別の買い取り人のところへコバルトを売りに行けるようにしなければなりません」。

私がカスロを訪れた時も、華友コバルトに対する不信感は依然として強かった。少し前にも数名の鉱夫が押し入り、コバルトを積載したトラックを計量するプラットフォームを損壊し、コバルト価格の下落に怒りをぶつけた。そしてカスロのプロジェクトが始まるとすぐ、フェンスの外側にも新しい採掘現場が開設された。管理が行き届いたカスロ鉱山をさらに拡張してこのカスロⅡを取り込む計画だ。これは10ヘクタール分の拡張となり、住民の移転がさらに必要になる。カスロⅢも建設中だ。ビツンバが言うには、長い目で見ればコンゴは鉱業に代わる産業を創出しなければならなくなる。さもなければコンゴの他の地域から人々がコルヴェジ鉱山に集まり続けることになる。「［コルヴェジには］ほとんどいたるところに鉱物が存在します」と彼は言う。「私にとってフェンスがあることは良いことです。その内部は管理が行き届いているからです。しかし今度は、すべての零細採掘者がそのフェンス内に入れるようなインセンティブを取り入れなければなりません」。長期的にみれば経済は鉱業に代わる産業を必要としていると、ビツンバはコルヴェジへ戻る途中、午後の暑さの中で語った。「この国は善き経済成長と鉱業以外の機会を必要としています。人々を農業などの職業につくよう奨励する必要があるのです」

最も重要なのは、カスロの労働条件は改善されてきたものの、いまだに自動車メーカーや他の国際的バイヤーがこの地域のコバルト購入に前向きになるような基準には達していないことだ。2020年夏、顧客からの圧力に直面した華友コバルトは今後カスロやその他の零細採掘を行っている地域からコバルトを仕入れることはないと述べたが、本当に華友コバルトが実行するのか、多くの批判的な人々が訝《いぶか》った。こうした零細採掘現場に由来するコバルトがなんの問題もなくサプライチェーンに投入できるようになるまでは、華友コバルトやその他の企業がカスロのようなプロジェクトに長期的にこだわり続けるインセンティブはほとんどないだろう。

カスロでの課題は、この地域の他の採掘現場はもちろんだが、とてつもなく手強い。地域の児童労働を根絶するには、経済を改善し雇用の展望を開く必要があり、ひとつの企業だけで解決できるものではない。カスロで鉱夫の管理状況が改善されたとしても、零細採掘の健康への影響は残る。よく管理された現場があることにより、鉱山は一般的に安全という幻想が生まれるとネメリー教授は言う。実際に零細採掘の鉱夫の生活を改善するとなれば多額の費用と多大な努力が必要になるとネメリー教授は話す。「長期的な健康への影響はわかっていない」と彼は言い、「いくつかの申し訳程度の改善を別にすれば、鉱山労働者は相変わらず劣悪な環境で働いています。事故や病気を本当に防ぐにはもっともっと、やらなければならないことがあります。職場での健康と安全は労働者に安全用装備を提供するだけでは得られません。事態を悪化させることにしかならないその場しのぎの解決策を押し付けないよう注意する必要があるのです」。しかしネメリーは、零細採掘の禁止も選択肢にはならないことを認める。「ですから、残念なことですが、コンゴ民主共和国での持続可能なコバルト採掘は依然として手の届かないユートピアでしかないのです」と彼は言う。

自動車メーカーがコンゴでのコバルト採掘の難しさに取り組み始めたちょうどその頃、完全電動化という野望に立ちはだかるもうひとつの問題が頭をもたげていた。ニッケルである。

第10章 汚れたニッケル

「お願いだからもっとニッケルを掘ってくれ……ニッケルを効率的にしかも環境に配慮した方法で採掘してくれればテスラは長期にわたる巨大契約を交わす……願わくば、このメッセージがすべての鉱業会社に届きますように。お願いだニッケルを掘ってくれ」[1]

（テスラCEOイーロン・マスク）

2019年の夏、スイスの鉱山コンサルタント、アレックス・モジョンは南太平洋のパプアニューギニアに招かれ、中国人が運営するニッケルとコバルトの採掘事業が精錬で出る鉱滓《こうさい》を港湾へ垂れ流し続けた影響について、環境アセスメントを実施した。丸いタンクと煙を吐く煙突が並ぶ鉱山の処理工場は、パプアニューギニア北岸の海辺に隣接する森林を開拓して建設された。ニッケルはさらに内陸部のクルクンバリ山脈で採掘されていて、全長134キロのパイプラインで処理工場内の精錬所へ送られる。内陸で採掘された岩石に含まれるニッケルの含有量は1パーセント以下と少ないため、十分なニッケルを得るには莫大な量の残砕を廃棄し、しかも森林を皆伐しなければならない。通常なら鉱業会社は大きなダムを建設して尾鉱や鉱滓を貯蔵するのだが、ラム鉱山ではそれらを直接海へ、150メートルの水深で放出している。深海鉱滓処分という手法である。理論上は鉱滓が重いため、およそ1500メートルの海底へ滑り落ち、攪乱《かくらん》されることなくそこにとどまるとされている。

モジョンが初めて現地を訪問してから数か月後、精錬所でパイプラインの漏出が続き、地元の海が赤く染まった。魚が死んだり「汚染されたとされる魚を食べたあと、また海で泳いだあと合併症を発症した」という報告が相次いだ。[2] 地元のマダング州政府はこの事態をパプアニューギニア史上最悪の災害とし、漁業も禁止したため、地元民が主な生計の道を絶たれることになった。

モジョンは9月にパプアニューギニアを再び訪れている。背は低いがガッチリした体型のモジョンはカーキ色のベストを着て兵士に付き添われ、地元の集落から食物と水のサンプルを採取し、検査のためミュンヘンの研究室へ持ち帰った。集落のある女性は子どもを連れてきて、自分の子どもが奇形で生まれたのは、ラム鉱山の操業のためではないかと思うと訴えた。また彼はある地区の浜辺に打ち上げられたイルカの死体を発見し、そのサンプルも採取している。10月に3度目の訪問をした時、モジョンは沖合3キロあたり、工場の北西10キロのところで、藻類のような茶褐色の繊維状組織が浮いているのを見つけた。地元の漁師はこれまでこのような海藻は見たことがないとモジョンに話している。

鉱山及び石油地質学者として長い経験を持つモジョンは、ラム鉱山が日常的に海に投棄している鉱滓の量に衝撃を受けた。鉱滓そのものはそれほど危険ではないが、それがとてつもない量であるため鉱滓が海底や海底に広がる海洋生態系を覆い尽くしてしまう。1時間当たり総計77・6トン、「年間では1日24時間365日で68万トンという膨大な量」の鉱滓がバサムク湾に放出されていたと、モジョンは調査結果を振り返る。そして鉱滓に含まれる微細粒子は海水中に浮遊し、海流によって付近の島の海岸を含むさらに広い範囲に運ばれていることもわかった。鉱滓はラム鉱山の計画どおりに海底に沈んでいるわけではなかったのである。モジョンは地元の海洋動物相と島の海岸線が汚染されていることを確信した。鉱滓を水深150メートルの海中に流し込み続ければ、地域の動物相と植物相が壊滅することはほぼ明らかだと彼は言う。さらに「農地の土壌、海砂、河川と海水や飲料水、魚類や甲殻類、タロイモなどの食物」のサンプルをドイツで検査した結果、すべてのサンプルから許容限界を上回る極めて高濃度の重金属汚染が見られた。全体として、鉱滓が「生態系と海洋生物そして人間の健康全般に劇的で不可逆的な影響を及ぼしている」とモジョンは結論付けている。

ラム鉱山は2005年に中国の国営企業である中国冶金科工集団（MCC）が買収し、現在中国の国営非鉄金属最大手の中国五鉱集団（ミンメタルズ）の子会社となっている。同社は中国の「世界進出」へ向けた取り組みが最高潮だった時期にこのラム・ニッケル鉱山を買収していた。しかし中国が進出したのは鉱山が恐怖の遺産を残した国だった。1988年、ブーゲンビル自治州にある銅鉱山で始まった暴動が内戦に拡大し、推定で約1万5000人が死亡したのである。[3]鉱業大手のリオ・ティントが所有するこの鉱山は地元の緊張を高め、さらにジャワ川へ鉱滓を投棄して環境破壊を起こしていた。「パプアニューギニアにとって、鉱山を中心とした開発という約束は多くのコミュニティーには理解されないまま常に社会と環境に何十年も数百年も続く重大な負の遺産を残すことになった（たとえば鉱滓が水資源に与える影響など）」とある研究は結論付けている。[4]それから何年たっても鉱山が原因の汚染は依然として問題を起こしていた。南太平洋大学の教授マシュー・アレンは2015年に、鉱山から流出した廃石（尾鉱）が下流で少なくとも最大幅1キロにわたり広がっていることを発見する。「新たに雨が降るたびにさらに多くの尾鉱が下流にたまり河川が流路を変えるため、残滓からわずかな金を探しギリギリの生計を立てていた何百人もの人々の生活は特に困難になった」と彼は書いている。[5]

モジョンは2019年11月にパプアニューギニアの首都ポート・モレスビーで催された記者会見で、州知事ピーター・ヤマとともにこの調査結果を発表した。そして鉱滓流出の影響をすぐに測定してその損害を評価し、汚染地域を回復させる計画を立てるよう提起した。さらに深海鉱滓処分に代わる方法も提案している。しかし事態は何も変わらなかった。モジョンはラム鉱山の環境アセスメントを完成させる許可が得られず、翌月に帰国している。ラム鉱山は、水質が安全であることを確認する中央政府による流出事故調査にだけ協力するとした。国会ではジョフリー・カマ大臣がすでにその結果を公表していた。「水が変色したことで地元住民は多少心配したようだが、『莫大な量の海水が酸性の鉱滓に対する優れた緩衝溶液となる』ことを理解する必要がある。つまり鉱滓は海水によって即座に希釈され、散逸した」と大臣は述べている。[6] モジョンは、この小さな島国における中国の影響力によって、ラム鉱山は罰せられることなく廃棄物を投棄し環境を破壊し続けていることに不満感を募らせたまま、パプアニューギニアを後にした。帰国してみると、スイスではオーガニック食品を食べることについてはいくらでも時間をかけてこだわるが、何千トンもの廃棄物が海洋に投棄されている問題など存在もしなかった。

しかしラム鉱山に投資していた投資家たちは、ノルウェーの資産運用最大手ストアブランドとともに、許容限度を超える環境破壊だとして香港証券取引所上場の中国冶金科工集団（ＭＣＣ）から投資を引き揚げ、ラム鉱山事業に反対の意思表明をした。「鉱滓を海洋環境へ直接投棄することは、国際的にも問題となる行為だ。海洋生態系は地球の健全性に欠かせないものであり、保護しなければならない」と言うのはストアブランド・アセット・マネージメントの最高投資責任者ボード・ブリンジダルだ。[7] 翌年の２０２０年2月には、パプアニューギニアの５０００人以上の村民と州政府も同社に対して訴訟を起こす。彼らは損害賠償として総額52億ドルを要求し、鉱滓の海中投棄の停止を求めた。[8] しかしラムは操業を止めず、ニッケルを中国へ送り続けたのである。

隣国のインドネシアでも多くの中国企業がやはり大量の鉱山廃棄物を生み出すニッケル事業の操業を検討していた矢先にラム鉱山での流出事故が起きたことから、インドネシアの現地では多くの人が事業への不安を覚えた。これらの事業は電気自動車用バッテリー市場への供給が目的だ。自動車メーカーはバッテリーで使用するコバルトを削減して、ニッケルの量を増やしていた。ニッケルを増やすとバッテリーのエネルギー密度を大きくでき、1回の充電での走行可能距離が延びるからだ。テスラは常に他の自動車メーカーよりも多くのニッケルを使用していたが、それは購買者の「走行距離不安症」の懸念を和らげるために重要だった。ニッケルはテスラが予定している電動ピックアップトラック「サイバートラック」や大型トラック「セミ」の市場投入にも欠かせない。イーロン・マスクが指摘するように「バッテリーパックにユニットを追加するたびに、その分輸送できる荷物が減ることになる」ので、高エネルギー密度のバッテリー（重量1キロ当たりでより多くのエネルギーを貯蔵できる）はトラックにとって鍵となる技術だ。[9]

しかし自動車メーカーがニッケル市場に目を向けた時には、すでに芳《かんば》しくない光景が広がっていた。ニッケルはロシアやオーストラリア、カナダで採掘されているが、新たな成長分はすべてインドネシアから供給される予定になっていたのである。すでに中国企業が精錬所とステンレス工場に大きな投資をしてきた国だ。そしてタイミングよくインドネシア政府もニッケル原鉱石の輸出を禁止したところだった。

2020年夏までに、マスクはニッケルの入手に懸念を示すようになる。彼は同年の8月「環境に配慮した方法」でニッケルを採掘できる企業とならテスラはどことでも「巨大契約」を締結すると発表した。9月のバッテリー・デイのプレゼンでもマスクは次のように懇願を繰り返し、

「弊社としては規模を拡大するために、ニッケル入手が手詰まりになるようなことは絶対にあってはならないのです」と語った。「私は世界最大手の鉱業会社CEOたちと会談し、『お願いだからもっとニッケルを掘ってくれ、極めて重要なことなのです』と訴えてきた」[10]。実際マスクは、ニッケル採掘最大手3社であるグレンコアとオーストラリアのBHP、そしてブラジルの資源開発会社ヴァーレの最高経営責任者と電話会談をしている。ところがこれらの企業にはテスラ向けにニッケル生産を拡大する計画はなかった。つまり彼らでは、持続可能なエネルギー技術を世界的に進展させ、正真正銘の世界的自動車メーカーになるというテスラの目標は果たせない。そうであれば電気自動車産業としては再び中国へ目を向ける以外にない。テスラがコバルトで遭遇したのと同じように、ニッケルもまたクリーンな車というEVのイメージを脅かすだけでなく、自動車メーカーが規模を拡大し地球を電化する能力をも脅かす、多くの持続可能性問題を携えて登場したのである。

＊

ニッケルは何千年もの間その銀色の光沢が称賛されてきたが、元素として分離されたのは18世紀になってからのことだ。亜鉛ニッケル合金は中国語で「バイトン」つまり白銅といい、中国での利用は西暦4世紀にまで遡《さかのぼ》り、17世紀から19世紀にかけて南部港湾都市、広州《こうしゅう》（クワンチョウ）市からヨーロッパへ輸出されていた。[11] ヨーロッパでは広東語発音の「パクトン」という名で呼ばれ、燭台やロウソク消しなどの装飾品に用いられた。ヨーロッパの人々は、このパクトンが何でできているのか解明し、自ら生産しようと努力した。中国は銅にその6～7倍のニッケル鉱石ペントランド鉱を加えて製錬するパクトンの製法を秘密にしていたのである。[12] ヨーロッパがこの合金の秘密を解明するのは、スウェーデンでアクセル・フレドリク・クルーンステットが1751年にニッケルを初めて単離してからのことだった。ニッケルという名称はドイツ語で「ゴブリンの銅」を意味する「クプフェルニッケル」を短縮したものだ。しかしこのニッケルの工業的用途につながる最初のブレイクスルーが現れるのは150年以上後、世界で群を抜く経済の中心であったヨーロッパが自滅の危機にあった頃で、ステンレス鋼の発明によってもたらされた。1913年、シェフィールドの冶金学者ハリー・ブレアリーは、炭素とクロムの混合物を鋼鉄に加えると新たな種類の金属ができることを偶然発見する。錆を防げる自己生成保護層をもつ金属だ。この保護層は酸化クロムで、私たちがナイフやフォークを使う時に感じる金属味も防ぐことができた。その後すぐにこの錆ない金属の重要な成分としてクロムの他にニッケルも加えられる。こうしてステンレス鋼の発明によってニッケル需要は力強く加速し、採掘された全ニッケルの80パーセント近くは過去30年間に採掘されたもので、その大部分がカナダ産である。ステンレス鋼は今ではキッチンシンクからカトラリーまで生活の隅々にまでゆきわたっている。しかしその金属の由来や処理過程の環境への影響について思いをめぐらせることはほとんどない。カトラリーに使われている金属について抗議行動を起こしたり、考えたりする者もほとんどない。とても実用的な道具であるにしても、地球に大きな負担を強いながら、長い間当たり前のように使われてきたのである。

バッテリー産業はニッケルの入手に何十年も前から執着し続けてきた。1901年、トーマス・エジソンはニッケルを探すためカナダを訪れ、オンタリオ州サドバリーのファルコンブリッジ地区にある鉱床を発見した。この一帯は後に世界最大のニッケル生産地となっている。当時すでに電球と蓄音機を発明していたエジソンは、実はニューヨーク州バッファローで開催されたパンアメリカン博覧会で、サドバリー鉱山の鉱石の岩塊を目にしていた。それでエジソンは妻と義理の弟を連れ、自分で発明したディップニードル、つまり初期の素朴な「マグネトメーター」を使い、ファルコンブリッジ地区でニッケルを探査したのである。1902年と1903年、磁気異常を検出した場所に何度となく縦坑を沈めてみたが、液状化層に阻まれた。年老いたエジソンは諦めてニュージャージーへ戻ったのだった。ニッケル鉱石が発見されたのはそれから2年後のことだ。エジソンの最初の縦坑の底からわずか4・5メートル深いところが鉱脈だったのである[13]。最終的に一帯を開発した企業はファルコンブリッジ・ニッケル社で、1928年に最初の縦坑を沈め、世界最大手のニッケル生産会社のひとつとなり、2006年にはエクストラータに買収され、その後2013年に今度はエクストラータを合併したグレンコアが事業を引き継いだ。それでも地元のファルコンブリッジでは今日に至るまで、最初にニッケル鉱石を発見したのはエジソンだと信じられている。

ニッケルは硫化物とラタライトという2種類の鉱床で見つかる。カナダの鉱床は硫化物で、結晶化したマグマから形成されたもので、赤道から遠いロシアと南アフリカで見つかっている。硫化物鉱床は精錬前に濃縮できるため、バッテリー用ニッケル生産が容易になり、効率も大幅に改善される。しかしニッケル鉱床で世界の埋蔵量の4分の3を占め、豊富に存在するのはラタライト鉱床の方で、その大部分がインドネシアやフィリピン、ニューカレドニアなどの熱帯にあり、母岩の風化によって形成されたものだ（オーストラリアは世界で最優良のラタライトと硫化物、両方の鉱床がある。これも地質学的な幸運に恵まれた事例のひとつだ）。しかし赤錆色のラタライト鉱床からニッケルを得るには、ニッケルと強く結合した鉄を分離するために大量のエネルギーが必要になる。そしてそのエネルギーの大部分を石炭の燃焼によって得ているのである。

*

２０１９年5月、ロンドンの金属取引業者はニッケル市場でいつもとは違う奇妙な現象が起きていることに気付いた。何者かがＬＭＥで莫大な量のニッケルを購入し、価格を押し上げているらしい。買い占めをしているようにも見える。だがこうした動きは市場ではよくあることで、最も有名なのが１９９５年の事件だ。「ミスター銅」あるいは「ミスター5パーセント」として知られるようになった日本の住友商事の非鉄金属部長、浜中泰男《はまなかやすお》がＬＭＥの指定倉庫にある銅の全在庫を買い上げたのである。こうした手法は「ショート・スクイーズ」といい、金属の需要が特に強いという誤った印象を与え、投資家を買いに走らせるのが目的だ。今回は実際にはニッケルの現物市場が特に中国で非常に弱気だったため、ニッケルでもショート・スクイーズが起きているように思われたのである。しかしそのバイヤーは誰なのか。ニッケルの買い注文はある米国金融機関を介して行われ、噂によればＪＰモルガン銀行であるらしかった。10月までには現物を裏付けとする取引市場ＬＭＥのニッケル在庫は、7年ぶりの最低水準にまで落ち込み、わずか２週間で3分の1減少したことになる。ニッケル価格は5年ぶりの最高値に近づいていて、ニッケルを買っていれば誰でも成功した。

この買い上げと同時に、世界最大の生産国であるインドネシア*が国内での選鉱や製錬を推進するため、未加工のニッケル輸出を全面的に禁止するとしていた予定を、２０２２年から2年間前倒しするという報道が重なったため、ニッケル価格はさらに上昇する。8月にインドネシア当局が２０２０年1月に全面禁輸を開始することを確認すると、多くの市場関係者を驚かせた。この措置によりインドネシアからのニッケルの輸出が直ちに停止されれば、ステンレス鋼メーカーは

* インドネシアは２０２０年に77万１０００トンのニッケルを生産し、フィリピンの生産量の２倍、全世界の生産量のおよそ３分の１を占める。中国の投資により２０３０年までに２５０万トンに増加することが見込まれている。

重要な原材料のひとつが手に入らなくなる。バッテリー業界も状況を注視した瞬間だった。世界のほぼすべての電気自動車はニッケルを使用しており、最大の生産国が供給を停止するという動きは、1970年代にサウジアラビアとOPEC（石油輸出国機構）が繰り出した奇策を彷彿とさせた。

強い絆で結ばれたロンドンの金属取引業者（ほとんど男性だけの集団で、毎年10月のLME週間に集合し、ロンドンで最高級のバーやクラブに入り浸る）の世界では、ニッケルを買い入れた企業としてインドネシアで大規模に事業を展開するある中国企業が指摘されていた。青山《チンシャン》集団である。ほとんどの人にとっては無名の企業だろうが、青山集団はフォーチュン500に名を連ね、その年間収益は300億ドルを超えテスラの年間収益にほぼ匹敵する。同社は10年で世界の競争相手を叩き潰した。共和党上院議員で元大統領候補のミット・ロムニーは、中国は生産拠点をインドネシアへ移転することで「世界の鉄鋼市場の驚異的な攻略に成功した」と語る。また『ワシントン・ポスト』の寄稿紙面《オプエド》で彼は「インドネシアはたまたま世界最大のニッケル生産国だった」と述べ、「そのインドネシアが突然、中国の海外競合会社へのニッケル輸出禁止を承認した。反競争的戦略によって、またもや事実上の独占状態が生まれた」のである。[14]

インドネシアの輸出禁止によって、この世界最大の生産国からニッケルを調達する場合は、インドネシアで事業を始めなければならなくなったわけだが、青山集団はすでに数年前からそれを実行していた。

青山集団は２０１９年、インドネシアがニッケル鉱石の輸出禁止を発表したのと同時に、ＬＭＥで約14億ドル分のニッケル在庫を調達したと推定されている。ニッケルを大量に調達することで人為的にニッケル価格を急騰させ、青山集団の競合相手となるヨーロッパと中国の企業の価格競争力を低下させた。フィンランドのステンレス鋼メーカー、オウトクンプは２０１９年10月に、ニッケル価格の上昇に加え価格ヘッジによる３１００万ユーロの損失により、第３四半期の収益が前四半期から50パーセント下落したことを明らかにした。ニッケルの価格が上昇したのは、ちょうどヨーロッパでステンレス鋼の需要が落ちている時で、ヨーロッパのステンレス鋼メーカーは仕入れと販売の両面から経済的に圧迫されていた。インドネシアの禁輸措置はすぐに貿易摩擦と非難を呼んだ。２０１９年11月には、欧州委員会（ＥＵ）が世界貿易機関（ＷＴＯ）にインドネシアの輸出禁止に異議を申し立て、この措置が「ＥＵメーカーが鉄鋼生産の原材料、特にニッケルを入手することを不正に制限している」として提訴した。[15]

輸出禁止のニュースが流れる1か月前、青山集団の創業者にして会長、細身で人当たりはよいが謎めいた雰囲気のある項光達《シアンクアンダ》は、華友《ホアヨウ》コバルトの社長陳雪華、そして中国の超大手バッテリー・メーカーＣＡＴＬの李長東《リーチャンドン》とともに、インドネシア大統領ジョコウィ（ジョコ・ウィドド）と大統領宮で会談していた。この会談にはジョコウィの強力な懐刀であり、元将軍にして大統領の長きにわたるビジネスパートナーでもあるルフト・ビナサル・パンジャイタンも同席した。ジョコウィが初めてルフトと会ったのは共同で木材加工のベンチャー事業を立ち上げた

2007年のことだ。[16] 元ジャーナリストのベン・ブラントによると、ルフトは「公式及び非公式に広範な権力」を握っているといい、中でも最も重要なのが巨大投資の決定に及ぼす影響力だった。この会談に参加した中国の代表団は、この一部屋で世界のバッテリー・サプライチェーンの大部分を代表する形だが、みなインドネシアでよく見られるシャツを着用していた。華友コバルトの項《シャン》は「インドネシアの豊富なニッケル資源」を称賛し、同国のモロワリ工業団地に対して80億ドルから150億ドル以上の増資計画があると伝えた。その記事には興味深い記述もあった。項が「インドネシアにおける投資環境を最適化することについて、ジョコ大統領にいくつか政策に関する提案とアドバイスをした」というのである。[17] この時の提案というのが、ちょうど青山集団がニッケルの在庫を買い占めるのと同時に、ニッケル鉱石の輸出禁止を前倒しすることであった可能性はないだろうか。「中国人は……インドネシアに対して完全な輸出禁止をするよう極めて強力に働きかけた」とオーストラリアの金融機関マッコーリーのニッケル専門家ジム・レノンが話してくれた。この禁輸によって中国企業はインドネシアのニッケル鉱石を引き続き安定的に確保できる。そしてジョコウィは青山集団のインドネシアへの投資について「貴社がインドネシアの資源を用いて半製品を生産するだけでなく、完成品まで生産し下流産業の発展まで促進してくれることは大いなる称賛に値する」と述べている。[18]

*

項光達《シアンクアンダ》は上海のフランス租界にあった4階建ての古い家を改修して暮らしながら仕事をし、ヨーロッパ料理と中国料理用にそれぞれ別のキッチンがありシェフも別にいた。服装はいつもノーネクタイでカジュアル。メルセデス＝ベンツやハマーズ、ベントレーといった高級車を何台も所有していたが、彼をよく知る人物によれば、彼自身は運転はできなかったという。そして「私生活は派手ではないが、逸品を手に入れると人に見せたがった」ようだ。「彼はとても物静かで、背は低くおしゃべりではない。人の話に注意深く耳を傾け、口を開けば非凡な知性がほとばしる」。2日間、項と旅を共にしたという人の話によれば、彼は控えめな服装に小さなスーツケースひとつで、旅の間同じ服を着続けていたと言う。しかし会議の席では「ビジネスの卓越した洞察力」を発揮する。そして項は容赦ない集中力と野心も持ち合わせていた。

青山集団は、経済に対する国家統制を緩和するために鄧小平《トンシャオピン》が導入した改革以降、中国東部浙《せっ》江《こう》（チョーチアン）省の温州《うんしゅう》（ウェンジョウ）市で民間企業が爆発的に増加する中、1980年代に創業している。項は1958年に普通の勤労者世帯の子として生まれ、国営の海面漁業会社に就職し機械修理を担当した。彼はすぐに工場長に昇進する。温州市の民間経済の景気が良くなると、シァンと彼の親戚の張積敏《チャンチーミン》は1988年、安泰な国営会社を離れ自動車のドアやウィンドーを製造する会社の設立を決意した。ふたりは最終的に1992年にステンレス鋼会社を立ち上げ、中国初の民間鉄鋼メーカーとなる。[19] その後会社は生産拠点を福建省と広東省に拡大する。項は共産党員ではないが、これらの地方政府とは深いつながりがあった（たとえば広東省国営企業が、青山集団の重要なインドネシア子会社の株式の25パーセントを所有する株主となっている）。２０００年代の中頃、青山集団はステンレス鋼の画期的製造法の開発に貢献する。低品位の鉱石を精錬してできるニッケル銑鉄《せんてつ》を溶融し、直接ステンレス鋼施設へ投入する製法だ。こうすることで製造コストを大幅に削減することができた。

しかし世界金融危機が起きた頃、青山集団をはじめ中国の鉄鋼業界はニッケル不足に直面する。「私どものステンレス鋼の60〜70パーセントにニッケルが用いられていますが、当時そのニッケルを生産していたのは誰だったと思いますか。それは外国企業で、中国国内ではニッケルをまったく生産していなかったのです」と項は当時を回想する。[20]「しかし、ステンレス鋼の生産を伸ばすには、ニッケル不足の問題を解決しなければなりません。そこで10年ほど前、私はニッケルを採掘している地域で開発を進める必要があると確信したのです。そうしていなければ、この業界は持続できなかったでしょう」。これは中国企業がコバルトで直面していた状況とよく似ていて、コバルトの場合はその後コンゴへ進出し、リチウムでもガンフォンと天斉リチウムがオーストラリアとチリに進出した。２００９年に項も同じような行動をとり、ニッケル採掘に投資するため世界最大の生産国であるインドネシアへの進出を決断する。ニッケルが不足していたため「そう決断するほかに方法がなかった」と項をよく知る人物が当時の状況を語ってくれた。しかしこの判断が後に見事に報われることになる。

2013年の後半に習近平国家主席はカザフスタンの首都アスタナのナザルバエフ大学の演台に立つと、独自の現代版シルクロード経済圏構想を打ち出し、インフラ投資を介して中国と中央アジアの国々との結びつきを強化すると演説した。さらに習は1か月後に今度はインドネシアの国会で演説し、中国から東南アジア、東アフリカへとつながる21世紀の「海のシルクロード」構想を宣言する。両事業は後に「一帯一路」として統合され、習の肝いり外交政策のひとつとなる。現在この一帯一路プロジェクトを支持する国は139か国を数え、チリとコンゴ民主共和国といったバッテリー原材料の資源が豊富な国も含まれている(2024年現在、152か国)。一帯一路はその規模にも野心にも限界がない。氷が融けつつある北極の開発準備が進められ、宇宙空間へ衛星も打ち上げているのである。

インドネシア国会での演説に続いて、習はジョコウィの前の大統領、スシロ・バンバン・ユドヨノとともにスラウェシ島のモロワリ工業団地への投資調印式を主催した。このあたりは辺鄙な小漁村で、電気はなく道路もほとんどない。一番近い大きな町までは車で3時間もかかる。しかしこの地域こそは、天然資源からもっと多くの価値を生み出そうとしているインドネシア国家戦略の重要な屋台骨だった。インドネシアでは輸出額の半分以上を天然資源に依存し、錫とパームオイルそして火力発電用燃料炭は世界最大の輸出国である。中国のインドネシアからのニッケル原鉱石の輸入は2006年の16万1000トンから2014年には4100万トンに急増している。しかしインドネシアの政治家は、同国にとっては原料を輸出するだけで利益が少ないこの不公平な方程式に長年いらだちを感じていた。そうした空気を読み取った中国は、中国開発銀行などの大きな信用の後ろ盾と、習主席の一帯一路という壮大な約束のもとで、こうした不公平感を修正する十分な機会を提供する。東南アジアの国々がにじり寄ってくる中国を自国の利益のために利用している一例である。

1年後の2014年、ユドヨノはインドネシアで初めてニッケルを始めとする各種未加工鉱石の輸出禁止に署名した［その後国内の精錬能力不足などにより2017年に規制を緩和］。

青山集団は習主席の支援を受け、モロワリ工業団地を巨大ステンレス鋼工場とすべく開発を開始し、完成すれば高級四つ星ホテルに自前の飛行場、港湾そして出力200万キロワットの石炭火力発電所が設置される。そのモロワリ工業団地での雇用者数はおよそ3万8000名だ。このプロジェクトは、国営政策金融機関である中国開発銀行から数億ドルの資金提供を受け、中国輸出入銀行とHSBCからの融資も得ている。HSBCは英国の金融機関だが、そのウェブページではモロワリ工業団地を誇示し、村民の生活が「電気で一変した。漁師が焚《た》く篝火《かがりび》の数より電球の数の方が多くなった」と中国の報道記事を引用している。[21]

モロワリの建設作業は急ピッチで進み、世界金融危機の痛みが癒えたばかりの世界中の鉄鋼メーカーを驚かせた。「中国のインドネシア投資がこれほどの一大変革をもたらすものになるとは誰も想像していなかった」とある西側ステンレス鋼メーカーは私に語った。「彼らはステンレス需要のない国でヨーロッパ全体の生産能力に匹敵するステンレス・プラントを作り上げてしまった」。石炭火力発電によって二酸化炭素の排出が5倍も増えるにしても、同社のステンレス鋼生産はヨーロッパのステンレス鋼業界を壊滅することになると彼は言う。そして「彼らは環境を破壊している」。青山集団のステンレス鋼は、２００９年に世界のステンレス鋼生産量の5パーセント未満だったものが25パーセントにまで増加し、中国政府でさえ２０１９年3月にはインドネシアのステンレス鋼の輸出に関税を課すと脅すほどまでに成長した。こうして青山集団は、世界で最も安価なステンレス鋼を製造できるメーカーとなったのである。

青山集団にとって成功の鍵となったのは、石炭火力発電を利用できたことと、ニッケルを安価に入手できたことにある。青山集団のインドネシアでのパートナーのひとりは、同社が支払っていた電気料金は中国国内であれば1キロワット時当たり10～12セントのところ、インドネシアでは1キロワット時当たり6セントだったと話してくれた。インドネシア国内の鉱夫はニッケルを輸出できなくなり、しかも青山集団は町で最大の買い取り業者であったため、同社は地元鉱夫に価格を強制できる強力な立場にあった。工業団地は1年に約２０００万トンのニッケルを消費する。青山集団は地元のニッケル鉱石を1トン当たり約38ドルで仕入れているが、中国国内のメーカーであればフィリピン産ニッケルに1トン当たりおよそ65ドルを支払っているところだ。[22] 研究者のアルヴィン・カンバが述べているように、この工業団地は買い手寡占を生み出していて、数多くの鉱山会社は少数のバイヤーに低価格での売り込みを競い合う。その結果鉱山会社には環境保護に費やす資金はほとんどなくなり「失った利益を補うため手抜きをし、その社会的費用や環境費用をインドネシアのコミュニティーと環境に転嫁している」とカンバは指摘する。[23]

青山集団はインドネシアへの進出により、電気自動車の台頭をいかんなく利用できる有利な位置を獲得した。そして2020年までには電気自動車のバッテリーにはコンゴ産のコバルトに代わってニッケルが多用されるようになるのである。マッコーリーのアナリストであるレノンは項について「彼［項］は常に5年先を考えていて、場当たり的に動く人間ではない」と語った。そして青山集団は鋼鉄生産に用いるニッケル銑鉄の一部をバッテリーに適した形状に成形し始める。こうしてモロワリ工業団地は多くの中国企業が未加工のニッケル鉱石をバッテリー材料に加工する工場を建設する道を開くことになった。青山集団は中国バッテリー・メーカーの最大手CATLとバッテリー・リサイクル業のGEM、そして日本の商社阪和興行との共同事業体に参加する。この共同事業体が建設を計画する高圧酸浸出プラントでは原鉱石からバッテリー材料となるニッケルとコバルトを生産する。「彼［項］はステンレス鋼工場を建設した時と同じ決意で懸命に取り組むだろう」と項を知る人物は私に語った。

こうしてインドネシアで青山集団が開いた道のあとを、数々の中国のプロジェクトが進むことになる。インドネシアのオビ島でも中国の寧波力勤資源《ニンボーリーチンツーユエン》科技開発《カイファー》とインドネシアのハリタ・グループとの合弁事業が、バッテリー用ニッケルを生産する加工プラントを建設し、GEMにニッケルを供給する契約に合意した。華友コバルトも2か所の高圧酸浸出プラントへの投資を発表。インドネシアでは2021年までに全部で8件の中国プロジェクトが進められた。ニッケル専門家のレノンによれば、中国企業は非常に安価に工場を建設できるため、西側企業なら15年かかるところ、中国企業は2年以内に投資を回収できるという。

中国企業がインドネシアで事業を急速に進めているのを見たテスラと世界最大のＥＶバッテリー・メーカーは心配した。レアメタルの価格やサプライチェーンの情報を提供するシンクタンク、ベンチマーク・ミネラル・インテリジェンスによれば、インドネシアで生産しているバッテリー用のニッケルは石炭加火力発電に依存しているため炭素集約的で、オーストラリアやカナダで生産されるニッケルとくらべ5倍も多くの二酸化炭素を排出しているからだ。またニッケル原鉱石からニッケルを分離するには莫大なエネルギーが必要なため、再生可能エネルギーを利用したとしても、大量のソーラーパネルが必要なため広大な土地を奪うことになり、採掘で痛めつけられた森林は、さらに伐採によって痛めつけられる可能性がある。

インドネシアでのニッケル採掘は地表近くの鉱石を利用するため、高地の森林を大面積にわたって剝《は》ぎ取る必要がある。「こうしたニッケル採掘は極めて巨大なフットプリントを残している」と以前インドネシアの鉱山で働いていたスティーヴン・ブラウンは語る。土壌浸食と激しい熱帯性降雨により土砂が海へ流出し、下流のコミュニティーに大きな影響を与えている。さらに多くのニッケル鉱山が人間の健康に影響を及ぼす六価クロムという有毒汚染物質を生み出しているとブラウンは言う。米国ではエリン・ブロコヴィッチという女性が汚染被害を訴え、大企業を相手に訴訟を起こし莫大な和解金を勝ち取っている。この事件はハリウッド映画にもなった。その時の汚染物質がこの六価クロムである。「ほとんどの露天掘り鉱山は高地にあるため、汚染物質は流れ下り、低地にある地元民の農地と居住地に影響を及ぼしている」とヨーク大学のインドネシア人科学者アリアント・サンガジは説明する。「雨期になると、河川は茶色い堆積土を運び濁流となってあたり一面に広がり、小規模農地を襲うのです。こうした洪水は当たり前になっています」。洪水は公共施設や水田、畑に損害を与えると彼はいう。ブラウンはある島でニッケル採掘が開始する前と後に撮影した2枚の写真を見せてくれた。後者には巨大な濁流が柱のようになって海水に流れ込む様子が映し出されていた。

さらにインドネシアにおけるニッケル開発のほとんどは、世界でも生物学的に最も豊かで生物多様性が最も高い地域に位置しているが、一帯はすでに樹木の伐採とパーム油の生産によって森林は破壊され、地元コミュニティーとの間で紛争が起きていた。[24] スラウェシ島にはクロザルやメガネザルなど17種の島固有の霊長類が生息する「世界的に有名な進化生物学の実験室」と呼ばれてきた。[25] ある研究は、インドネシアで現在の速さで森林伐採が続けば「この島に残された野生生物と自然生態系の機能は破局に至る……採掘は霊長類とその生息地に対する持続的な脅威である」と訴える。[26]

地元の活動家ピウス・ギンティンは、モロワリのニッケル工場がすでに地元の海を汚染し、漁業を生業とする沿岸コミュニティーの生活を脅かしていると話してくれた。そんなコミュニティーのひとつであるバジョの村民は、地方政府の要請で1993年にモロワリの小村に移住させられていた。彼らが去った後の故郷は炭塵が空中に漂う大きな工業地帯に様変わりした。モロワリ工業団地から海に投棄された排水は漁獲量を激減させていた。さらに沿岸水域は鉱山から河川へ流出した赤土で汚染された。そのため漁師たちは漁獲を得るために、かつてより沖合遠くまで船を出さなければならなくなっている。

しかしなにより最大の懸念は、すべてのニッケル生産工場が廃棄物をどう処理しているかである。約1パーセントのニッケルを含有する鉱石をバッテリーに適するように処理すると、化学物質を含む膨大な量の廃石が生じる。発表された北マルク州と中部スラウェシ州での事業が稼働すれば、1年間に約5000万トンの廃棄物が発生するとニッケル開発企業ヴァーレの元従業員ブラウンは言う。青山集団をはじめとする中国企業は、中国の鉱業会社がパプアニューギニアで行ったように、すでにインドネシア政府にその廃棄物の海洋投棄の許可を申請していた。豊かなサンゴ保護区があることからコラール・トライアングルとして知られるこの海域の海洋生物の生存を脅かす事態になりかねない。

インドネシアは同国の豊富なニッケル資源を手段にして沿岸部に製造業を発展させる目的を達成した。「これはわが国のビジネス戦略であり、電気自動車産業の主要な拠点となるべく構想されたものだ」と2020年にジョコウィは述べている。1955年にインドネシアで開催されたバンドン会議での発展途上国の希望を彷彿とさせる政策だった。バンドン会議では植民地時代後、資源に恵まれた国々がその資源の価値をより多く獲得できるような世界を構築しようとしていた。ニッケル埋蔵量が豊富なインドネシアは他の国より多くの成果を上げることができた。「［ニッケル埋蔵量が］非常に大きいため、我々はインドネシアが交渉で強い立場にあることを理解している」とジョコウィの懐刀であるルフトが2021年6月に語っている。[27] ジョコウィはジャカルタ近郊で韓国のLG化学が12億ドルのバッテリー工場を建設する契約の合意にもこぎつけた。さらにジョコウィはイーロン・マスクにもインドネシアへの投資を個人的に要請している。ふたりは2020年12月に電話で会談し、ジョコウィはインドネシアをマスクのロケット企業スペースXの打ち上げ候補地とする提案までしている。

しかしジョコウィは投資の誘致を急ぐあまり、インドネシアのニッケル採掘と加工による環境破壊を無視してきた。インドネシアはEVサプライチェーンの拠点となる決断をする中で環境基準を緩和したと、サンガジは説明してくれた。2021年には新型コロナウイルス流行のさなか、インドネシア政府は環境影響アセスメントが承認される前でも容易に事業を開始できるようにしたのである。インドネシアはニッケル産業の浄化を強制しないかぎり、EV革命による環境負荷という重荷を背負うことになる。このままでは中国が汚染産業を海外に移転させる役には立つだろうが、なによりインドネシアの土地、水そして空気を冒瀆《ぼうとく》することになる。そして「結果的に都市には清浄な空気が戻るでしょう。そして同時に生物多様性の豊かな地域を破壊することになるのです」とピウス・ギンティンは言う。

第11章　銅山王と環境問題

「［内燃機関の］自動車がウイルスのように爆発的にアウトブレイクしたことで最も恩恵を受けたのは誰か。それは自動車メーカーではない……ジョン・D・ロックフェラーと石油業界の連中だった」（ロバート・フリードランド[1]）

私たちの乗ったジープがカモア・カクラ鉱山に入っていくと、まばゆいアフリカの陽光から一転して完全な暗闇に包まれた。目が慣れるまで少し時間がかかる。運転手は南アフリカの白人で髪型をショートバック・アンド・サイド（ツーブロックの一種）に決めて、彼の運転はヒヤッとさせられるようなことはなく、コンゴの大地の奥底へと曲がりくねった道をさらに下っていった。岩の壁からは水が滴り落ち、プラスティック製の換気用チューブが空気の流れで震えていた。鉱山の内部は蒸し暑く空気が薄い。頭上にのしかかるような土のことを考えると一瞬閉所恐怖症の苦痛を感じたが、狭い入り口からさらに下っていった。どうして何百人もの人が、頭上に明るい太陽をみることなく、暑く埃っぽい日中を感じることもなく、何時間も地下で作業を続けられるのだろうかと思った。セメントミキサーが通り過ぎる時、運転手はクラクションを強く鳴らした。「私が働いていた頃は事故が多かった」とその運転手は話す。彼はかつて南アフリカの有名な大深度金鉱で働いたことがあり、10年間緊急レスキュー隊に所属していたのだ。この鉱山の深さは大深度金鉱とはくらべ物にならないが、それでも大地を掘り下げる人類の壮大な探求のスケールを感じることができた。間もなくして岩の壁に到着した。その壁に掛けた足場に乗って労働者が黒っぽい岩を掘っていて、彼らのヘルメットのライトがときおり闇を貫く。運転手はトヨタのランドクルーザーを停め、私たちはヘルメットを被ってフラッシュライトを付けた。私は車から降りて岩肌に目をやった。その鉱石はきれいな正方形に見えた。ガイドによると、労働者は、中国のCITICメタルの社長の訪問に間に合うように、鉱床の中でも一番銅が豊富な部分に到達できるよう急いでいるという。CITICメタルは中国の最も古いコングロマリットに属する国営企業だ。「毎日2メートル、それだけに集中しています」と彼は言う。「目標に到達するためです」。社長はきっと喜ぶに違いないと私は思った。なにしろこの鉱山は地球上で最も豊富に銅を含む鉱床のひとつなのだ。

コルヴェジの平屋建ての空港から黒いベレーを被った武装警備員に付き添われ、デコボコの埃っぽい道を走り、午後の光の中キャンプ地に到着した。赤い砂埃《すなぼこり》が積乱雲のように風防ガラスに舞い上がり、轍を避けて水たまりにバシャバシャと突っ込むので視界が遮られた。埃まみれの露天商を横目に、路上にあいた大穴をよけ、近くの鉱山から硫酸を輸送している大型トラックとすれ違うためにハンドルを切らなければならなかった。この道は特にひどかった。私たちはグレンコアの鉱山を抜ける近道を通りたかったのだが、零細採掘鉱夫が石を投げつけてくるため通行できなかったのである。間もなくすると、左右が背の高い草で囲まれた小さな田舎道に出たので、田園風景が広がるのかと思った。ちょうど夜の帳が下りた頃、乾いた灌木《かんぼく》林の向こうに現れたのは鉱山キャンプだった。静かなオアシスのようだ。鉱床が発見された最初の掘削ピットの脇には「Ｗｅｌｃｏｍｅ」、「歓迎」と英語と中国語で書かれた看板がある。警備員がバス運転手の酒気帯び検査にやってきて、検査の間私たち全員が待たされた。それから有刺鉄線で囲まれた平屋の建物と小屋が並ぶキャンプサイト内に車を進めた。

キャンプはまばゆい光と男女の喧騒によって暗闇から切り離され、キャンプ自体が小さな世界を作り出していた。ここでは多くの地質学者や外国人スタッフが何年も生活している（あるカップルはキャンプで子育てまでしていると聞いた）。そのうちの何人かとは、その日の夕食で焚き火を囲んで座り、一緒に用意されたバーベキューの肉を頬張った。簡単なバーも用意され冷えたコンゴのビールが振る舞われた。地質学者はみな飲むほどに笑みがこぼれ、アフリカ中心部にある豊かな銅鉱床という鉱山史上類まれな発見に貢献したという思いで団結していた。それは彼らの多くが研究を始めた頃には夢でしかなかった大金星だった。地質学者が鉱山になるような鉱床を発見することなどまずありえないからだ。しかもこの銅鉱山はちょうど世界が多くの銅を欲している時に操業が始まった。化石燃料から脱却するためには風力タービンや電気自動車、充電ステーションを生産しなければならないが、それらすべてが銅を必要としていたのである。大需要直前のことでまさに値千金といえる発見だった。

誰かが中国の白酒《バイジウ》のボトルを1本持ってきて、みんなで飲もうと声を上げる。私はエイブラハムの隣に腰を下ろした。彼は社交的な中国人で、中国最大の金鉱山会社、紫金《ズージン》マイニング（紫金鉱業集団）の従業員だ。これまでずっとアフリカで仕事をしてきたエイブラハムは、畏怖の念と情熱をこめてこの銅鉱床について語った。エイブラハムの後ろに座っているのは彼の助手で、マリ出身の背が高く細身の男で流暢に中国語を話し、奨学金を得て瀋陽《しんよう》（シェンヤン）市で勉強したという。エイブラハムは鉱山を抱くように腕を広げ、この鉱山の豊富な銅は他に匹敵するものがないと話す。中国企業は2000年代に海外の銅鉱山におよそ560億ドルを投資したが、そのほとんどが低品質の鉱山で投資を無駄にしていた。紫金マイニング自身も2019年にセルビアの銅鉱山の買収に3億9000万ドルを注ぎ込んでいたが、エイブラハムはその取引を「戦略的」なもので東ヨーロッパを取り込もうとする中国政府の政策の一環にすぎないと一笑に付した（紫金は後に、セルビア国内の環境基準を遵守しなかったため、鉱山の操業を停止させられている）。しかし、コンゴのこの豊かな鉱山は別だと彼は言う。アフリカ大陸史上、最大の発見となるだろう。そして紫金マイニングは同鉱山を誰よりも安価に操業する方法を心得ている、と彼は誇らしげに語った。

翌朝の簡易食堂での朝食ではこの鉱床の豊かさをつくづく思い知らされた。オーバーオール姿の労働者がオムレツを食べインスタント・コーヒーを飲んでからシフト勤務に向かうのである。私はデイヴィッド・ブラウトンの隣に座った。カモア・カクラ鉱床の発見に貢献した地質学者だ。鉱業とは、ほんのわずかな有益金属を含む岩石を掘り上げるビジネスである。つまり鉱業会社とは本質的に廃棄物生産事業なのだ。鉱石の品位が高い鉱床ほど廃石が少なく、消費エネルギーも少なく、環境フットプリントも小さい。世界最大の生産国チリの場合、銅の含有量は1パーセント以下だが、カモア銅山は鉱石中の銅の割合が6パーセントという品位を誇ると彼は言う。ある掘削エリアは「ボナンザ・ゾーン」と呼ばれその銅品位が11パーセントにもなる。品位が高いほど同じ労働力で得られる銅は多い。莫大な資金をディーゼルトラックや精錬施設に注ぎ込んだところで、品位の重要性は揺るぎない。鉱業界では「品位は王なのです」とブラウトンは言う。

ブラウトンはコロラド鉱山大学でPhDを取得したカナダ人で、ザンビアで同国最大の銅鉱山の発見に貢献し、その後隣国のコンゴへやってきた。彼はずっとキャンプで生活し、少しでも多くの銅を生産するために掘削も手伝う。この鉱山では新たな鉱床が発見されるためその大きさは拡大し続けている。午後になって私たちは掘削リグを見学するためにキャンプを出た。晴天だが風が強い。途中通過した村々には鉱山の廃材をドアにしたレンガと茅葺きの小屋がならび、赤土色の道路脇では子どもたちが遊んでいる。地質学者たちが一番エキサイティングな掘削孔だというドリル・ホール1450で車を停めた。青いパイプが土の中から突き出ている。この地面からわずか190メートル下で地質学者らは13パーセントという品位の銅鉱床を発見した。驚異的な量の銅がいとも簡単に掘り出せるのである。この鉱脈の厚さは10階建てビルに相当した。品位が40パーセントにもなる場所もあった。「ここは地球上で最高のドリル・ホールのひとつだ」とアイヴァンホー・マインズ社で働く若いイギリス人従業員アレックス・ピッカードは言う。「私たちは今数百万トンもの鉱石の上に立っている」と私たちの話に割り込んできたのは昨晩会ったイギリス人地質学者のティム・ブルックスだった。地質学者たちは12時間シフトで掘削孔に配置され、地中から管状の黄銅鉱コアを抜き出しては金属製の容器に並べて保管していく。この岩石は銅を含み斑状に金色に輝いている。この岩石をダイヤモンド・ソーで半分に切り小片にして分析のためオーストラリアの研究所へ送る。掘削は金のかかるビジネスだ。掘削には1日約300リットルの軽油を燃焼させる。

ここまでたどり着くのにほぼ30年という長い時間がかかっている。私たちは鉱山を当たり前のものと思っているが、実は生産技術、鉱床の発見そして資金力が生み出すとてつもない偉業であって、その成果が得られるまでにはどうしても時間がかかる。新しい銅鉱山の開発には少なくとも10年はかかる。掘削孔から始まって採算が取れる鉱山の操業に至る過程は、徹底した楽観主義と努力そして希望がなければ成り立たない。この鉱山の発見に貢献した人物にこれらの素質があったことは間違いない。その人物こそは億万長者のカナダ系アメリカ人、鉱夫にして映画プロデューサーのロバート・フリードランドである。彼の名がクレジットされている映画作品に『クレイジー・リッチ！』がある。アップルのスティーヴ・ジョブズとは大学時代の友人だが、フリードランドの方は世界の彼方で鉱山を発見し開発し売却する仕事で身を立てた。１９９０年代初めにはカナダ最大のニッケル鉱床の発見に貢献し、それから10年後にはモンゴルで巨大なオユ・トルゴイ銅鉱山を発見している。そしてここコンゴの埃っぽい道路のはずれで3番目の鉱山を発見した。「彼は取引の天才であり、極めて可能性の高い鉱山プロジェクトを発見しそれに関わる天才でもある」とカナダのテックリソース社の元会長でフリードランドとは30年来の付き合いがあるノーマン・キーヴィルは語る。「鉱山をひとつ発見して出世する変わり者はいるが、それを2回以上もやってみせる人間はほとんどいない」

＊

銅は化石燃料のように私たちの生活の隅々まで浸透している。食洗機やエアコン、住宅の配管、電気を届ける電線、そして自動車や電話にも銅が使われている。自動車に使われている導線の長さは30年前にはわずか数百メートルだったが、現在では4キロメートル以上にもなる。これは車に電装品が多く用いられるようになったためだ。世界人口が増加し豊かになる人が増えるため、過去５０００年かけて消費した銅よりも、今後25年間で消費する銅の方が多くなると予想されている。これからもっと多くの自動車や住宅、冷蔵庫、エアコンそしてビルディングが必要になり、それらすべてに銅が使われるのだ（もちろん、その他にも鉄鋼やプラスティックなどの材料も大量に必要になる）。こうした成長の大部分は都市で生じ、建築ストック（建築資産）の伸びは2060年までに2倍になると予想されている。[2] これは今後40年の間新たなニューヨーク市を毎月ひとつずつ建設することに相当する。銅は私たちの生活のいたるところで使われているため、世界経済の健全性の目安となるとされ「ドクター・カッパー」とも言われる。世界経済の動向を簡単に確認するにはこの銅の価格が優れた指標になるのだ。

クリーン・エネルギー革命は、銅への渇望《かつぼう》を端的に増幅させる。かつてトーマス・エジソンが1882年に最初の発電所を建設して以来、その高い導電率と優れた展性から電力供給に銅を利用してきた（銅より優れた導体は銀だけだが、銀は非常に高価だ）。エジソンの書斎には1立方フィート（約28000立方センチ）の銅が飾られているが、これは銅業界から感謝の印として贈られたものだ。化石燃料から電力利用に移行し、石炭より風力や太陽光などの再生可能資源を利用するようになると、さらに多くの導線が必要で原料の銅も必要になる。電気自動車に転換し、鉄鋼などの生産にも電力を使うようになれば、世界の電力供給は2050年までに2倍あるいは3倍になると予想されている。[3] 電気自動車はガソリン車と比較して最大で3・5倍もの銅を使う。EVに使われている銅は40〜80キロだ（もちろん電気自動車が大きくなるほど銅の量も増え、電動バスだとガソリンバスの11〜16倍になることもある）。銅はバッテリーの銅箔、電動機、インバーターそして導線など、いたるところで使われている。私のテスラにもおそらく1・

5キロメートルほどの長さの導線として銅が入っている。私の車だけでそれだけの長さになるわけで、電気自動車が3万台になれば、高層ビル1棟に詰め込んだくらいの銅を消費する。現在の世界の自動車台数の3分の1にあたる3億台の電気自動車を生産するには2000万トンの銅が必要で、それは現在の全世界における消費量にほぼ匹敵する。[4]

クリーン・エネルギーへの移行に必要な銅を生産するには、新たな供給源が必要になる。それはどこで産出され、誰が採掘するのだろうか。チリの銅鉱山は100年以上操業を続けているが、鉱夫はかつてよりもっと地中の奥深くまで入らなければ銅鉱石を掘り出せなくなっている。2005年以降チリの銅鉱山では、鉱石品位の低下により、同じ水準の生産を維持するだけで2倍の投資が必要になっている。チリの銅鉱石の品位は2004年には1パーセントだったが2019年には0・67パーセントまで低下した。その結果として、採掘により多くのエネルギーが必要になり、さらに大量の廃棄物を生み出している。チリではこうした品位低下によって2001年から2017年の間に、採掘された銅の単位重量当たりの燃料消費が130パーセント増加し、電力消費は32パーセント増加した。[5] こうしたチリの銅鉱山に否定的なフリードランドは、チリの鉱山を「ベッドに体を横たえる今際《いまわ》の際《きわ》の小柄な老婆たち」と表現する。[6]

銅の取引価格は1877年創立のLMEで毎日公表されている。19世紀の金属商人たちはロンドンのあるコーヒーハウスの床におがくずで円を描いてそのまわりに集まって金属を取引していた。チリから背の高い帆を掛けた快走帆船でホーン岬を回り銅を輸出するには3か月かかるため、その間に価格が変動するリスクを回避するうえで、現物の受け渡しが3か月後というLMEでの取引、いわゆる先物取引は重要な役割を果たすことになった。銅はたいていウェールズへ輸送され、ローワー・スウォンジー・バレーで精錬されたが、この精錬によって一帯は数十年にわたり汚染によって痛めつけられた。今日の取引業者はほとんどがぴしっとスーツを決めた若者で、ロンドン中心地のビル内にある赤いソファを円形に並べた「リング」と呼ばれる立会場でそのソファを囲み大声で注文し手振りを使って取引をする。取引は短時間かつ熱狂的で、手振りと声で注文を出し合っていた古の時代を彷彿とさせるが、こうした取引方法はヨーロッパと米国ではほとんどみられなくなっている。2012年に香港証券取引所がこのLMEを14億ポンドで買収すると、中国は金属取引で大きな影響力を持つようになった。それも当然ではあって、銅の価格はほぼ毎日中国の動きを反映して決まるからだ。中国が休日だと、LMEでの銅の取引量は極端に落ちる。中国のヘッジファンドは銅市場で素早く立ち回り、ロンドンの先物取引所と上海先物取引所の価格差を利用していわゆる「サヤ取り」をしている。ロンドンの取引業者が起床して朝食をとる頃には、銅市場の動きを取り逃がしてしまうこともよくある。今日銅取引で成功するには中国の政策を独自の洞察力を持って分析しなければならない。

中国は世界の銅市場を完全に支配するとともに、世界の銅消費の約半分を占めている。この点で他の国は大きく引き離されている。アフリカや南アメリカで採掘された銅は中国へ輸送されて精錬され、中国ではさらに最終的に建材やエアコン、家電製品として輸出しているのである。しかし中国は世界の銅供給量のわずか8パーセントしか生産しておらず、そのほとんどは海外からの供給に依存している。そのため中国の銅鉱山会社は常に海外の鉱山買収の機会をうかがっている。そして中国政府は他の鉱物と同様に、銅の供給を世界の自由市場だけに任せることについてはまったく信頼していない。

しかし2000年代初めに経済成長を支える銅を求めて中国企業が海外に目を向けた時には、すでに巨大な銅鉱山は西側の大手鉱山会社に買い上げられていた。チリでは英豪系の鉱山会社BHPがアタカマ砂漠の海抜3000メートルの高所にある世界最大の銅鉱山エスコンディーダを所有していた。米国の銅鉱山会社フリーポート・マクモランはインドネシアで巨大なグラスベルグ銅・金鉱山、ペルーではセロベルデ銅鉱山を所有していた。新しい銅鉱山の発見は容易ではないため、中国は買える鉱山をことごとく買収した。2014年には中国の国営鉱業会社ミンメタルズが率いる企業連合がペルーのラス・バンバス銅山をグレンコアから58億5000万ドルで買い取ったが、実はグレンコアとしてはこの鉱山を中国に譲渡することで、中国政府からライバルであるエクストラータの買収を承認してもらう目論見があった。

中国の活路となったのがコンゴだ。コンゴはバッテリー用のコバルト資源が豊富なだけでなく、アフリカ最大の銅生産国でもある。しかし西側の鉱業会社では、グレンコアとフリーポートを例外として、同国は極めてリスクが高く汚職がはびこっているためビジネスはとうてい無理と判断していた。ところが中国は、電気自動車と再生可能エネルギーの増加により銅の需要は増加する一方であることを見て取ると、このチャンスを逃さなかった。２００6年にコンゴで40年以上ぶりの民主的選挙が実施されカビラが勝利すると、中国は同国へ進出し大型投資計画を提供する。カビラは崩壊状態の国家を立て直すための「マーシャル・プラン」（第二次世界大戦で被災した欧州諸国の復興計画）のような復興援助計画を望んだが、中国は特に説明もなく資金を提供してきた。国営の中国鉄路工程総公司（ＣＲＣＥＧ）と締結した90億ドルの契約は、インフラへの投資の見返りとしてコルヴェジでの採掘権を提供するものだった。その投資金額は莫大で、調印した年のコンゴの国家予算を超える規模である。こうしてこのプロジェクトは数字ばかりは目立ったが、長年にわたる困難に悩まされ、結局は中国に大量の銅資源を提供することはできなかった。次の中国の動きは２０１４年に始まった銅価格の下落のさなかにうまく実行された。この価格の下落に対して西側の鉱山企業と株主はいら立ちを募らせていた。

１９９０年代、地質学者のジョン・ギルバートはテンケ・フングルーメ鉱床についてアリゾナ大学の大学院生にほとんど謎めいた語り方をしていた。モブツ・セセ・セコのザイールで、手つかずのまま眠っていた銅とコバルトの鉱山である。カタールで富を築いた石油と天然ガスの起業家で、スウェーデン人のアドルフ・ルンディンが１９９4年にギルバートに、地球上で最良の銅山はどこだと聞いた時、彼は「テンケ」と答えたというのだ。すると2年後、「根性なくして栄光なし」という家訓をもつルンディンは、モブツと接触しテンケについて協議を始め、コンゴの国営鉱業会社ジェカミーヌと合意に達し、この銅山を2億５０００万ドルで手に入れる。１年後にモブツが失脚するとコンゴは内戦に突入し、鉱山を確保しておきたいルンディンは反政府勢力のリーダーであるカビラに５０００万ドルを提供した。テンケ鉱山で操業が再開するのは２００５年のことで、この時は米国の銅鉱山会社フェルプス・ドッジが協力したが、翌年アリゾナ州を本拠地とする鉱山会社フリーポート・マクモランがこの鉱山を２６０億ドルで買収し、世界最大の銅山会社が誕生する。

フリーポート・マクモランの最高経営責任者リチャード・アドカーソンは農地の広がるミシシッピー州で小農の家庭に生まれた。巨大なテンケ・フングルーメ鉱山に魅了されたアドカーソンは、できる限りの資金を投じて鉱床の開発に乗り出した。個人用飛行場を建設し、銅とコバルトを輸出する高速道路も建設した。[7] ところが２０１５年、中国の需要が落ちて商品価格が急落すると、アドカーソンはニューヨークを拠点とする億万長者で物言う株主のカール・アイカーンから圧力を受ける。アイカーンは前年にフリーポートの最大株主になっていた。１９１２年にまで遡れる鉱山会社であるフリーポート・マクモランに対しアイカーンが要求したのは、一連の時機を失した石油と天然ガスの企業買収により２００億ドルまで膨れ上がった負債水準を引き下げることだった。フリーポートの株価は暴落した。２０１５年後半のＬＭＥ週間にパークレーンのインターコンチネンタル・ホテルで、私はアドカーソンが演台に立つのを見た。そこで彼はマイクを握りしめロドニー・アトキンスの曲を歌ったのである。「地獄のさなかにあるのなら、そのまま突き進みなさい」。牡蠣や寿司が並ぶ大きなスタンドはすでに姿を消し、参加者はマシュマロをチョコレートに浸してつまんでいた。

同じ頃、香港と上海に上場している鉱山会社チャイナ・モリブデン社は、中国中央部の洛陽《らくよう》（ルオヤン）市に1969年に設立された国営企業が前身だが、海外への規模拡大を狙っていた。元取引業者でチャイナ・モリブデンが民営化される時に私財を投じた億万長者于泳《ユイヨン》には大きな野望があった［于泳は投資ファンド、キャセイ・フォーチュン・コーポレーション社長でチャイナ・モリブデンの大株主］。元従業員によれば、于泳は、妻と愛人用の自家用エアバス319やロールス・ロイスにヴァンクーヴァーのペントハウスなど、ますますグローバル・エリートの虚飾に手を延ばすようになっていたという。彼は数年の間に、オーストラリアのノースパークス銅山を買収し、ブラジルではイギリス系アメリカ人からニオビウムとリンの鉱山を購入していた。メディアに向けては、これは個人的なビジネスであって中国国家とは一切関係ないことを強調した。一方チャイナ・モリブデンの国際部門であるチャイナ・モリ・インターナショナル（洛鉬国際）は、フェルプス・ドッジ［2006年にフリーポート・マクモランに吸収された］で経験を積んだものやわらかな口調のインド系アメリカ人カリダス・マドハヴペディが指揮を執っていた。

2016年の初め、チャイナ・モリブデンはシティグループの支援のもとでフリーポート・マクモラン社とテンケ鉱山について交渉を始める。于泳はこの交渉にあたって中国政府の支援を受ける民間証券会社BHRパートナーズともチームを組んでいた。BHRパートナーズの取締役にはジョー・バイデン大統領の息子ハンター・バイデンも名を連ねている。2016年11月までにチャイナ・モリブデンはフリーポートの株式を現金26億5000万ドルで購入することで合意した。このニュースを受けてフリーポートの株価は急騰し、アイカーンは1年後に持ち株の一部を売却している。フリーポートは、チャイナ・モリブデンが多くの従業員の雇用を維持するものと信じ、業務の移行を支援することを約束していた。ところが于はすぐに支配権を強く主張するようになる。元従業員によると、于は国際的な鉱業会社を設立すると語っていたにもかかわらず、彼はすぐに外国人に対して被害妄想を抱くようになったという。すべての海外事務所にビデオカメラを設置し、外国人労働者を監視する提案がされた。そして多くの者からスパイと疑われていた新しい人事担当者がすべての海外事務所を回り、従業員全員のリストと彼らの年齢、給料の詳細を求めていた。マドハヴペディはそれから間もなくして辞任する。一方チャイナ・モリブデンはBHRも買収して支配力を固めた。米国企業は億万長者のヘッジファンドを満足させるために、世界最大の銅とコバルトの鉱山のひとつを手放したのである。2021年までにコンゴの鉱床を所有する米国鉱業会社は姿を消した。「西側世界には相応の基本計画がなく、米国は実質的にアフリカから姿を消しアフリカを放棄した」とチャイナ・モリブデンの元従業員は語った。

チャイナ・モリブデンは中国の電気自動車とバッテリー・サプライチェーンにとって重要な存在だ。2020年12月半ば、チャイナ・モリブデンはさらに近隣にあるフリーポートが所有する銅とコバルトの鉱山キサンフも5億5000万ドルで取得した。この鉱床はおよそ310万トンのコバルトと620万トンの銅を埋蔵する。翌年中国最大のバッテリー・メーカーCATLの子会社は、この鉱山の株式の20パーセント以上を1億3800万ドルで買い上げた。この取引が行われたのは、ちょうどジョー・バイデン大統領が中国への依存削減を約束し、米国のサプライチェーンの調査を命令した時のことだった。

テンケ鉱山の買収に続き、中国はロバート・フリードランドに絶好の機会を見出していた。

*

私が初めてフリードランドに会ったのは2016年の初め、サンティアゴの銅会議《カッパーカンファレンス》でのことだ。その時彼はテスラの新しい市販電気自動車モデル3の写真を掲げ、鉱業界の未来だと歓迎していた。世界最大の銅生産国チリで開催されたこの会議で「銅は金属の王」だとフリードランドは参加者に語っている。「世界の生態系と環境の問題を考えれば、太陽光発電、風力発電、電気自動車などなどの解決策はすべて銅に行き着くのです」。彼のスピーチはお硬い鉱業界になにか新たな活気がうごめき始めた最初の兆候だった。それは金属需要が爆発的に増大することになる電気自動車と再生可能エネルギーへの転換である。

フリードランドのスピーチは丹念に練られたもので、投資家たちに資金を投じさせることに見事に成功した。鉱山会社なら普通はプロジェクトの詳細やコストの安さ、商品サイクルのちょうどよい時機に市場に参入する方法などを解説するスライドを淡々と進めていく。ところがフリードランドの場合は端的に急所を突く。彼の鉱山は人類を窮状から救うというのである。フリードランドはいつものようにまず米国の歌手で風刺作家のトム・レーラーが環境汚染について1967年に歌ったビデオを流す。それからあらゆる解決策の核心は金属であることを説明する。あるところまでくると、聴衆が気付かないうちに、彼はセールスマンモードに切り替わり、たまたま絶好の金属が得られる彼のすべてのプロジェクトについて説明し始めるのである。

2017年11月の寒い日、私はロンドン北部のイズリントンにあるビジネス・デザイン・センターという平凡な会場の聴衆の中にいた。フリードランドは「いよいよ鉱業界にリベンジの時がやってきますよ」と切り出す。そして銅価格が高騰すれば、望遠鏡を使わないと見えないくらいになると彼は続けた。フリードランドに会うといつも彼に魅了されてしまうが、彼の磨き込まれた集中力と魅力にやられているだけだということはわかっていた。しかし、杓子定規《しゃくしじょうぎ》な白人のオーストラリア人と南アフリカ人が牛耳る鉱業界で、彼の存在は新鮮だった。

フリードランドはシカゴでドイツ移民の両親の間に生まれ、オレゴン州のリード・カレッジで学んだ。元来のカリスマ性から、すぐに人気者になり、新入生で学生自治会長に立候補した。フリードランドがこのリード・カレッジで出会ったのが若きスティーヴ・ジョブズだった。ふたりは親しくなり、ジョブズの伝記作家はフリードランドのことを「ジョブズの人生の中で彼が魅了された数少ない人物のひとり」と記している。[8] ジョブズは4歳年上のフリードランドを導師《グル》のような存在と感じ、フリードランドのカリスマ的特徴のいくつかを自分のものとして取り込んだ。ジョブズが人に不可能だと思うことを実行させる時に使う有名な「現実歪曲場」もそのひとつだ。そしてふたりとも東洋の宗教とスピリチュアリティに入れ込んでいた。フリードランドは1973年の夏にインドを旅し、有名なヒンドゥーのグル、ニーム・カロリ・ババに会い、ジョブズも1年後にやはりインドを旅行している。ジョブズの元ガールフレンド、クリスアン・ブレナンによれば、フリードランドはジョブズにとって父親のような存在であり、米国の精神的な師である「ラム・ダスの伝統を継ぐ」探求者だったという。「彼はまず意識の知的伝統を探求し、その後LSDに移り、そこからニーム・カロリ・ババと東洋の神秘主義に傾倒した」と彼女は書いている。[9]

1974年に大学を卒業するとフリードランドは、スイス在住の彼の叔父が所有するリンゴ農場でフルタイムで働くことにした。その農場はオレゴン州マクミンヴィルの近郊、ポートランドから南西約65キロにあった。農場はヒッピーたちのコミューンのようになっていて、ハレ・クリシュナ寺院からやってきた若者集団がリンゴの果樹園で働き、瞑想し、みんなでヴェジタリアン食を食べていた。フリードランドはシタ・ラム・ダスと名乗り「コーカサスのクリシュナ」のような雰囲気だった。[10] ジョブズはリード・カレッジを中退し、サイダーの生産を手伝いに同じ果樹園で働いていた。

しかしジョブズによれば、フリードランドはすぐにこのコミューンをビジネスとして利用し始めた。「とても物質主義的になってきた」とジョブズは伝記作家に述べている。「みんなそれぞれ考えがあってロバートの果樹園で一生懸命働いていたわけで、ひとりまたひとり農場を去っていった。私はそれがとてもつらかった[11]」

フリードランドはすぐに農業への関心も失い、1970年代後半にはヴァンクーヴァーのブローカーから支援も受けて金の採掘業に移り、カナダの証券市場で一連のベンチャー事業を進めたが、その多くは失敗に終わった。それでもフリードランドは自分自身に鉱山事業を推進する比類のない天性の素質があると確信する。1980年代に「フリードランドは投機的安物株の鉱山を売り込む芸を［シンプルな構成の］ボードビルから［大予算でストーリー性が高く複雑な構成の］ブロードウェイ・ミュージカルに仕立て上げた」とある作家は書いている[12]。彼の事業のひとつ、コロラド州サミットヴィル金鉱山で1992年に重金属と廃液が近くの河川に流出し、政府が多額の汚染除去費用を負ったことからフリードランドには「トクシック・ボブ」（有毒ボブ）というニックネームが付いた。これに対してフリードランドは水質問題はサミットヴィル鉱山だけが原因ではなく、重金属汚染源には一帯の他の鉱山や過去の鉱山もあり、自然に生じる酸性流水も一因と主張した。しかし2001年にフリードランドは米国政府との和解の一環として2020万ドルを支払っている（米国政府側も1996年にカナダにある彼の金融資産を差し押さえるための措置で生じた費用の補償としてフリードランドに125万ドルを支払った）。

フリードランドの最初の大きな成功は1987年のアラスカ州フォート・ノックス金鉱の発見だ。この鉱山は1991年にアマックス・ゴールドに売却されている。それから数年後には、彼が雇っている地質学者がカナダで卑金属［銅や鉄などイオン化傾向の高い金属］とダイヤモンドを探していて、たまたまヴォイシーズ・ベイで巨大なニッケル鉱床を見つけた。フリードランドは1996年に買収を希望する2社を互いに競わせ、最終的にこの鉱山をニッケル大手のインコに32億ドルで売却している。これはセールスとして大成功であり、フリードランドは一夜にして大金持ちとなった。

その後フリードランドはシンガポールを拠点とし、アジアを睨みつつ世界中に急速に事業を拡大した。彼は1996年に「私たちの狙いは、消費がアジアにあり需要もアジアにあるのだから、市場があるところで鉱物の探査と開発を進める」と述べている。[13] フリードランドはミャンマーで軍事政権とともに銅鉱山プロジェクトに参入し、BHPからはたった500万ドルでモンゴルの探査権を買い取った。その後モンゴルに入った彼の会社が最後の試掘で発見したのが、世界最大の鉱山のひとつとなる銅・金鉱山オユ・トルゴイで、鉱業大手のリオ・ティントが買い取っている。「彼は好んで他人が諦めるような場所へ行くのです」と言うのは、ニッケルの町サドベリーで育ったノーマン・マクダネルで、トロントを拠点とするインヴェスコ社のファンドマネージャーだ。「モンゴルも同じ状況でした。あの国にはどこへ行っても競争がまったくないので……鉱山ビジネスでも起業家精神と才能が衰退していました」

フリードランドが初めてコンゴに向かったのは1996年で、ちょうどコンゴ東部を拠点とする反政府勢力が30年に及ぶモブツ政権打倒を誓った頃だった。彼はコンゴの首都キンシャサを訪れ二度目の妻ダーレンとインターコンチネンタル・ホテルに滞在する。お隣のコンゴ・ブラザヴィルからはコンゴ川を超えて迫撃砲が飛んできた。「電気はないが、死体は山ほどあった」とフリードランドは当時を振り返る。そして当時のアンゴラの大統領の娘でビジネスウーマンのイザベル・ドス・サントスから、ルワンダとウガンダの軍隊の支援を受けて前進していた反政府軍リーダーのローラン・カビラを紹介された。フリードランドはテレビに出演してカビラの権力奪取を支持し、その見返りに銅鉱山の町コルヴェジ周辺の土地1万4000平方キロを手に入れる。そして「なにしろコンゴは世界一銅資源が豊富な国だからね」と彼は私に語った。

コンゴ民主共和国の南東部からザンビアにかけて広がる銅山地帯「カッパーベルト」は世界一豊富な銅とコバルトの産地である。これまでの章でも見たように、コルヴェジ周辺の土地は鉱物が非常に豊富で、銅とコバルトは地表近くから掘り出せるので、重機で深い坑道を掘る必要がない。一帯ではベルギー人が到着する以前から何百年も採掘が続けられていて、生産された銅はアフリカ人とポルトガル人の取引業者によって大西洋岸へ輸出されていた。歴史家のマイルズ・ラーマーが書いているように、カッパーベルトは17世紀から18世紀にかけてルバ王国やルンダ王国といった主要な社会が勃興する基盤を提供していた。「鉱物輸出を通して技術と知識を輸入できるようになり、それによって人口密度が増加し、収穫できる土地も拡大した。そして銅が採掘できき中核となるルンダ王国は、その南東地域から税を徴収し被支配民族を奴隷とするなど中央政府としての能力を強化した」と彼は記している。[14] 20世紀の初めになると、ベルギー人が採掘したコルヴェジの銅は薬莢となり、第一次世界大戦中のフランスで使用された。コンゴは１９６０年代に世界最大の銅生産国のひとつとなり、１９７６年には絶頂期を迎えた。しかし１９９５年までに生産量は90パーセントも低下する。そしてモブツ政権のもとで採掘産業はさらに凋落《ちょうらく》し荒廃したのである。

フリードランドの土地は、コルヴェジを挟んでかつてベルギー人が採掘していた場所の反対側にあった。このあたりが探査されていなかったのは、植生の欠落や、銅を含み独特の輝きを持つターコイズ・マラカイトといった銅の存在を示す地表の特徴が見られなかったためだ。こうした特徴は地質学者の間では「鉱徴」と言われる。マラカイトは融点が低いためコンゴとザンビアでは数千年も前から、この鉱石を融解して銅を生産し、しばしば通貨として利用していた。「ヨーロッパ人がやってきた頃にはすでに多くの鉱脈の存在は知られていたのです」とブラウトンは教えてくれた。「ですからヨーロッパ人が発見したのではないのです。地元民に自分たちはマラカイトに関心があることを伝え、どこへ行けばいいのか聞いただけでした」。ヨーロッパ人が１９００年代に制作した最初期の地図には、すでにコルヴェジ一帯に大きな鉱山がいくつも示されている。しかし当時はカッパーベルトの広がりはコルヴェジの周辺で終わりと考えられていた。ところがフリードランドには、コルヴェジから外れた彼の土地にも銅がありそうな予感があった。

２００２年にコンゴの内戦が終結したあと、地質学者が一帯の調査を開始する。地元の小川の堆積物からサンプルを収集し、航空磁気測量を利用して一帯をマッピングした。ブラウトンは

２００８年にアイヴァンホーと協力し、多くの候補地のひとつであるカモア地域の集中調査を開始した。そして年内に地質学者が鉱床の試掘を始めている。彼らはヘビや雨期ものともせず、掘削現場近くのテントで寝泊まりした。「金融危機ですべての会社が酷い影響を受け……「コンゴ民主共和国に」とどまったのは私たちの会社だけだった。掘削会社からは『掘削機はいらないか？』という問い合わせの電話もあった」とブラウトンは当時を振り返る。２００９年も雨期に入り2月になっても試掘は続いたが、4月に巨大な鉱体の発見を発表する。「私たちはテントと泥の中で生活していました……しかしこのような発見をすると、まるでこれまでの2年間は雲の中にでもいた気がします」

フリードランドが２００９年4月にこの発見を発表したのは、世界最大の銅生産国であるチリの首都サンティアゴにおいてであった。「数千分の1の確率」とブラウトンは言う。「製薬業界と同程度の成功確率だ。一生の間に鉱山開発につながる鉱体を発見できる地質学者はほんの一握りだ」。その時フリードランドになかったのは鉱山の開発にかかる11億ドルの資金だけだった。

フリードランドは１９８１年に初めて中国を訪れて以来、同国とはずっと密接な関係を保ち続けていた。１９９０年代には、上海に6階建ての創造的なアパートを建設する事業で、共産党組織と深いつながりのある中国身体障害者連盟と提携している。当時この連盟は鄧小平元主席の息子鄧樸方《トンプーファン》が会長を務めていた。彼は１９６０年代の毛沢東による混乱し血塗られた文化大革命のさなかに、あるビルから突き落とされ障害者となった。[15] その１９６０年代にフリードランドは福建省南東部で金鉱を探査していて、陳景河《チェンジンファ》に出会う。後に中国最大の金生産企業、紫金《ズージン》マイニングの会長に上り詰める人物だ。同社は香港証券取引所の上場企業でその時価総額は800億香港ドル（約102億米ドル）である。

2015年に銅価格が急降下すると、紫金マイニングはカモア鉱山の50パーセントの株式を4億1200万ドルで買い取ることで合意した。この時紫金はトロントに上場しているフリードランドの会社アイヴァンホー・マインズの株式も買い入れた。3年後には、時価総額9000億ドルの中国国営コングロマリットに属するCITICメタルがアイヴァンホーの株式20パーセントを5億5600万ドルで購入し、その1年後には29パーセントまで持ち株比率を上げている。[16]「CITICメタルのアイヴァンホーに対する戦略的投資は、特に再生可能エネルギーのインフラと電気自動車に欠かせない銅などの主要金属の需要が今後堅調に推移すると予測されるので、鉱業界の長期的見通しは非常に明るいという弊社の強い信念を反映するものです」とCITIC社長マイルズ・サンは北京での調印式で述べている。[17]

フリードランドは中国に世界で最も豊かな銅鉱床のひとつを提供したことになる。そのタイミングは完璧だった。カモア鉱山が2021年の夏に銅の初出荷分を生産した時、銅価格は10年来の最高水準近くで取引されていたからだ。「こんな幸運があるものだ。運に恵まれた」と71歳を迎えようとするフリードランドはシンガポールの自宅から話した。ロンドンで最も優秀な金属アナリストのひとりポール・ゲイトは、このカモア鉱山の発見を「私たちの時代で最も重要な地質学的進展」と呼んだ。フリードランドは最終的に鉱山のすべての権利を中国に譲渡し、彼らの多国籍鉱業会社の設立に貢献することになると、ゲイトは確信している。「フリードランドを突き動かしているのは、未来へ引き継がれる彼のレガシーなのです」とゲイトは言う。「彼はもう資産ころがしをしているのではありません。未来のために重要なことを構築しようとしているのです。彼は中国とパートナーを組み、その過程で莫大な富を得ることになるでしょう。鉱業資産を発見、所有、運用する彼の能力が中国の資金力が結びつけば、相乗効果が生まれることになるのです」

第12章 最後のフロンティア——深海の開発

「この手つかずの自然のままの環境を急激に採掘すれば、取り返しのつかない恐ろしい結果となる危険があります。これほど環境に大きな影響を及ぼす決断をする時には、科学に導かれる必要があります」（デイヴィッド・アッテンボロー卿[1]）

「深海には価値のある鉱物が存在し、採掘に莫大な資金が投入されている。それは史上最大の土地の収奪だが、ほとんどの人はそんなことが起きていることさえ知らない」

（海洋探検家シルヴィア・アール[2]）

2018年、ロンドン中心部のレストランで、ジェラール・バロンは黒い小さな岩石を見せびらかしていた。彼の手のひらくらいの大きさで、これが未来だと絶賛した。そのジャガイモ大の岩石を清潔な白いテーブルクロスの上に置くと、彼は一息ついて、あたかも遠方の部族からの戦利品か、月の石を持ち帰ったかのように私に見せてくれた。鉱山から遠く離れた世界の洒落たレストランで、バロンは何度も練習を繰り返してきたこの舞台を楽しんでいるように見えた。このオーストラリア人起業家は、海底で何百万年もかけて形成された石が、バッテリーとクリーン・エネルギーに用いられる金属需要の増大を満たすのに役立ち、化石燃料からの転換に欠かせないものになると信じている。「すべてがここにある」と彼は私に言った。「必要な金属はすべて揃っている」

バロンは環境保護主義者には定番のキーワードを使い、採掘が私たちの生息地や社会を破壊することを非難し、森林破壊や汚染そして児童労働などを列挙して見せた。「電気自動車の材料が子どもたちの手で採掘されているとすれば、電気自動車で地球が救えると言ったところで意味がありません」と彼は訴える。「それに、電気自動車が重要な熱帯雨林という資産を破壊することにもなるのです」。その一方で彼はクリーン・エネルギーの起業家である自分自身を売り込むのにも熱心で、彼が立ち上げた新興企業は「ディープグリーン」という。同社の会社パンフレットには、人も産業も一切見られない空っぽの土地に並ぶ太陽光パネルや風力発電といったおなじみの写真が満載されている。そこには陸上採掘の埃や現実から完全に距離をおこうとする彼の思惑が見て取れる。

この岩石は、ほとんど人間が到達したことのない深海から採取されたノジュール（団塊）だ。このノジュールには、数百万年をかけた地質学的幸運に恵まれたことで、まさにリチウムイオン・

バッテリーに必要な金属が含まれている。それは私たちが地球をめちゃくちゃにする瞬間を、海底で待っていたかのようだと、バロンは言う。直径が20センチ以下のいわゆるノジュールにはニッケルやマンガン、銅そしてコバルトが含まれていて、海底にリチウムイオン・バッテリーがころがっているようなものだ。3800万平方キロメートルにも及ぶ海底がこのノジュールで覆われているのである。この面積はロシアの2倍以上に及ぶ。[3] ディープグリーンは海運コングロマリットのマースクの支援も受け、太平洋島嶼《とうしょ》国のトンガ王国、キリバス共和国そしてとても小さな島国ナウル共和国（人口約1万2000人）との合意をとりつけて、太平洋でもノジュールの豊富なクラリオン＝クリッパートン海域という7万4713平方キロの海底を探査する権利を獲得した。ディープグリーンによれば、この海域はハワイとメキシコの間に位置し、面積は合衆国と同じくらいで、世界中の自動車を（数回以上）電化できるノジュールが存在する（ディープグリーンは後に社名をザ・メタルズ・カンパニーと社名を変更している）。[4] バロンの計画では、深海から何千トンものノジュールを吸い上げる水中機械を投入し、パイプで海上で待機する船にノジュールを送り、その船で陸上へ輸送して加工する。深海を掃除機で掃除するイメージだ。

　バロンはオーストラリア、トゥーンバの酪農場で5人きょうだいのひとりとして育つ。そして経済学とマーケティングを学んでいたサザンクイーンズランド大学に在籍中、最初の会社を立ち上げた。「すでに仕事を4つ掛け持ちしていて、5つ目をこなす余裕はなかった」と彼は当時を振り返る。それでもっと金を稼ぐため、クリップボード片手に金融セールスマンとして働くことにした。企業と資金の借り手をつなぎ、高金利時代に負債の借り換えを支援する会社を設立したのである。1986年に大学を卒業するまでには自動車電話付きのBMWを乗り回していた。起業に夢中になり、卒業後は数々の企業を立ち上げている。そんな中でヨーロッパでの販売代理店を探していた中国の鉛バッテリー会社とたまたま出会うことになり、彼はそのチャンスに飛びつき24歳でオックスフォードへ移住した。バロンはイングランドの生活に馴染み、ブレントハイムパーク・クリケットクラブでプレーもした。さらに中国も訪れ、中国の急速な工業化を目の当たりにする。バロンが話してくれたところによると、上海にある浦東《ほとう》（プードン）新区は当時はまるで「鶴の海」で、長沙市も今でこそ大都市だが、その頃は辺鄙な農村だった。中国のバッテリー・メーカーは低価格で自動車のスタータ用鉛バッテリーを製造し、韓国と日本の競合他社を徐々に押しのけていった。今日の中国で見られる自動化されたバッテリー工場とはまったく違い、当時は労働集約的で人が嫌がる作業場だった。その後バロンはオーストラリアへ帰国し2000年にデジタル広告会社アドストリームを設立するが、6年後にはオーストラリアの通信大手テルストラに株式を売却し2000万ドルを得ている。同年には鉱山ジャーナリストのジュリアン・マルニックが1997年に創立した初の商業的深海掘削ベンチャー、ノーチラス・ミネラルズへの投資を開始した。マルニックはインタビューしたオーストラリアの科学者から、パプアニューギニア沖合のいわゆる熱水噴出孔（地熱によって熱せられた水が吹き出している亀裂）付近で鉱物類を発見したという話を聞き、この起業アイデアを思いついた。マルニックはジャーナリストをしているより、自分で潜りその噴出口を採掘する方が面白いと判断し、採掘の権利を買い取るためにパプアニューギニアへ飛んだ。5年後ノーチラス・ミネラルズ社は、オーストラリア人地質学者のデイヴィッド・ヘイドンに買収される。彼はフライト追跡ソフトウェア企業を立ち上げたが、2001年9月11日の同時多発テロ事件のあと倒産していた。ヘイドンは所有していたテニスコートとスイミングプールを売却してノーチラス・ミネラルズの買収資金にあてた。ミネラルズは2006年にカナダ証券取引所に上場する。ブリスベン出身のヘイドンとは友人であったバロンは2001年にミネラルズに投資し、その後株価が急騰したため、最終的に投資した22万6000ドルが3100万ドルに化けた。「私は金属についてほとんど知識がなかったので、これは当たり前の簡単なアイデアだと思った」とバロンは言う。私が彼に3100万ドルのことを尋ねると、バロンは肯定も否定もせず、ただ「うまくいった」とだけ言った。彼はタイミングよく同社の株を手放していたのである。ノーチラスは2019年後半に破産申請し、一般の株主には何も残らず、パプアニューギニアは年間医療予算の約3分の1にあたる負債を抱えることになった[5]。

バロンはルーズフィットのレザージャケットのボタンは掛けずにVネックの白いベスト、白髪混じりのまとまりのない長髪といったいでたちだ。彼はむさ苦しいヤギヒゲもはやしていた。

---

* バロンによるとノーチラス側としてはパプアニューギニアに同社の株式を取得してもらいたくなかったのだが、同国が強く求めたという。

手首には色鮮やかなビーズの太いリストバンドを付けていて、気候変動への有効な対策を求めて抗議運動を展開するエクスティンクション・レベリオンのメンバーのような雰囲気だった。私はうっかりバロンのことを「採掘者」と言ってしまったのだが、彼は顔をしかめて「収穫者」という言葉の方が好きだと言った。彼が目指しているのは、海底にある無数のノジュールを吸い上げることだったからだ。

米国地質調査所によれば、深海は地球表面のおよそ半分を占め、そこにはニッケルやコバルトそしておそらく希土類金属についても、陸上の全埋蔵量より大量に存在する。深海の金属の利用については海洋法という国際条約で規制されていて、採掘活動の規制を担当する国際海底機構が管理にあたっている。バロンが探査許可を取得したクラリオン＝クリッパートン海域では、210億トンのノジュールが存在すると推定されている。[6] このノジュールには陸上の鉱山とは違ってニッケルやマンガンなどすべての金属が詰まっているため、採掘費用を低く抑えられる。「金属が必要なのです。さもなければ私たちが実行しているあらゆることをやめなければなりません。グリーン・テクノロジーの開発を中止し、携帯電話や電気自動車の利用を諦めなければならないのです」と米国地質調査所の上級科学者ジェームズ・ハインは言う。「今こそチャンスなのです。そして採掘を実行する場合は将来も、絶対に環境に悪影響を及ぼさない方法でなければなりません」

問題は深海の掘削はこれまで実施されたことがなく、深海にも生物が豊富に存在することを科学者がようやく認識し始めたばかりだという点にある。

*

海は最後の手つかずの自然であり、南極大陸を除けば、資源開発が行われていない地球で唯一のフロンティアだ。宇宙とは異なり、深海はロマンや神話的な対象として重視されたことはほとんどなく、人類の知の裂孔のような存在である。夜に星空を見上げて広漠とした銀河を思うことはあっても、足元のことはほとんど意識することもない。深海が地球の半分以上を覆い、地球上の生物の90パーセント以上が生息するとしても、私たちがよく知っているのは火星や金星の方だ。これまでに科学者が標本採集したのは深海のわずか0・0001パーセントにすぎないと推定されている。[7] 未公開株式投資家のヴィクター・ヴェスコヴォや映画監督のジェームズ・キャメロンなど、数人の億万長者を除けば海洋の最深部まで下降した人間はほとんどいない。キャメロンの映画では平坦で生物の気配が感じられない青が滲《にじ》んだ暗闇に包まれた世界が映し出されていた。しかし深海は平坦な場所ばかりではなく、マリアナ海溝、プエルトリコ海溝、サウスサンドウィッチ海溝、ジャワ海溝などあちこちに溝があり、海中には山脈や渓谷、地殻、そして鉱物を豊富に含む流体を吐き出している火山性の熱水噴出孔もある。海洋学者のグレッグ・ストーンによれば深海には地上よりも多くの山々が存在する。

深海は常に闇に包まれ、食物連鎖を支える表層からの降下物「マリンスノー」という有機物のシャワーが存在する中深層「トワイライトゾーン」よりはるかに深い。そこには長い間生物は存在しないと思われていた。ところが1977年2月、深海にもさまざまな生物が大量に存在することが確認された。深海潜水艇アルヴィン号を使ってガラパゴス諸島の北東部を探査中、深海の熱水噴出孔で生息している素晴らしい生物たちを偶然発見したのである。「深海は砂漠のようなところのはずだろう」。地質学者ジャック・コアリスは乗船中のアルヴィン号から海面に待機する船に電話で問いただした。「とにかく、ここにはこんなに生物が生息しているんだ」[8]。そこには巨大な白い二枚貝や白いカニ、巨大なチューブワーム（ハオリムシ）や海底から浮いている「ダンデライオン」というオレンジ色から黄色の球状の生物などがいたのである。今日ではおよそ2万5000種の深海生物が生息することが知られているが、この数字は私たちのわずかな知識を反映したもので、実際にはもっと多くの生物が存在するという推定もある。「採取したサンプルのどれにも、何らかの新しい生物種が見つかる」と教えてくれたのはフィル・ウィーヴァーだ。英国を拠点とする環境コンサルタント会社シースケープの創業者である。太陽光が届かない深海では、生物は水深が浅い層から落ちてくる有機物の破片、そして化学反応を利用して生きている。化学反応によって生じるエネルギーを使って海水中に溶解している二酸化炭素から有機分子を合成しているのである。同時にこの過程で海洋が吸収した二酸化炭素を捕捉することで、海中の二酸化炭素が大気中に放出されるのを防ぐことにも貢献している。深海中の生物種の中には

「ガミー・スクォーラル *Psychropotes longicauda*」というナマコや、キャスパーとニックネームがついたアルビノのタコ、そして多様な環形動物や巻き貝もいる。環形動物の仲間の多毛類だけでも科学者は少なくとも300の新種を発見している。[9] さらに海底堆積物中の多金属ノジュールにも大量の微生物が生息しているが、その堆積物の生成速度は百万年に数ミリである。そしてこれらの微生物が海水中のミネラルを使ってノジュールを形成しているのではないかと考えられている。深海で発見された新種の無触毛類のタコ（*Incirrate octopods*）は水深4000メートル以上の深海のノジュールに付着した死んだ海綿の上で卵を育てていた。[10]

こうした海底の採掘は、それぞれが異なる資源と特徴を持つ3つの海底地形に焦点を絞る。ひとつは水深6000メートルまでの海底にある多金属ノジュールが広がる海底。そしていわゆる塊状硫化物鉱床は、海嶺《かいれい》沿いや熱水噴出孔付近に形成され、熱水噴出孔からは高温の火山岩から熱水が噴出している。そして3つ目がコバルトを豊富に含む地殻で、海底にそびえる海山の山腹に見られる。これら3つの地形のうちノジュールが広がる海底には海洋生物の量は比較的少ないが、その多様性は最も高く、噴出孔は最も大量に生物が生息する。

深海ノジュールの採掘には大面積が必要だ。シースケープのコンサルタントによれば100万トンの鉱石を採掘するには、地上なら0・52平方キロですむが、深海ではほぼ80平方キロが必要になるという。そして掘削により堆積物が煙のように舞い上がり、騒音や光によって局所的な生態系に影響を及ぼす可能性がある。

1970年代と1980年代に初めて探査された深海の領域は、いまだに探査前の状態に回復していないことが証拠によって明らかにされている。1978年にクラリオン＝クリッパートン海域の水深5000メートルにあるフランス領海で実施されたノジュールの試験採掘による攪乱は、たとえばその場所での線虫という小さな蠕虫類《ぜんちゅうるい》の生息密度が依然として低いなど、数十年たった後でも採掘の影響が見られた。さらに2020年に発表された論文で、研究者らは1989年に南太平洋のペルー海盆で行った実験の現場を再び訪れた。当時の調査は水深4150メートルの深海底を11平方キロにわたって繰り返しプラウハローで耕し、深海採掘の模倣を試みたのである。[11] そのプラウで耕した跡がいまだに目に見える形で残っていたのだ。耕した時ノジュールは海底に漉《す》き込まれたりハローの脇に押し出されたりしたのだが、その部分がいまだに「きれいにノジュールがなくなった」ままだったのである。実験の影響を受けた領域では、局所的な微生物の活動も4分の1まで減少していて、攪乱前の水準に回復するには50年はかかると研究者らは予測している。それでもこうした実験による攪乱は、変動が激しい金属相場で利益を上げるために徹底的に20年間にわたって採掘した場合の攪乱とくらべれば微々たるものだ。

国連海洋法条約はこれまで20年以上の間深海を採掘活動から守っていて、まだ鉱物の採掘開始を認められた企業はない。グリーンピースやコンサベーション・インターナショナルなどのNGOは、採掘を開始する前にもっと時間をかけてしっかり調査をする必要があると考えている。こうした呼びかけはデイヴィッド・アッテンボローなど有名なナチュラリストに支援されている。「採掘事業を優先してこうした不確実性の高いギャンブルを進めますか、それとも海洋生態系を保護することに疑いの余地はないと考えますか」とグリーンピースの科学者でエクセター大学のデイヴィッド・サンティッロは問いかける。「私にとって後者の方が重要です」と言うのはグリーンピースの海洋活動家ルイザ・カッソンで、深海の採掘は大規模な「種の絶滅」を起こす危険があると語る。そして金属をリサイクルする方がずっと良い選択だと彼女は訴える。

バロンは深海採掘が採掘現場一帯の海底にダメージを与えることは認めていた。しかし彼は、地上での採掘について、森林破壊や鉱山廃棄物の投棄など何千年にも及ぶ採掘による弊害を指摘して、深海採掘の方が優れていることを正当化しようとした。この地上での採掘については証拠に不足はなかった。また、ほとんどの研究が金属のリサイクルだけでは需要を満たせないことを示していることもバロンは正しく指摘している。科学者の中には、採掘の影響を知る唯一の方法は採掘を開始することだとして彼に同意する者もいた。「さらに多くのことがわかってきているが、これらの生物が深海採掘による攪乱にどう反応するかという重要な問題には、海底での実験をしてみなければ答えることはできない」と私に語ったのは英国国立海洋学センターの科学者ダン・ジョーンズである。

しかし、バロンが陸上採掘よりも海底採掘を一貫して推進していることは、時に少し強引なところがあるようにも感じられる。２０２０年5月のオンラインセミナーで、ディープグリーンのコンサルタントが、フィリピンのかわいいメガネザルの写真を見せて、このメガネザルが同国のニッケル鉱山に脅かされていると述べた。頭の中に思い描けもしない深海の蠕虫より、この人間によく似たサルを保護するべきではないのか。「私たちはどこからか金属を手に入れなければならないのです」とそのコンサルタントは言う。「もし『深海はそっとしておけ』というのなら地上に大きなダメージを与え、まだ名も付けられていない線虫や蠕虫あるいはナマコよりも個人的には人間にとって大切だと思える種の絶滅に関与することになる。私が選ぶのであればスノーレパードやオランウータン、フィリピンメガネザルを救いたい……私にとっては海底の無脊椎動物より精神的にも美的にも思いやれるからだ」

2020年4月にはディープグリーンは科学専門誌で査読済みの研究論文を発表し、深海採掘のカーボンフットプリントは陸上採掘のそれよりも小さいと主張した。[12]

しかしこの比較は公正なのだろうか。米国地質調査所のジェームズ・ハインが指摘するように「陸上の熱帯雨林や草地の価値と深海生態系の価値を比較するのは難しい。どんな物差しでくらべるべきなのか。生態系サービスか、システム全体の生物多様性か、操業による二酸化炭素排出量あるいは経済、社会そして環境への影響でくらべるべきなのか」[13]。深海ノジュールには多くの金属が一緒になって含まれているため、二酸化炭素の影響は地上採掘よりも小さいかもしれない。しかし深海採掘を始めたとしても、地上採掘は続くだろう。ただコストがかかる鉱山の一部が操業できなくなるだけだろう。

クリーン・エネルギー鉱物の探査は、これまでＣＩＡやロッキード・マーティン社、倒産したバロンのノーチラス・ミネラルズ社が関与してきた深海採掘の数十年に及ぶ探求の最新段階にすぎない。

＊

海の底にお宝が眠っているかもしれないことが初めて認識されたのは早くも1873年、英国船チャレンジャー号が北大西洋のカナリア諸島の探検航海の途中で「ほぼ純粋な酸化マグネシウムでできた楕円状をした黒い変わった物体を数個」引き揚げた時だった。当時マンガンは、イングランド最大の産業である繊維産業で綿の漂白に利用されていた。「現時点では海底が経済的に元が取れるような供給源になることはないが」、そこにマンガンが存在するなら「地質学上の重要な事実となるかもしれない」とチャレンジャー号に乗船していた化学者は予言めいたことを記していた。[14] しかし需要は陸上資源だけで十分賄えたため、海底の鉱物が大きな注目を集めるまでにほぼ100年かかった。歴史学者オレ・スパレンベルクによると、第二次世界大戦前までノジュールは、ひと頃注目を浴びた月の石のように博物館に鎮座する珍品とみなされていたという。ノジュールの採掘について考えられるようになったのは、米国人鉱山エンジニアのジョン・メロが1965年に『海洋の鉱物資源 *The Mineral Resources of the Sea*』という書籍を刊行してからのことだ。メロは著書で数十年後のバロンのように、深海の採掘によって政情不安定な国々への依存を回避できると主張している。地球の地殻にはどんな人口でも支えられるだけの鉱物が含まれているが、「鉱物鉱床の問題は……大陸の岩石から得られる鉱物の総量ではなく、その不均等な分布とこれら鉱物商品の自由貿易を禁止する政治的、経済的体制に浸る人類の傾向性にある」と彼は書いている。その一方で「海中の鉱物鉱床の多くに見られる利点のひとつは、世界中の海洋に均等に分布していることで、採掘を望むならほとんどの国家が利用可能だろう」と述べた[15]。こうしたメロの主張から、1970年代の深海探査第一黄金時代へとつながるのだが、その時期は世界人口の増加による資源の枯渇と気候変動の影響を心配し始めた頃とも重なった。

ところで最も有名な深海探査プロジェクトのひとつは実際には偽装だった。1974年、CIAは完全に予定どおりの深海採掘調査と偽装して、沈没したソ連の潜水艦を回収する計画を実行したのである。冷戦の絶頂期だった1968年、核兵器を搭載したソ連のディーゼル潜水艦K－129が太平洋の深海に沈没し、乗組員全員が犠牲になった。ソ連はこの潜水艦を発見でき

＊　メロは「次の世代の間に」海が金属の「主要な供給源」となると信じていた。そして「最終的に政治と人口の圧力により、より高度に工業化した国家が海から多くの鉱物を回収するようになるだろう」と書いている。メロはさらに次のように続けた。「これら海底堆積物が採掘可能な資源とするなら他の利点もある。それは政治的に自由でロイヤルティーからも自由な資源という利点で、ほとんどの市場に幅広く流通し、すべての国家が平等に入手可能になる」と、メロは『海洋の鉱物資源 *The Mineral Resources of the Sea*』p.275に記している。彼はとても予言的でもあった。「したがって、マンガン・ノジュールを掘削する技術が発達すれば、人口増加に必要な資源の供給という歴史的に国家間戦争を起こしてきた原因のひとつをなくすことにもなるだろう。もちろん逆の影響が出る可能性もある。つまり誰がどの海域の海底を所有するのか、そして誰が採掘企業から保護費用を徴収するかといった無意味な言い争いを煽ることになるかもしれないのである」

なかったが、米国側は沈没位置をかなり絞り込んでいた。元CIA長官のウィリアム・コルビーがある計画を思いついた。コードネームはプロジェクト・アゾリアン。ハワイの北西海底から1750トンの潜水艦を引き揚げて、ソ連の核兵器技術に関する重要な情報を奪取しようとしたのである。計画の実施には何年もかかり、深海採掘には著名な研究者も携わった。表向き採掘を装った調査船グローマー・エクスプローラー号は米国の億万長者ハワード・ヒューズの資金で建造され、ロッキード・マーティン社が開発した装備が搭載された。1972年に偽のプレス・リリースが流され、グローマー・エクスプローラー号のシャンパン進水式が執り行われた[16]。それから2年後の8月8日、大型クローを搭載した水中捕獲艇を使って海底からK-129が引き揚げられた。CIAは2019年に当時のツイッターで以下のように説明している。「エンパイア・ステート・ビルディングの頂上に立ち、1インチ（約2・5センチ）径のワイヤーロープに幅8フィート（約240センチ）の引っ掛けフックを吊るしている状況を想像してみてください。真下の道路までこのフックを下げ、金を積んだ小型車を引っ掛けて、ビルの屋上まで引き揚げるのです……しかも誰にも気付かれずにです[17]」。しかし引き揚げる途中で潜水艦はふたつに折れ、大きい部分は再び深海に落下してしまった。それでもソ連の乗組員の遺体と核魚雷は回収できた。ロシア人乗組員は水葬に付された。回収作戦には失敗もありそこそこの成功といったところだったが、この探査によって深海底の鉱物探査時代の幕開けとなったのである。1975年にロッキードはこの船舶をリースし、アモコ社とシェル・ビリトン社、ボスカリス社、オーシャン・ミネラルズ社とともに深海調査を開始した。
この共同調査は西側諸国の間で1970年代に民間企業同士が形成した数あるコンソーシアムのひとつだった。そうしたコンソーシアムのひとつOMIには日本の住友グループとカナダのニッケル鉱業会社インコなどが参加し、1978年初めにパイロット採掘試験に初めて成功し、太平洋の海底から約800トンのマンガン・ノジュールをポンプで汲み上げている。それから1年以内にふたつのコンソーシアムが後に続いた。しかし深海採掘は試掘が始まって間もなくすると勢いを失い、試掘予算も大幅に削られてしまう。「1980年代中頃、マンガン・ノジュールの深海採掘は行き詰まっていた」とオレ・スパレンベルクは述べている。[18]
深海採掘の関心が低下した主な理由は1980年代の国際的な原材料価格の下落だった。もうひとつの理由は規制が拡大しノジュールの採掘事業が複雑化したためである。メロは深海鉱物の場合、政府の管理が一切ないとして、その利点を宣伝していた。ところが状況は変わり、発展途上国は採掘による自国の利益を確保し、富裕国が資源を略奪し持ち逃げしないことを望むようになった。1967年の国連総会のスピーチでマルタの国連大使アルヴィド・パルドは海底を「人類の共同遺産」とすることを提案した。[19]この提案は1982年の海洋法に関する国際連合条約に結実し、各国の基線から200海里までと定義される排他的経済水域を外れた公海域での統治を確立した。発展途上国は深海採掘を規制する組織、国際海底機構（ISA）の設立を強く要求し、ようやく実現したのが1994年で、事務局はジャマイカのキングストンに置かれた。ISAには採掘を規制する権限と同時に環境を保護し「人類全体の利益のために」採掘活動を管理する権限も与えられている[20]。

排他的経済水域内での採掘は個々の国の管轄に任され、当時からすでに実施されていたが（ナミビア沖合の海底でのダイヤモンドなど）、商業的事業で深海での採掘に成功したものはなかった。ＩＳＡは過去10年で、総計１４０万平方キロ以上の海域で国家や企業との間で15年間の探査契約30件を結んでいる。米国は海洋法条約を批准していなかったので、ロッキード・マーティン社は英国政府と提携して事業を進め、クラリオン＝クリッパートン海域の13万３０００平方キロに及ぶ2件の探査認可を取得した。認可の取得数が最も多いのは中国の5件、一方許可された面積が最大なのは英国である。

ＩＳＡを率いるのはマイケル・ロッジで、長年南太平洋で生活している元法廷弁護士だ。彼が引き受けたのは、世界が協力するという希望がしぼみかけている時代に1年で１６７か国の合意を取り付けるという厄介な仕事である。実直な英国人のロッジは、海洋法条約に沿った「堅固な規制枠組み」を構築し、それが厳密に執行できるようにすることが自らのミッションと考えている。すでに許可されている活動に対する規則を整備しているところだと、ロッジは私に語った。深海採掘が引き起こす感情的反応については痛いほどよくわかっていたので、彼は自分の意見はほとんど口にしなかった。２０２０年の初めに彼に話しかけた時、最終的な規制案はまだまとまっておらず、国々はいまだに深海採掘にどう課税すべきかを議論していた。「すべてが合意されるまでは何も決まらない」とロッジは言った。海洋法によれば、深海採掘が地上採掘に対して不当に優位になってはならず、比較のための適切なデータを得ることが重要とされているが、地上鉱山の数や異なる規制を考慮すれば、これは困難な作業である。最終的にすべての加盟国の間で規制案が合意されたとしても、それから企業が実際に深海を掘削する正式の申請をするまでには18か月から2年はかかるだろう。採掘は「規制が採択されても1日や2日でできるわけではない」と彼は言う。マンガンを大量に産出する南アフリカなど、資源が豊富なアフリカの一部の国々としては、深海から採掘される鉱物の供給による価格の下落によって歳入減少が生じた場合には、海洋法条約に規定されているように補償を確保したいところだ。しかしロッジによれば、地上採掘鉱業に依存する国が補償を得るためには、深海採掘の有害な経済的影響を「ケースバイケース」で立証しなければならない。「規制枠組みが採択されるまでに超えなければならない数多くの障害はあるが、原則についてはすでに条約に盛り込まれている」とロッジは言う。いずれにせよ深海採掘のロイヤルティーは発展途上国や小島嶼国に有利な「公平な配分原理」に則って分配されることになる。加盟国は累進的ロイヤルティーという考え方でまとまったとロッジは言う。つまりロイヤルティーは鉱物の販売価格に基づき、時間経過とともに増額され、「金属価格の上昇を逃さず、ISAの資産損失のリスクも回避する」ものとされたのである。「採掘が実際に開始しされ、現在私たちが進めているような仮説に基づく経済モデルではなく現実に基づいたモデルが得られるまでは、この累進的ロイヤルティーが実施されることになる」と彼は言い添えた。

深海採掘による環境への影響は心配していないとロッジは述べ、企業から要求される環境影響評価と環境監視プログラムの手法については沖合プロジェクトで「十分な試行が重ねられている」という。「もちろん海中や陸上でのあらゆる人間活動によって何らかの影響は出るわけだが、それは人為的な影響だ。したがって問題は発生しうる被害を最小限に抑えるために、どのように影響を管理するかだ」と彼は言った。

2020年2月の寒い日、私は高速鉄道ユーロスターに乗り、グローバル・シー・ミネラル・リソーシズ（GSR）を訪問した。ベルギー企業DEMEの子会社で大型洋上風力発電を設置する浚渫《しゅんせつ》会社だ。この会社で深海採掘のために設計されたロボット、パタニアIIを見学する予定で、ロボットの名は世界最速の毛虫パタニア・ルーラリス（*Patania ruralis*）にちなんでいる。アントウェルペンから平坦な土地を40分ドライブしてフリシンゲン港に到着すると、ドックのゲートにかけられた鎖の前でGSRの社長クリス・ファン・ナイエンがいかした黒のメルセデスから降りて私を出迎えてくれた。私たちの周囲には緑色と白色で塗装された船があり、どの船にも北海の巨大な洋上風力タービンを設置するための背の高い塔が設置されている。ナイエンは暗青色のポロシャツにブレザーというぃでたちで、彼からはすぐに強力なエネルギーを感じた。その朝は5時45分に起床して、やはりクリスという名のチームメイトと競争しながら45分間自転車でトレーニングをしたと言っていた。もうひとりのクリスは別の車で到着していて、上司の話に穏やかに同意してうなずいた。私たちはヘルメットを被り、長靴を履き蛍光色のベストを着てゲートを通り、パタニアIIがある巨大な格納庫《コールドハンガー》へ向かった。高さ4・5メートルのタンクのような装置にはDEMEのマークが明るい緑色で描かれていて、ブルドーザーと電気掃除機の間の子のように見える。ノジュールを吸い上げる前方部分には何本もパイプが並び、そのパイプを上下させて正しい角度にするセンサーが搭載されている。「昔見たロボコップのようだろう」とファン・ナイェンは言い、装置の周りにざっと目を通してみると、軍事車両のように補強されていて、高さは人間ふたり分くらいあった。重量は水上で25トン、水中では15トンになる。ノジュールを吸い上げるとこの装置後部に押しこまれて格納される。一方堆積物はこの装置の後方にある大型排水口から排出される仕掛けだ。ファン・ナイェンとともに装置の後方にまわると、電気設備が分厚いチタンのケースに納められ、大きなボルトで固定されている。深海の大きな水圧がかかっても乾燥を保たなければならない唯一の部分だ。パタニアIIは米国軍がイラクで爆弾処理に利用した自動運転車両を大型にしたような感じだった。無人というのが私には衝撃で、陸上の鉱夫もこんな機械に職を奪われるのではないかと思わずにいられなかった。もちろんこのロボットがそんな事を気にかけることはないだろう。

ファン・ナイェンは深海では圧力が非常に大きいため、陸上のタンクで再現することはできないと語った。10メートル潜るごとに圧力は1バール増加し、海面の圧力1バールに対して、深海では451バールに達する。「郵便切手に像が乗っているようなものだ」と彼は説明した。そしてこの車両は海底を1秒間に0・5メートルで走行する、と彼は言い添えた。ファン・ナイェンは格納庫の床の上でゆっくり歩いてそのペースを示してくれた。もうひとりのクリスが案内してくれた近くの白いコンテナには、コンピューターのモニターがずらりと並び、支援船のドックからパタニアⅡを制御するジョイスティックもあった。

ファン・ナイエンは浚渫業一筋で、DEMEでずっと働いてきた。彼は浚渫の仕事でアフリカやロシアなど世界中を回り、シンガポールには4年間滞在したこともある。ネーデルラントに住むベルギー人は洪水や浚渫については何でも知っていると彼は言う。ダイヤモンドを生産するデビアスなどの鉱山会社で働き、ナミビア沖合の海底からダイヤモンドを吸い上げる作業にも貢献した。金融危機の前、彼はバロンのノーチラス・ミネラルズから深海での採掘の協力を打診されていたが、DEMEはそれに反対した。それでも深海採掘については気になっていた。ナイエンは当時を振り返りながら、2010年に「誰かがやってきてドアをノックするのを待つより、自分たちで調べてみようじゃないかと言ったのです」と語った。それからファン・ナイエンは2年をかけて世界中を回り深海採掘を徹底的に学び、その分野に関係する人物をことごとく訪ね回った。「当時は簡単だったんですよ、専門家はまだ50人くらいしかいませんでしたからね」と彼は言う。そして多金属ノジュールについて研究するほどに、それが採掘ではなく単なる浚渫にすぎないと確信するようになる。それはDEMEにとってはお手の物の分野だった。「まさに浚渫技術そのものだったのです」と彼は力を込めた。「掘削し、切断し、爆破するような採掘ではなく、浚渫作業つまり単純に海底を吸引することだったのです」と言ってから一息入れた。「問題は5000

メートルという深さです。厄介な問題ですよ」と言って笑った。「しかし私たちはそれに挑戦することにしました」。自社で可能な事業と判断したDEMEは、プロジェクトに1億ドルを投入し、ナイエンを責任者に任命した。2013年GSRはベルギー政府の支援も受け、クラリオン＝クリッパートン海域を探査する15年契約をISAと結んだ。同社は探査領域の写真を5万5000枚撮影し、ノジュールの位置を地図に記した。「ノジュールが無数にあったのです」とファン・ナイエンは言う。「何億ものノジュール、何トンものノジュールですよ」。彼は私が採掘ではないという意味を理解できたか念を押しておきたかったようだ。「このノジュールを浚渫すればいいのですよ。採掘ではありません。ノジュールの収穫と言ってもいいでしょう、つまり浚渫であって、採掘ではありません」と彼は私のノートを指しながら言った。

2019年の初めにパタニアIIは深海での最初のテストに向けてサンディエゴを出港する。作業船のドックから海におろし、深海ノジュールの代わりに溶岩を採取する実地テストを数週間続けた。ファン・ナイエンにはこのロボットが海底からノジュールを採取する時に実際にどんなことが起きるのかはわからなかった。数百万年もかけて堆積した分厚い堆積物の層の中に埋まってしまうのではないか。圧力によって内部の電子機器が破壊されてしまうのではないか。太平洋の真ん中で作業船に搭載された巨大なウィンチから発進して数分後、部下のクリスと同僚がいる白く塗装されたコンテナで警報音が鳴り始めた。パタニアIIとまったく通信できなくなったのだ。この時のミッションはすぐに中止となる。問題はパタニアIIと作業船の電気系統を接続している

5300メートルの「へその緒」（通信などのためのケーブル）に問題が発生し、電力サージを起こしたのである（このケーブルは海中の圧力と同時に海面に待機する母船の動きからも常に力がかかる）。パタニアIIは再びウィンチでゆっくりとデッキに引き揚げられ、クリスはCEOのクリスに落胆させる電話連絡をしなければならなかった。

ファン・ナイエンはがっかりはしたものの冷静だった。深海採掘と探査は難しいもので、簡単にできるものなら誰もがやっているはずだ。「新しい産業であれば必ずこういう事態に対処しなければならなくなるものだと思います」と彼は私に語った。GSRはこの時の経験について短編映画まで製作し、事業の希望を見失わないようにした。「この映画は失敗がテーマです」と説明してからファン・ナイエンは昼食の間にこの短編映画を見せてくれた。「どのビジネススクールへ行っても、教えてくれるのは失敗についてですからね」

しかしこの短編映画に対するNGOの見方は異なり、深海採掘が絶望的であることの兆候として受け止めた。ナイェンの新車のアウディ・バンでドライブしていると、彼はこうしたNGOにため息をついた。「時には諦めたくなる時もあるのです。そんな時には、わかりました、それではあなたたちにこの地球をお任せしましょう。そして10年後に私たちがどうなっているか見てみましょうと彼らに言うのです」。すべては海洋法に帰着すると彼は言った。そして「これらNGOのうち実際に海洋法を読んだことがある人は何人いるのでしょう」と私の顔をうかがった。ISAの規則によって、ある意味で「ユートピア」を実現できるとナイェンは言う。つまり私たち全員で管理する共有資源を構築でき、それは地質学上の幸運だけで資源を持つ一国がそれらを独占するより優れているというのだ。「生態系がこれほど広範に及ぶ研究のテーマとなり、実際に作業が始まる前に作業の影響について徹底的に評価されるのは、人類史上初めてのことではないだろうか」と彼は言った。しかし世の中の議論はナイェンにとってはいらだたしいほどバランスに欠けていた。つまり善か悪かどちらかだったのである。「議論全体がすっかり二極化している」と彼は言った。「つまり人はテスラを製造しコバルトがどこで採掘されているかなど誰も気にしない善人か、コバルトを採掘する悪人のどちらかだというのです」。ナイェンはまったく非の打ちどころのない大きな変化ではなく、わずかな改善を伴う中間的な方法に答えはあると信じている。EVは一般の人々が期待を寄せ渇望するほど大きな進歩ではないと彼は言う。しかしそれでもEVは内燃機関より優れている。

深海採掘をすれば何らかの影響はある。しかし何が影響を及ぼすのか。ファン・ナイェンは感情ではなく事実に基づくべきだと考える。海底の状況を知らなければ、採掘によるダメージをどうやって確かめられるのかと、彼は問いかけるのである。

ファン・ナイェンはこの分野のあらゆる学術研究に接してきた経験から、金属需要の減少を予測する者もいると、正しくも指摘している。さらに、深海採掘ではコンゴの鉱山を閉鎖することにはならないと主張するNGOを批判し「我々は既存の鉱山を閉鎖しようとしているのではなく、新規の鉱山開発を防ごうとしているのです」とナイェンは言う。

彼の概算では、深海採掘は最終的に年間15億ドル規模の事業になる可能性がある。「だからこそ我々はまだ存在しない産業に1億ドルを投資したのです」と彼は私に語った。「規制枠組みがないところに誰が投資などするでしょう」。しかし科学によってダメージを与えることが証明されれば、深海採掘は喜んで諦める、とファン・ナイエンは言う。「研究によって影響が非常に大きいことが判明し、海底で金属を採掘しても、他の方法より環境に配慮した方法で世界の金属需要を満たすことができないとなれば、この産業はもはや成長できないでしょう」

ファン・ナイエンが深海採掘の準備を続ける間に、鉱物資源の苦境を切り開くもうひとつの解決策が力を蓄えていた。採掘した鉱物の再利用である。

第13章 リデュース、リユース、リサイクル――資源循環

「産業界には可能な限りあらゆる方法で材料を節約する社会的な義務があります。製品のコストという面だけでなく、もちろんそれも重要ですが、主としてますますその生産と輸送が社会に負担をかけるようになっている原材料を節約するためなのです」

（ヘンリー・フォード、１９２６年[1]）

J・B・ストラウベルは若い頃から電気自動車に夢中だった。十代の頃彼はゴミ捨て場で見つけたゴルフカートを修理して、電気モーターを復活させた。スタンフォード大在学中は中古のポルシェ９４４を1年かけて電気自動車に改造した。この時は鉛バッテリーを利用している。この自動車が走行できるのはわずかに30キロほどで、その距離を伸ばすためにストラウベルは中古のフォルクスワーゲンを半分に切断してそのエンジンと後輪を改造車の後方に取り付けてプッシャートレーラーにし、路上で改造ポルシェを押せるようにした。ストラウベルはこの車でオレ

ゴン州まで1300キロ走行している。2000年に撮影された写真には電気自動車レースに出場した時の様子が写っていた。数十年前なら「エジソンの日」にこんな珍妙な車がよく見られたのだろうが、このクリーンな未来を約束する合体車両は商業的な成功からは程遠かった。当時たまたま通りを散歩していてこの車を見かけた人たちはすぐに、電気自動車が主流になるのがいかに遠い道のりか、そして力強い内燃機関の時代が揺るぎないことが鮮明にイメージできただろう。

しかしストラウベルの改造ポルシェのスピードは凄まじく、サイレントサンダー2000のレースで4分の1マイル（約0・4キロ）を17・278秒という記録を達成している。この記録がストラウベルの心に電気自動車の可能性を植え付けることになった。間もなくすると彼はさらに速い自動車を製造し、世界の自動車産業全体の様相を一変させるのである。

2003年、スタンフォードを卒業したあと、ストラウベルのロサンゼルスの自宅に大学の旧友たちがやってきた。彼らはソーラーカー・レースでシカゴから2300マイル（約3700キロ）を走破してきたところだった。その晩友人たちは長距離走行EVを製造することを思いつく。ソーラーパネルはやめてバッテリーだけで走行する車だ。やぼったい鉛バッテリーの代わりに彼らはリチウムイオン・バッテリーを用いる。このバッテリーは家電製品で利用されてきたため改良が進んでいた。しかし自動車に何千個もリチウムイオン・バッテリーを搭載したらどうなるのだろう。

こういう質問はあまり聞くことがなかった。というのも、たとえば米国では石油中毒から離脱する可能性といえば、リチウムイオン・バッテリーではなく水素燃料電池自動車が話題となっていたからだ。しかしストラウベルはすぐにイーロン・マスクという信頼できる仲間を発見する。その年、ロサンゼルスのあるシーフード・レストランで、ストラウベルはその頃ペイパルを15億ドルで売却していたマスクに会う。ストラウベルが自ら電気自動車の製作に取り組んでいることに触れた時、マスクはそのアイデアに魅せられた。その後ストラウベルはテスラの最初の従業員のひとりとなり、30歳にして最高技術責任者の称号を獲得している。

ストラウベルはテスラで最初のバッテリーを設計してネヴァダ州のギガファクトリーの立ち上げに貢献し、15年間にわたり最高技術責任者を務めた。この柔らかい口調のエンジニアは2019年にテスラを退社するのだが、その時にはシリコンバレーで何でもできる資金を手にしていただろう。

ストラウベルは、ネヴァダ州中央に位置するカーソンシティへの移住を決めた。かつて住人だったマーク・トウェインに「雪に覆われた不毛の山々に囲まれた砂漠」と言わしめたカーソンシティの住民は6万に満たない。[2] ストラウベルは、テスラのギガファクトリーに近い300エーカー（約1・2平方キロ）の牧場を買っていた。彼は今も明るい黄色のロードスターに乗っている。テスラ初の電気自動車の初期プロトタイプの1台だ。そしてストラウベルの最新の新興企業レッドウッド・マテリアルズ社のミッションは廃棄されたバッテリーを分解し新しい電気自動車に必要な金属を再生して供給することなのだが、その牧場はそうした任務に必ずしも最適な場所とは言えなかった。

テスラが成長するにつれ、ストラウベルは今後必要になるバッテリー金属の量がわかってきた。彼はニッケル鉱山を訪れた時、その巨大さに衝撃を受けた。「ますますはっきりしてきたのは、私たちは課題の一部をサプライチェーンのさらに上流に移しているということです」とストラウベルは言う。[3] その問題に加え、ギガファクトリーのようなバッテリー工場では、バッテリー製造過程で大量の廃棄物を生み出していて、おおよそ材料の10パーセントが廃棄されている。しかしその廃棄物には数億ドルの価値があり、リユースも可能なのだ。電気自動車が大衆市場向け商品となるなら、リサイクルが舞台に上がってこざるを得ないとストラウベルは気付いたのである。

レッドウッド社の倉庫には廃棄されたスマートフォンや電動工具、古いスクーターのバッテリーなどが入った箱が高く積み上げられていて、これらは消費者や企業からトラックで輸送されてきたものだ。毎週ウィークデーには60トンにのぼる廃棄物が工場に到着する。「ものによっては基本的に無料で提供されるものもあります」とストラウベルは言う。[4] これらのバッテリーを炉内で摂氏1482度で加熱し、不要なプラスティック類や接合材などの有機物を焼き切ると、金属粉末の混合物が残る。その後レッドウッド社はこの金属を化学薬品で処理し、硫酸コバルトや炭酸リチウムなどの材料に再生する。これらが新しいリチウムイオン・バッテリーの原材料となるのである。ストラウベルはこうした中古のバッテリーに含まれるニッケルとコバルトの95〜98

パーセント、リチウムの80パーセント以上を回収している。平均的な米国人のガレージにはこうした金属の「大量の未開発資源」が存在すると彼は確信している。そして米国家庭には古いノートパソコンや携帯電話の中に中古バッテリーが10億個は眠ったままになっていると彼は推定していて、そのどれにも貴重な金属が含まれている。さらに人々は電動バイクや電気自動車を購入するようになっているので中古バッテリーの数は増加の一方だ。

金属は化石燃料とは異なり、その機能を低下させることなく何度でもリサイクルできる。まさに自然からの贈り物だ。地球には一度採掘すれば、何度もリユースできる金属が大量に存在する。何年も利用してリチウムイオン・バッテリーが劣化しても、リチウムやニッケル、コバルトの原子は残っている。これらの金属を新しいバッテリーの製造に利用できるのだ。コバルトやリチウム、ニッケルなどの金属の入手で中国に遅れを取っている米国にとって、すでに家庭の引き出しに眠っている古いバッテリーから資源を回収することは理にかなっている。相応の代金を払えば必要な金属を入手できるのである。ストラウベルはGMやフォード、テスラといった同国の最大手自動車メーカーからの需要増大に対応できるバッテリー材料の国内供給基地を建設したかった。「既存のものを回収し、分解して再びサプライチェーンに戻して新しい製品を製造する。しかも意図せぬ影響を及ぼさない持続可能な方法でそれを実行するにはどうしたらいいのか。我々が注力しているのはそこです」と彼は言う。[5] 彼の最終的な理想は、すべての輸送を電気自動車に転換し、その部品は連続的にリサイクルして採掘の必要をなくすことである。すると輸送とエネルギーシステムは、資源を繰り返し使用することで循環するクローズド・ループ・システムに近づく。それによって米国の海外の原材料への依存が減少し、バッテリーのコスト削減につながり、電気自動車を安価に製造できるようになる。

＊

自動車時代の幕が開けた頃は、原材料のリサイクルの必要などほとんど気にされることもなかった。ヘンリー・フォードなど初期の実業家は「自分たちの構想を、経済システムの外部に存在するより大きいシステムの一部だとは捉えていなかった」[6]。彼らは、鉱石から木材、水、石炭、土地に至るまで「無限に存在すると想定された」天然資源の供給に依存していた。米国は経済学者が自然資本と呼ぶ豊富な天然資源に恵まれていたのである。これらの原材料がフォードのミシガン州ディアボーンにあるリバー・ルージュ工場へ船で輸送され、工場の反対側からは製造された新車が次々と出てきたのである。「資源は計り知れぬほど膨大に思えた」とマイケル・ブラウンガートとウィリアム・マクダナーは2008年の画期的な著書『サスティナブルなものづくり』[7]で書いている。

しかし間もなくするとフォードは、材料の再利用の価値と、廃棄物の減量がコストに及ぼす影響に気付いている。フォードは製造工程における無駄を排除する「リーン生産方式」の先駆けとも言え、後にトヨタが採用し洗練させて1990年代に大成功することになる［「リーン生産方式」は1980年代に一斉を風靡したトヨタの生産方式を研究した米国の研究者が一般化した概念］。1920年代にフォードは中古自動車を分解する「ディスアッセンブリー・ライン」を始動し、労働者は「車がラインを流れている間にラジエターやガラス、タイヤ、そして内装品を外していき、最後に鋼鉄の車体とシャシーは巨大な圧縮梱包機《ベイラー》に落ちる[8]」

これが工業資材のリユースに向けた始動段階である。それ以来、自動車産業は大きく発展する。今日では自動車に使われている鋼鉄の約90パーセントがリサイクルされたもので、ガソリン車で使われている鉛バッテリーも90パーセント以上がリサイクルされている。世界で利用されている鉛の半分以上がリサイクルされた鉛やスクラップにされた鉛で、米国内では80パーセント以上になる。同じことがアルミニウムについても言える。清涼飲料初のオールアルミ缶は1959年にクアーズが導入し、新しいアルミニウムを生産するコストとくらべ、アルミのリサイクルのコストはほんのわずかですむため、同社ではこの空き缶をひとつ返却するたびに1セントを支払っていた。今日では、ビールの空き缶は60日で売り場の棚に戻る[9]。推定ではこれまでに生産された14億トン以上のアルミニウムのうち4分の3が現在も生産に利用されている[10]。

しかしこうした改善にもかかわらず、私たちはこれまでにないほど多くの金属と鉱物を消費していて、電気自動車とクリーン・エネルギーは、こうしたトレンドをさらに悪化させることになる。ある研究によると、世界の金属採掘は2002年から2015年にかけて53パーセント増加した。証券会社バーンスタインのアナリストによれば、この間に採掘されたのは１０００ギガトンつまり1兆トン以上で、１９００年以降の総採掘量のほぼ3分の1がこの期間に採掘されたことになる。この速度が落ちることはなく、今世紀半ばまでには鉄鋼生産が現在より50パーセント増加し、プラスティック類の生産は3億トンから9億トンに増加すると見られている[11]。

一方で世界経済の90パーセント以上は天然資源を「持続不可能」なやり方で利用している[12]。多くの電子機器を1台のスマートフォンで置き換えるなど、技術の進歩によって資源をもっと効率的に利用できるようになっても、全体的な需要の増大が節約分を上回ってしまう。これは１８６５年に英国の経済学者ウィリアム・スタンリー・ジェヴォンズが英国の石炭埋蔵量の分析から初めて明らかにした傾向だ。「燃料の経済的な利用が消費量の減少と等価だと考えるのはまったくの誤解です。真実はその正反対なのです[13]」。その結果、私たちが排出する温室効果ガスの量は上昇し続ける。環境・食糧・農村地域省の首席科学顧問が言うように「環境面の課題は単なる排出の問題ではありません。資源消費の問題なのです。排出は猛烈に資源を消費している証にすぎません。資源消費を規制しなければ、排出を管理することはできないのです[14]」。

この現象は自動車産業ではっきり見ることができる。一例をあげれば、米国は法令によって、この数十年間自動車メーカーに燃費の改善を強制してきたが、全体的な燃料需要への影響はまったく見られなかった。燃費が改善されたので人々はドライブに出やすくなり、もっと大きな自動車を買い、その自動車でもっと遠くまでドライブするようになったのである。米国での車両走行距離は1980年以降100パーセント増大している。[15] 1908年にフォード・モデルTの空重重量、つまり人や貨物を載せずガソリンを満タンにした状態の車の重量は540キロで30年後の同社のモデル74はほぼ2倍になっている。[16] 1990年以降、米国のピックアップトラックは重量が平均で約590キロ増えていて、現在の車両の中には約3200キロになるものもあり、これはホンダ・シビック3台分の重量だ。[17] こうして重量が増えればそれだけ多くの原材料が必要になる。

リサイクルとリユースによる「循環経済」として知られる経済への移行は、こうした天然資源の止まらない需要を抑制する方法のひとつである。この考え方はアップルやデルなど最大手企業の一部が採用している。しかしその大部分はサウンドバイトや広報宣伝向けのメッセージにすぎない。ほとんどのスマートフォンの耐用年数は限定的で、グーグルやサムスン、シァオミといったメーカーは、ユーザーがセキュリティ・アップデートをダウンロードできる期間をあらかじめ設定している。2020年11月、ひそかに古いスマートフォンの性能を落として、消費者に新型のスマートフォンを購入させたとして30州以上で起こされた訴訟の和解にアップルは米国で1億1300万ドルを支払っている。循環経済へ向けた進展は、結果的に極めて遅い。私たちは1年におよそ5000万トンの電気製品の廃棄物を処分しているが、そのうちリサイクルされているのは20パーセント以下なのだ。[18]

しかし1トンの電気製品の廃棄物には1トンの鉱石よりも多くの金が含まれ、金以外にもリチウムやコバルト、錫、タングステンなど30種以上の金属も含まれている。中古の電気製品に含まれる鉱物の密度は、自然界に存在するものより圧倒的に高い。こうした廃棄物の価値は年間で少なくとも570億ドルにのぼるものと推定されている。グレンコアのある取締役は、廃棄物と呼ぶのをやめ消費後の材料を意味する「ポスト・コンシューマー材」と表示すべきだと私に語った。

より大きなバッテリーを搭載した電気自動車、特にSUVなどの大型車を購入し続けるなら、廃棄物が多くなるだけだ。2025年までには毎年リチウムイオン・バッテリーが60億キログラムも製造されるようになり、その廃棄物の量はギザの大ピラミッドの大きさになるだろう。[19]

リサイクルはバッテリー業界にとって確かに絶好の機会である。しかし電気自動車の販売台数の増加によって、その影響は短期的には部分的なものにとどまるだろう。最も有力な推定によれば、2025年までに金属リサイクルによって原材料投入量の最大25パーセントを賄えるようになる。しかし、リサイクルは既存のバッテリーから価値を引き出す唯一の方法ではない。リユースも選択肢のひとつである。

*

3月の後半、季節外れの寒さのどんよりした日、私は南ロンドンで中古車の改造に電気自動車用バッテリーをリユースしている店を訪れてみることにした。イーワン・マグレガーが約3万ポンド（およそ580万円）をかけて自分の1954年製VWビートルを電気自動車に改造したことはどこかで読んだことがあった。直感に反しているようで奇妙に思えた。電気自動車はとてもとても新しいものなのに、それをどうしたらクラシックカーの復活に利用できるのだろう。

マシュー・クイッターは好意的な人物で、白髭を生やし髪型はオールバックだ。彼のガレージはテムズ川に近い狭い通りにある鉄道のアーチ状高架下で、彼は大きな木製のゲートを開けてガレージに迎えてくれた。ガレージには1983年製ランドローヴァーや古いミニ、そして誇り高き黒のベントレーなど数多くの中古車が並び、すでにエンジンは外され代わってバッテリーと電気モーターが搭載されていた。同社ではたいてい衝突事故を起こしたり故障したりした日産リーフのバッテリーを使っている。クイッターはそのバッテリーを銀色の金属ケースに入れて隅に積み上げてあるのを私に指差して見せた。ほとんどのEVドライバーは大事故は経験していないと彼は言う。「せいぜい木曜の夜に疲れ切った中間管理職が交差点で発進したら、横っ腹にぶつけられたといった程度です」と彼は言う。バッテリーは大きな黒い鋼鉄製のケースの内部に納められてしっかり保護されている。16万キロ走行した電気自動車だとバッテリー容量はかなり低下しているかもしれないが、ロンドンをドライブするには十分だと彼は言う。「人がドライブするルートはほぼ予測可能です。家を出発してどこかへ行き、そこで車を停める。ひょっとするとまた出発してさらに別の場所までドライブして再びそこで車を停める。そして帰宅する程度でしょう」と彼は言う。「そんな［バッテリー］がもう寿命だというのはよくある誤解です」とも言う。「極めて高品質なバッテリーです。ですからバッテリーには第二の活躍の場があり、その後第三の活躍の場があり、さらに第四、第五の活躍の場があるはずなのです」。クイッターは古いバッテリーの容量が80パーセントから90パーセント残っていても原価の50パーセントで手に入れる。

彼は事業を始める前に自分のモリス・マイナーのクラシックカーにバッテリーと電気モーターを組み込んで電気自動車に改造していた。彼がクラシックカーにのめり込んだのはニューヨークからロンドンへ戻ってからである。ニューヨークではブラウン大学を出てから音楽の仕事につき、クラブメッドなどのクライアント向け「ジングル・ファクトリー」でコマーシャルソングを書いていた。米国人とのハーフのクイッターは音楽を辞めてデジタル出版の仕事につくが、すぐにそれも飽きてしまう。彼のモリス・マイナーの改造車は報道の注目を集め、彼はすぐにこうした製品の市場があることに気付き、2016年に仕事を辞めて自ら事業を立ち上げた。

しかしクイッターの望みは、裕福なファンに車を改造するだけではなかった。「それでは単なる高級指向のホットロッド［加速性能を高めた改造車のこと］にすぎません」と、もっと大きなエンジンを載せた自動車を指しながら言った。彼は改造費用をもっと下げ、会社として炭素排出削減に大きな貢献をしたかったのである。「目的地も決めないまま気楽に乗ってドライブできるので、自動車は自由の象徴と思われています」とクイッターは私に言った。「しかしその代償として、全員が車を1台持つようになれば地球を殺すことになるのです」。彼は、英国の自動車を大量にスクラップにして人々が新しい電気自動車を購入できるようにするのは無駄だと感じている。彼が言うには、ロンドンの北に使われなくなった飛行場があり、そこには数千台の中古車が並びスクラップになるのを待っていて、中には新車同然のものもあるらしい。英国の道路には１４００万台の車があり、政府はガソリン車とディーゼル車の販売を２０３０年までに禁止したいとしている。「自動車による二酸化炭素排出の半分はその製造過程から生じています。ですからガソリン車を電気自動車に改造する機会を作るという強い主張も実際に出てきているのです。私たちも政府がこの提案を支持すべきだと考えています」とクイッターは話す。

スピーカーやバッテリー管理装置、制御装置など、電気自動車の日産リーフの古い部品でいっぱいの彼のオフィスで話を聞いたあと、クイッターはランドローバーに乗せてくれた。最初ランドローバーは始動しなかったが、どうやら小型の12ボルトバッテリーに問題があったようだ。「エンジンがからないようですね」と彼は冗談を飛ばした。クイッターはフロントダッシュボードについている小さなメーターを真剣に確認していた。バッテリー容量の状態を示すメーターである。それからメーターを手がかりに微調整するとようやく始動し、クイッターはシフトギアをサードに入れた。そして出発。彼はクラッチを押し下げながら「もちろんこのクラッチに用はないんですけどね」と言った。ガレージのゲートを出てロンドン市街へ向かう。頑健な中古のランドローバーだが、不気味なほど静かだった。渋滞気味の道路へ入ると「今こうして会話ができていること、騒音のせいで大声で話すといった必要もないこと、それが改善点です」と彼は言った。「これは冒瀆だと考える人も一部にはいます」と彼は少し間をおいてから続けたので、私はその理由を彼に聞いてみた。すると彼は、米国では自動車の改造に対する態度はとてもリベラルだが、英国では多くの人が、自動車というものは常に製造時点の新品同様の状態を維持しなければならないものと信じているからだ、と答えた。それでもクイッターの顧客のほとんどは、自分の古くなった車に愛着があり、長年家族同然であり、排出規制が厳しくなっても愛車を維持したいと思っている。

クイッターの仕事によって、長持ちする製品を製造する必要性に光が当てられた。家電製品の寿命が短い理由は「計画的陳腐化」の実践によるところが大きい。これは1920年代にゼネラル・エレクトリック社などの電球メーカーが電球の寿命を短くするカルテルを結び、電球が数多く売れるようにしたのが始まりだ。この方法は驚くほど成功した。今日でも同じようなインセンティブが存在する。一般的に行われているのが、新品を買うよりも修理費用の方が高くなるように設定していることだ。そして電気自動車のバッテリーも、実は普通考えられているよりずっと長持ちする可能性がある。

ロンドンのマスウェル・ヒルを拠点とするリサイクル専門家ハンス・メリンはEVの古いモデルが最後にどこへ行くのかを明らかにするため、何日もかけてEVを追跡した。するとEVの多くがガソリン車と同じように国内市場から販売用として発展途上国に送られていることがわかった。国連によると、2015年から2018年にかけて、およそ1400万台の中古車がヨーロッパや日本、米国から発展途上国へ輸出されている。[20] メリンは発展途上国で電気自動車の販売先をさらに追跡してみると、中古EVの突出した強力なバイヤーとなっていたのがウクライナだった。そして2021年1月、ウクライナで売り上げのトップ5に入ったEVはほぼすべてが米国とEUからの中古車であることもわかった。「ウクライナでは多くのシボレー・ボルトや米国市場からの多くの車が目につきます」と彼は言う。メリンは電気自動車が普通期待されているよりずっと長く乗られていることにも気付いた。英国での自動車の平均使用年数は11年だが、ウクライナでは約18年だ。その結果、2030年までにリサイクルに利用できる中古リチウムイオン・バッテリーの総数のうちヨーロッパで利用できるのはわずか16パーセントで、米国では10パーセントになるとメリンは予測している。今や発展途上国に輸出しているのは汚染を振りまくガソリン車ではなく、クリーン・エネルギーを輸出していたのだ。「かつては汚染を輸出していたが、今ではゼロ・エミッションを輸出しているのです。これには文句の言いようがありません」と彼は言った。

バッテリーが大きく劣化して電気自動車での利用には適さなくなったとしても、再生可能エネルギー用のバッテリーや、ボートなど他の輸送形態など、別の場面でリユースが可能かもしれない。EVのバッテリー残容量が80パーセントあれば、米国の85パーセントの人にとって日常移動には十分な容量であることが、研究によって示されている。[21] 私たちのバッテリーは今後はおそらく自動車本体よりも長持ちするようになるだろう（さらに将来は人間の寿命より長持ちする）。もちろんリサイクルとリユースでバッテリー生産のすべての課題が解決するわけではない。しかしバッテリー製造に関わるエネルギー供給への意識が高まれば、もっと楽観的な方法が見えてくる。問題は誰が産業規模でバッテリーのリサイクルを進め、より環境に配慮したバッテリーを製造するのかだ。

第14章 世界一環境に優しいバッテリー

「バッテリーは自動車にとって大きな差別化要因となるでしょう。そして人々はバッテリーとその製造方法について強い関心を持つようになるでしょう」(ヨーロッパのバッテリー新興企業ノースボルトの資金提供者)

2021年初め、矩形をした低層の巨大なビルディングがスウェーデン北部、北極圏の南200キロの雪の中で姿を現し始めた。屋根は雪で滑らかに覆い尽くされ、それが周囲に広がる木々の樹冠の緑を切り取り、得体のしれない巨大な倉庫か、極秘の軍事科学プロジェクトの施設のようにも見えた。そしてシェレフテオの町にはその存在の大きさが強く現れていた。1920年代に金が発見されて以来最大の好景気で、ホテルは完全に満室状態だ。あらゆる国籍の600名の建設労働者がこの町で飛行機を降り、彼らのために特別に建設された小さな村で生活していた。建設作業は新型コロナウイルス・パンデミックの間も続き、ポーランド人労働者の多くは足止めにあい帰国できなかった。「ストックホルムの北では最大のホテルだろう」とノースボルトの創業者ピーター・カールソンが話してくれた。シェレフテオは当時、バッテリーを国内製造することでヨーロッパの電気自動車革命を駆動する重要な役割を果たそうとしていた。この長さ600メートルの白いビルディング群は、最終的なバッテリー工場の規模の4分の1にすぎないが、地政学的野望というメッセージを発していた。ヨーロッパが世界的バッテリー競争に参入する大真面目な宣言である。

2012年ピーター・カールソンはカリフォルニア州のテスラで、同社初の高級電気自動車モデルSの発売に向けた準備で、昼も夜も働きずくめだった。イーロン・マスクの弟子であるカールソンの仕事は自動車会社のグローバル・サプライチェーンを管理することで、300以上のサプライヤーと取引していた。背の高い短髪のスウェーデン人のカールソンは、スウェーデンのソニー・エリクソンそしてシンガポールのNXPセミコンダクターズでサプライチェーンの最高責任者として専門知識を培《つちか》ってきた。2000年にはソニー・エリクソンが携帯電話用バッテリーをおよそ10億ドルでソニーとパナソニックから調達する際の責任者となった（この頃ソニーで電池事業推進に取り組んでいた阿武保郎《あんのやすお》は最終的にノースボルトに移っている）。その後カールソンはすべてを捨てて、当時はお金とは程遠いシリコンバレーの新興企業に加わった。そのテスラでの仕事は全力で走りっぱなしの状態で、カールソンは電気自動車の生産規模拡大の難しさを身を以って知ることになった。

テスラにいた時、カールソンは次の10年は世界のバッテリー産業の中で「地盤の取り合い」になると見ていた。「優秀な人材の獲得、生産規模の拡大そして資金獲得に最も成功したものが勝者となる」と彼は言っていた。２０１５年の年末にテスラを去ったカールソンは、ヨーロッパには域内でバッテリーを生産する模範的な企業が必要だと考えるようになっていた。そこで彼はスウェーデンに戻り、テスラの元同僚パオロ・セルッティとチームを組む。セルッティはカールソンを説得してパリのルノー＝日産からテスラに転職させた人物だ。２０１６年の秋に彼らはノースボルトの設立を決める。当初はＳＧＦエネルギーという社名だった。ヨーロッパでバッテリーのギガファクトリー建設の実現可能性について調査し、6か月かけて世界中を回り顧客、サプライヤーそして政治家と会談を重ねた。バッテリー専門家の採用も開始する。そしてカールソンの目標もすぐに決まった。スウェーデンに豊富に存在する再生可能エネルギーの供給を利用し、世界で最も環境に優しいバッテリーを製造することだ。バッテリー製造を席巻するアジア大手企業、パナソニック、ＬＧ化学、サムスンＳＤＩそして中国のＣＡＴＬに対する大胆な挑戦である。「私たちがこの業界で環境に配慮した仕事をしているとはまったく思っていませんでした」とチームに加わった阿武保郎は言う。「ですからピーターの計画は、まさにそうした要請に応えるもので、私の夢でもありました[1]」。カールソンは規模が重要な要因になることを初めからよくわかっていた。「それがまさに産業というもので、大きくなるか、さもなければ故郷へ帰るかです」と彼は言った。「誰も動かなければ、ヨーロッパは完全にアジアのサプライチェーンに依存することになるだろう」

＊

ヨーロッパは夢遊病にかかったかのようにぼんやりと電気自動車時代を歩き始めていた。テスラが最初の電気自動車を開発する一方で、ヨーロッパの自動車メーカーは二酸化炭素排出削減への解決策としてディーゼルを推進していたのである。ディーゼルはガソリンよりも燃焼による二酸化炭素の排出量が少ないからだ。しかしフォルクスワーゲンは、排気試験が実施されていることを検出できる「必殺ソフト」を組み込んで、試験の時だけ自動的に排出規制をクリアできるように不正行為をはたらいていた。このことが2015年に暴露されると、ディーゼルでの解決策は短命に終わることになった。2016年までにヨーロッパの自動車産業は重大な岐路に立たされていた。このままでは2020年までの二酸化炭素排出規制を遵守できず、数十億ユーロの罰金の支払いが予想された。しかしディーゼルはもう人気を失っている。[2] 規制をクリアする唯一の道は電気だった。しかしサフト（石油大手トータルに買収される）やルクランシェ、フランスのボロレなどわずかなメーカーを除けば、ヨーロッパでこの転換に必要となる規模でバッテリーを生産している企業はない。「イノベーションを取り戻さなければ、第二のソーラー業界のようになってしまうだろう」と、数年前にヨーロッパがソーラーパネル製造産業を失ったことに触れながら、スイスのバッテリー・メーカー、レクランシェの取締役アニル・スリヴァスタヴァは語った。しかしバッテリー製造は資本集約的な産業であり、ヨーロッパの自動車メーカーにはその専門知識を持つ企業はない。「ヨーロッパでバッテリー生産に参入したい企業があるだろうか」と米国の証券会社バーンスタインのアナリストは懐疑的に問いかける。

それに答えたのがブリュッセルの欧州委員会だった。当局は大陸は痛ましいほどにEVへの移行の準備ができておらず、これまでの中東への依存が中国への依存に移行するリスクがあることを認識していた。10年後にはヨーロッパの道路に4400万台の電気自動車が走行することが予測されている。現在ヨーロッパの自動車産業は、労働者の20人にひとりを雇用している。[3] そうした産業が存続するために必要なテクノロジーを中国や韓国、そして日本に依存するというのはヨーロッパとしては受け入れがたい。さらにバッテリーを海外からの供給に頼っていれば、電気自動車の経済価値の大部分がEUの外へ流れてしまうのである。EUの欧州委員会副委員長マロシュ・シェフチョヴィッチは、2017年後半に歩む道を切り替える決断をする。彼は元スロヴァキア外交官で2019年の母国での大統領選では敗北を喫した。金属フレームのメガネを掛けたがっしりした体格のシェフチョヴィッチは、ブリュッセルに中国製電動バスが増加していることが気になっていた。[4] 10月、彼はヨーロッパ開発銀行を通してバッテリー産業向けの開発融資を担当する組織、ヨーロッパバッテリー連盟を創設する。「この連盟の目的は単純だが、壮大な挑戦だ」と彼は言う。「私たちはゼロから始めて、完全にEUを基盤としたバリューチェーンが支える競争力があり持続可能なバッテリー・セル生産を、このヨーロッパで実現したいのです」[5]。アジアに追いつくためにはヨーロッパに少なくとも15～25のギガファクトリーが必要になり、それには約200億ユーロの投資が必要になるとシェフチョヴィッチは言う。

シェフチョヴィッチはこの問題を極めて地政学的観点から捉えている。中国はヨーロッパの自動車産業に挑戦を仕掛け、戦後の多国間世界秩序を覆そうとしている。さらにコバルトやリチウムといった重要な鉱物を確保することで中国は「ユーザーを新たな依存構造に閉じ込め」、バリューチェーンの上流に進出しつつある。シェフチョヴィッチは2019年のあるスピーチで「中国が供給全体を支配しようとしている時に、何もしないわけにはいかない」と発言している。ヨーロッパは世界のニッケルのわずか14パーセント、コバルトの8パーセント、リチウムとグラファイトについては1パーセントしか生産していない。しかもヨーロッパにはこれらの元素の精錬所や処理施設がない。つまり原材料は確保してもそれらを中国へ輸送して精錬しなければならないのである。ヨーロッパが目指すのは「戦略的自律性」だとシェフチョヴィッチはいう[6]。

ヨーロッパは中国にならってヨーロッパ域内のバッテリー産業に対する補助金を充実させる決断をする。将来の市場で競争するためには産業政策が必要であることに目覚めたのである。ヨーロッパは中国政府の自国企業への補助政策に抗議してきたが、ついにその中国の方針を模倣することになった。シェフチョヴィッチは、中国と価格だけで戦っても勝ち目がないことは承知している。中国より環境フットプリントが小さいグリーン・バッテリーを生産すること、それこそヨーロッパが中国より優位に立つうえで重要だと、彼は考えている。ヨーロッパは「持続可能なバッテリー生産」のパイオニアになると彼は言い、「最も高い環境への配慮と倫理的水準での採取、可能な限りカーボンフットプリントを最小に抑えた製造……バッテリーのリユースと材料のリサイクル」を実現するというのだ。[7] フォルクスワーゲンによると、電気自動車製造で排出される二酸化炭素の40パーセント以上を占めるのがバッテリーだ。中国でのバッテリー製造による二酸化炭素排出量は、同国が石炭に依存しているため、ヨーロッパよりおよそ60パーセント多いとブルームバーグ・ニュー・エナージー・ファイナンスの研究者は指摘する。フォルクスワーゲンは自社のサプライチェーン全体でカーボン・ニュートラルを実現すると宣言していた。しかしバッテリー供給を中国に依存したままでは、その実現は不可能ではないにしても達成は難しい。

　ノースボルトはある解決策を提起した。スウェーデンはヨーロッパで最もグリーンな電力系統を持っていて、同社の工場では100パーセント再生可能エネルギーを利用する。ノースボルトは2030年までにはバッテリー製造でリサイクル原料を最大50パーセント利用すると約束している。さらに同社は「紛争や児童労働、人権侵害のない」サプライチェーンの構築も約束している。[8] バッテリーの製造では膨大なエネルギーを消費する。スウェーデン北部にあるノースボルトの工場でバッテリー生産がフル回転した場合の消費電力は60ギガワット時で、同国の電力消費量の2・5パーセント近くに達するのである。「バッテリー生産はエネルギー集約的で、適切に生産されれば良い事だとわかってはいますが、大きなカーボンフットプリントを残すとすれば、この転換の目的が霞んでしまいます」とカールソンは私に語った。２０１８年、ノースボルトはスウェーデンにバッテリーのパイロットラインを建設するため、ＥＵの欧州投資銀行から５２００万ユーロ（約84億円）の融資を得た。さらに翌年に同銀行は、ノースボルトのスウェーデン北部でのバッテリー工場の建設に3億５０００万ユーロ（約５７０億円）を融資することを約束した。この支援によって民間投資家の誘致にも成功し、２０１９年の夏には、ノースボルトはフォルクスワーゲンとゴールドマン・サックスが主導する10億ドルの資金も確保した。なかでもゴールドマン・サックスは大きな後ろ盾となり、ノースボルトの取締役会に3名を送り込み、２０２１年夏にさらに10億ドルを投資している。[9]こうしてノースボルトは多額の資金確保に成功し、中国の資本調達能力と争えることを示してみせた。「ヨーロッパに多くのバッテリー工場が建つことは非常に重要だ」と後にカールソンは述べている。「ＬＧとサムスンだけで全市場に供給するのは不可能だからだ」

　ノースボルトは２０２１年までにその約束を果たさなければならなかった。3月、テスラの「バッテリー・デイ」から半年後、フォルクスワーゲンは独自の「パワー・デイ」を催し、その様子がドイツのステージからオンラインで配信され、１９８０年代のＳＦ映画を彷彿とするような明緑色の文字が流れた。「Ｅモビリティの勝利です」と言うのは、ダークスーツに身を包み白のシャツにノータイといういでたちのＶＷのＣＥＯヘルベルト・ディースだ。「輸送の排出を真っ先に削減できる唯一の解決策です。ＶＷの目標はバッテリーの世界的規模拡大においてポールポジションを確保し市場を牽引することにあります」。この自動車メーカーは、ヨーロッパには6か所のバッテリー・セル工場が必要で、ノースボルトとはバッテリー・セルに140億ドルを支払うことで合意していると述べた。ノースボルトとしては最大規模の契約になる。数か月後、同社のバッテリー工場の操業開始の日が近づくと「当社にとって問題なのは需要ではなく、これらすべての要求をいかに実行するかなのです」とカールソンは私と私の同僚に語った。

ヨーロッパがついに目標を達成した。2020年、ヨーロッパの電気自動車の販売台数が初めて中国を超したのである。世界のEV市場の中心における大きな変化だった。中国は長年トップを走っていた。しかしブリュッセルを拠点とするNPO、トランスポート・アンド・エンヴァイアロンメントによれば、2019年、輸送電動化に対するヨーロッパの投資は600億ユーロ(約9兆7000億円)となり中国の171億ユーロ(約2兆8000億円)の3倍以上に達した。ほんの1年前には中国の輸送電動化分野への投資はヨーロッパの7倍もあったのである。こうしたヨーロッパの急速な成長によって、中国では政府がEV市場へ十分な支援をしていないのではないかという懸念が高まっていた。CATLの会長曾毓群は、2019年後半のスピーチで、中国にヨーロッパの強制的な炭素排出制限と同様の厳しい政策を導入するよう求めた。「これから数年の間この傾向が続き、投資がなければ、生産も行われず、当社が引き続きトップにとどまるのは非常に難しくなるだろう」と述べた。[10] シェフチョヴィッチは喜んでいた。そして彼は2025年までにEUはバッテリー・セルを自給自足できるようになると断言した。英国の調査会社ベンチマーク・ミネラル・インテリジェンスによれば、現在世界中で計画されているバッテリー・ギガファクトリー272か所のうち、今のところ27か所がヨーロッパだ。バッテリーで雇用と経済を成長させて中国への依存を減らすには、政府の支援が欠かせないだろう。

＊

ノースボルトの成功は中国との競争における重要なステップとなり、ヨーロッパを米国のはるか先へと導く動きだった。しかしヨーロッパには同社に必要なサプライチェーンを拡大できるだけの鉱山がない。したがってヨーロッパのニッケルの大部分はロシアの新興財閥《オリガルヒ》ウラジミール・ポターニンが支配するノリリスク・ニッケル社から、リチウムはチリやオーストラリアから輸入することになる。つまりヨーロッパは依然として原材料を他国に依存せざるを得ず、戦略的自律性という目標はそのハードルを下げなければならない。そのためヨーロッパでのバッテリー生産の環境面での優位性の一部が相殺されることになる。

2020年の夏にはロシア北極圏の都市ノリリスク近郊にある発電所の燃料タンクから軽油2万1000トン以上がアンバルナヤ川へ漏出《ろうしゅつ》し、川の水は赤く染まった。この流出事故は極めて深刻だったため、ロシアの大統領ウラジミール・プーチンは非常事態を宣言した。グリーンピースはこの事故を1989年にアラスカで起きたエクソン・ヴァルディーズ号の惨事にたとえている。一方ロシアの天然資源環境相ドミトリー・コブイルキンは「北極海域の被害は前例のない規模だ」と述べた。この軽油流出の影響は何年も続き、河川の水と土壌を通して食物連鎖に広がり、地域の動物や鳥類に影響を及ぼす可能性がある。[11] 科学者グループは環境の清浄化には数十年を要すると推定している。ロシアの天然資源監督庁はノリリスク・ニッケル社に対してこの流出事故の罰金としてロシア史上最高額の21億ドルを支払うよう命令を下した。

２０１９年8月には、北極圏の先住民グループのネットワーク（アボリジェン・フォーラム）はイーロン・マスクに公開書簡を送り、ノリリスク・ニッケル社が汚染された土地を浄化再生し、同社のあらゆる活動による環境被害を住民に補償し、将来の開発にあたっては地元の承認を得ることを約束するまでは、ノリリスク・ニッケル社からニッケルを購入しないよう要求した。アボリジェン・フォーラムは汚染が「日常的に生じている」と言う。そして「同社は工業生産のために先住民の土地を私物化し、今では月面の地形のようにしてしまった」と彼らは述べた。「これらの土地の伝統的利用はもう不可能です[12]」。

ノリリスクの町は北極圏の北に位置し、気温がマイナス10度を下まわるのはいつものことだ。この町の1年のうち8か月間は雪で覆われ、地球上で最も孤立し汚染された場所のひとつだ。

＊　1か月後ノリリスク・ニッケル社は声明を発表し、タイミル半島に住む先住民のために5年間の支援計画を進め、20億ルーブル（２６００万ドル）を支払うとした。そしてこの資金は自然生息地の保護や、伝統的活動の支援、そして住宅や医療、「インフラ、観光、教育さらに文化プロジェクト」に使われる（原注13）。

ルーツはヨシフ・スターリン政権下の強制収容所《グラーグ》で、何十万もの囚人が地下深くでソ連の鉱山の建設、掘削の労働を強制されていた。公式の死者数は公表されていないが、10万人が死亡したと考えられている。現在この都市には約18万人が暮らし、周囲をソ連時代の老朽化した製錬所に囲まれ、それらの中には二酸化硫黄の最大の排出源となっているものもいくつかあり、酸性雨と森林破壊の一因となっている。2018年、鉱業世界最大手であるリオティントの硫黄の総排出量が8万4000トンだったのに対してノリリスクの排出量は190万トンだ。ノリリスクは環境災害の歴史も綴った。2016年にノリリスクのダルディカン川の水が真っ赤に染まり、ノリリスク・ニッケル社は豪雨により尾鉱ダムの汚染水が洪水となって川に流れ込んだことを認めざるを得なかった。しかしノリリスク鉱山はニッケルとパラジウムそしてプラチナを世界で最も多く含む鉱床だ。

ノリリスクで生まれる富の大部分はある人物のもとへ流れる。ノリリスク・ニッケル社の株式の34・5パーセントを所有するロシアの大富豪ウラジミール・ポタニンである。2018年後半、私はクラリッジズ・ホテルの中二階にある落ち着いた雰囲気の「ボードルーム」という個室でポタニンと面会した。当時のポタニンは二重顎で頭をきれいに剃り上げていて、ジェームズ・ボンドの悪役のようにも見えた。しかし実際の彼は拍子抜けするほど気取らず、穏やかだった。ノリリスク・ニッケル社は電気自動車サプライチェーンへの参入に期待を寄せていること、さらにフィンランドでドイツのBASF社と共同でバッテリー材料を生産する契約を結んだことを発表したばかりだとポタニンは話してくれた。「私どもにとっては、バリューチェーンに深く踏み込んでそれがどのように機能するかを確かめる機会であり、ニッケルやコバルトなどの金属生産だけでなく、電気自動車の開発にもある程度関われるいいチャンスだと思っています」と彼は言った。[14] この契約をきっかけにノリリスク・ニッケル社はその環境フットプリントを改善し、より持続可能な企業になると彼は約束している。ポタニンの同僚でマーケティング部長のアントン・ベルリンは後にメディアのインタビューでもっと率直に語っている。「バッテリーは、ステンレス鋼の発明以来、この100年間でニッケルに起きた最も幸運な巡り合わせでした[15]」

ポタニンはソ連崩壊から4年後、ボリス・エリツィン大統領のもとでポタニン自身が導入した物議を醸した「株式貸付制度」を利用してノリリスク・ニッケル社の株を手に入れていた。エリツィンは国家への融資の見返りとして、ロシアで最も価値のある天然資源資産の一部の株式をモスクワの実業家グループに譲渡したのである。その後実業家グループは実質的に自分たちでその株式を買い取っている。その結果ポタニンはノリリスクの株式の38パーセントをわずか1億7010万ドルで手に入れ、その株は2020年には時価およそ150億ドルの値を付けている。さらに2022年の初め、ロシアがウクライナに侵攻する前には、同社の時価総額は420億ドルに達していた。

ノリリスク・ニッケル社はあまりに巨大なので無視するわけにはいかない。同社では2030年までに電気自動車のバッテリー・パック350万〜550万個の生産を賄うのに十分なニッケルを供給できるとしている。このバッテリーによって世界の二酸化炭素排出量を５０００万～１億トン削減できるだろう。ＢＡＳＦとの契約によってノリリスクがまさにヨーロッパのＥＶサプライチェーンの中核に収まったことで、ちょうど天然ガスのロシア依存から脱却しようとしていたＥＵは、逆にかつてないほどプーチンのロシアと緊密に結びつくことになった。エネルギー転換に必要な鉱物が地政学に変化をもたらし、国々を結びつけることを示すもうひとつの事例である。

ノースボルトがバッテリー生産を環境フットプリントを改善する方向で管理しようとする動きを見せたとしても、ヨーロッパが原材料サプライチェーンの闇の部分から完全に離脱できるとは考えにくい。しかし英国の起業家がこの解決に結び付きそうな大胆なアイデアを示している。

第15章 コーンウォールでの鉱業復活

ジェレミー・ラソールが歩いているのはセントオーステルの丘陵。低木とシダ類で覆われる鬱《うっ》蒼《そう》とした道が、50年以上前に人間が作業した痕跡が残る浅いピットへ向かっている。彼は20センチほどの岩石を地面から拾い上げ、リチウムを豊富に含む雲母の小片を指差すと、それはコーンウォールの真昼の陽光を受けて茶色く柔らかい光を返した。「どのくらい深く掘られていたのか、どのくらいの量を採掘していたのかはわからない」とコーンウォールでリチウムを探すために職を辞めた元投資金融銀行家のラソールは言う。「集団記憶は失われてしまいました。ですからまるで地質調査をしているようなものです」。ラソールは第二次世界大戦中に操業されていた英国で唯一知られる歴史的リチウム鉱山を、英国地質調査所を退職した元職員からの電話で情報を得て、衛星画像を利用しながら「地質調査」も行い、ようやく発見した。この鉱山は、ドイツがヨーロッパ最大のリチウム生産国となっていた当時、潜水艦の二酸化炭素を除去するために用いるリチウムの供給に貢献していたと、ラソールは考えている。

ここは小さな円錐状の丘に囲まれているが、それは何百年も陶器の製造に用いられた「チャイナ・クレイ」つまり陶土を採掘してできた古い廃棄物の山だ。この丘は「コーニッシュ・アルプス」と呼ばれていると、ラソールの若い同僚が教えてくれた。コーニッシュ・アルプスはセントオーステルの町のそばまで迫っていて、町にはフランス企業イメリスが所有する陶土工場があり、そばには小さく小綺麗な家並みも見える。しかしその一帯は不気味なほど人気《ひとけ》がなく、制服を着た労働者と巨大煙突が並ぶ中国で見慣れた工場とは正反対だ。ラソールによると、ここの採掘業は、灰白粘土を原料に用いる紙の需要が減少し深刻な影響を受けたという。英国で最も貧しい地域のひとつコーンウォールが、次第にグローバル経済での競争が立ち行かなくなってきたことを示すもうひとつの例である。2016年の国民投票では、コーンウォールは欧州連合離脱《ブレグジット》票が圧倒した。しかしラソールはリチウムが希望を実現するチャンスになると捉えていた。コーンウォールは4000年以上、錫と銅を供給する鉱業の中心地だった。18世紀を舞台としたウィンストン・グレアムの一連の小説『ポルダーク *Poldark*』にその様子が描かれ、最近BBCの連続ドラマにもなった。しかしグローバリゼーションと新たな金属供給源が開発されたことで、コーンウォールには操業を続ける鉱山はひとつもなくなった。産業全体が衰退し、鉱山は観光客や映画スタッフ向けの歴史的遺物に成り果てている。ラソールはコーンウォールにはこれまで見逃されてきた潜在的な自然資源が豊富に存在すると考えている。太陽光発電に十分な陽光、洋上風力発電に適した強い大西洋風、そして地下深くを流れる高熱の地熱流体はエネルギーと熱を生成し、リチウムも供給できると考えている。コーンウォールはその豊富な再生可能エネルギーを利用して、チリやオーストラリアに代わることはできないにしても、リチウム生産国としてその一部を担うことができるのではないか。「それこそ究極のブレグジットであり、その成功物語になる」とラソールは言った。

＊

上品な立ち居振る舞いでたくましい体格のラソールは、祖父が山岳救助隊を創設した湖水地方で育った。３歳の時に家族でウォーキングに引っ越したが、彼はそこをそれほど気に入らなかった。「ウォーキングはこれといった土地ではなかったのです」と彼は私に言った。小さい頃は落ち着きがなく、十代になったらどうなるのか心配されていた。父親は彼に「お前は爆破することが好きで、掘り返すことや悪戯が好きだが、そんなお前をどうしたものか」と言っていた。そして父親はラソールに採掘の勉強をするように、コーンウォールにあるキャンボーン鉱業学校への入学を勧めた。地質学と鉱山学で英国最高峰の学校で、冒険と採掘の将来が約束される。「私の人生で最高の決断だった」とラソールは当時を振り返った。

鉱山学校を卒業すると、ラソールは鉱山会社アングロ・アメリカンの一部門である金深鉱山で働くため、当時はアパルトヘイト下にあった南アフリカへ向かう。地下深い高温の鉱山で南アフリカ人の地元チームを管理することは「地獄の光景に最も近かった」とラソールは言う。彼は鉱山で用いられる「ファナカロ語」という特別な言葉を覚えなければならなかった。鉱山のすべての労働者が理解できるピジン言語である。ある時、地下数キロの地点で作業していると、彼の頭上から岩が落下し肩と腕を負傷した。「もっと重い岩だったら、死んでいたかもしれない」とラソールはその時の様子を語った。別の時には地下で火災がおきた。「その時はもうだめだと観念した」と彼は言う。それから数年後、彼はもうその現場に耐えられなくなった。父親になる予定もあったので、イングランドへ戻りシティで働くことにする。伝統あるシティのブローカー、カゼノヴに入社したが、「私の存在はちょっとした実験のようなものだった」と彼は言う。なにしろ「パブリックスクールに通わなかったのは私だけだった」のだ。そしてロンドンの伝統的なシティのブローカー・ブーム、酒浸りのランチとなんでも経費で落とす時代の最後に巡り合わせた。その後ラソールは投資銀行UBSへ移り、さらにドイツ銀行へ転職し、そこではさらに多くの金が経費に投じられ、「会社が何から何まで支払ってくれた。マルベーリャへの旅行でさえ全額支給された」。1990年代のロンドンはぜひとも行ってみるべき場所だったのである。

しかし2001年にラソールはそんな生活をすべて投げ捨て、湖水地方へ戻り祖父のように山岳救助隊へ参加し、アウトドア衣料品店を開業する。この根っからの山好きにとって、ロンドンを抜け出し生まれ育った故郷との関係を取り戻すチャンスでもあった。店には警報システムを設備し、登山者が道に迷ったり、十分な準備のない登山者が天候の急変に遭うなど、救助が必要となった時には警報音が鳴る。しかし、このロンドン脱出という理想的な目論見も、すぐに現実の前に崩れ去る。ラソールにとって厳しい時期だった。店の在庫をどうやって売り切るかいつも心配で眠れない。結局ラソールはまた最初からやり直さなければならなくなった。

ある友人からザンビアで銅の採掘をしている会社に来ないかと誘われると、彼はそのチャンスに飛びついた。ラソールはアフリカの鉱山のスペシャリストとなってコンゴ民主共和国にも出向いてコバルトと銅の鉱床で働き、茂みにテントを張って寝泊まりした。2011年、中国の原材料需要が加速するのを見て、ラソールはコーンウォールの古いウィール・ジェーン錫鉱山の再開を検討し始めた。かつて1960年代から70年代にかけてコンソリデイティッド・ゴールドフィールズ、その後リオティントが所有していた鉱山だ。金属価格が高騰し、誰もが鉱山を開発しようと躍起になっていた。ウィール・ジェーン鉱山は、13世紀以降トレゴスナンの地所（トレゴスナン・エステート）を所有してきたボスコーエン家のファルマス卿が所有する土地にある。2012年、ラソールはその土地の相続人と豪華なランチをともにした。彼にとってのちにここでのつながりが非常に有益なものとなる。ところがこの時はラソールは鉱山再開を諦め、2013年に融資の仕事をいくつかこなした後、鉱山アナリストとしてインベステックに入社する。ラソールは鉱山を訪ねて世界中を旅した。2015年9月、彼はグレンコアの株には価値がないという解説を書いて有名になり、その結果同社の株価は30パーセント下落し、アナリストの解説によればFTSE100企業として最大の下落となり、この時グレンコアは20億ポンドを失った［FTSE100は、ロンドン証券取引所に上場する企業のうち時価総額上位100社］。

しかし2016年までに中国主導の材料好景気は終わりを告げ、鉱山アナリストとしての人生は制約が次第に多くなってきた。同時に電気自動車の販売台数が伸びたことで、鉱業界は世界経済の脱炭素化に必要な原材料に注力し始めていた。炭鉱が退場しリチウムが登場したのだ。2016年2月、ラソールは歩いてシティの職場へ向かっている時、1998年に閉鎖され200名が失業したコーンウォールのサウス・クロフティ錫鉱山で働いていた友人の話を思い出した。その鉱山の底部の岩石中を流れる高温の塩水にリチウムが含まれているとその友人は言っていたのだ。彼は数年前にその友人から地図を数枚もらったが、倉庫にしまったまま忘れていた。「薄暗くて、ひどい雨の日でした」と彼はその日のことを思い出していた。「そして本当にこれこそ人生だと思いました」。ラソールは家に帰りコーンウォールのリチウムをグーグル検索してみると、リチウムはサウス・クロフティだけでなくコーンウォール全域に存在し、その金属は鉱山の底を流れる高温の塩水に含まれていることがわかった。英国はすぐ裏庭にリチウム鉱山を持っている可能性がある。ラソールは仕事を辞めてコーニッシュ・リチウムを立ち上げることにした。インベステックの恵まれた高給を捨て、起業家となる決心をしたのだ。彼の同僚は「私が気でも狂ったのかと思っただろうが……アナリストというのは酷い仕事で、もう楽しんでやれるような仕事ではなかった」と言って間をおいた。「たぶん今までに私が選んだ最も無謀な選択でした」と彼は当時を振り返った。

＊

2020年3月の初め、新型コロナウイルスが英国を襲う少し前のこと、私は列車でラソールとともにコーンウォールへ向かった。メディアは中国と中国のサプライチェーンから離脱する話題で持ちきりだった。現在の英国は中国がなければ最も基本的な個人用防護具でさえ自国で製造するのに四苦八苦している。地域航空会社のフライビーが破綻したばかりでコーンウォールへの空路はなく、私たちは列車での移動に計画を変更せざるを得なかった。実は私としては嬉しかった。というのも私は列車ののんびりしたところがとても好きだからだ。それに航空会社がそのうちすべてのフライトの運行を停止せざるを得なくなる予兆のようにも感じられた。私たちは午後の日差しが当たる窓際のテーブルに座った。タマール川をわたりデヴォンを離れると、ラソールは自然が形成した境界を越えてコーンウォールへ入ったことを示すために「ここはもう外国だよ」とおどけてみせた。トンネルをひとつ抜けると突然視界がひらけ、列車は海のそばをゴトゴトと進み、風に吹かれる白い波頭を見ているとようやく都会から開放された気分になった。そんな時にラソールは英国の大臣ナディム・ザハウィの発言を私に聞かせたがった。クリティカル・ミネラルズ・アソシエーションという新たな組織の創立を記念する昨晩のディナーの席で、ザハウィは英国資源の開発を支持していた。「リチウムについてコーンウォール鉱山が示している自給自足の可能性は、英国経済にとって信じられないほど重要になると私は思います」と彼は述べたのである。[1] 首相のボリス・ジョンソンも、先週の国会でコーンウォールのリチウムについて質問された時には、賛同するように「コーンウォールが本当に豊富なリチウム資源を誇っていることは素晴らしいことで、我々も開発を進めるつもりだ」と答えている。[2] しかし他の政治家はそれほど熱心ではなかった。国会でコーンウォールのリチウムについて地元の国会議員スティーヴ・ダブルから質問された時、ジェイコブ・リース＝モグは、英国は自国の産業界のために公平で自由な貿易に依存しており今後も続けていく、といつものように横柄な態度で答えている。

コーニッシュ・リチウムを創立したあと、ラソールはコーンウォールの鉱山史をめぐる「信じられないような発見の旅」を開始した。古い新聞の切り抜きからリチウムへの言及を探し出し、さらに古地図や文書まで収集していたのである。家に資料がたくさんあると連絡してくれた友人を訪ねエセックスまで車を走らせることもあった。さらに英国地質学会へ行き、地下室で埃を被ったままの大きな箱に詰められた資料から、わずかな料金でそれらをデジタル化してもらった。コール・オーソリティ［英国の閉鎖された炭鉱を所有し、その水質汚染問題をはじめとする鉱山の環境問題に取り組むとともに、膨大な歴史的資料を保管し、その情報を提供している英国の公共機関］も訪ねた。ここにも多くの古い記録が残されていて、1835年まで遡る『ザ・マイニング・ジャーナル』も保存されている。こうしてラソールは少しずつだが、コーンウォール鉱山史のデジタル・アーカイブを構築しつつ、その中からリチウムに関する記載を探していたのである。歴史的記録から見えてきたのは、鉱山の底から湧き出す熱水のため、上半身裸で労働する鉱夫たちの姿だ。鉱山で採掘できる深さはこの高温の湧水によって制約されていた。そして１８６４年、ロンドン大学キングズカレッジのＷ・Ａ・ミラー教授によって、この温水には高濃度のリチウムが含まれていることが明らかにされた。ミラーはウィール・クリフォード鉱山の底部の熱水泉から採取した温水のサンプルを検査した。そして当時は医療業界でリチウムが精神安定剤として利用されていたため、その温水の可能性に気付いた。「これまでに分析された各地の熱泉水１ガロン当たりに含まれるリチウムの8～10倍という大量のリチウムが産出されることから、この熱泉水は非常に重要なもので、大きな関心が寄せられた」と彼は書いている。「さらにリチウムはこれまでも治療にある程度用いられてきたが、高価なため利用には限界があったことから、商業的価値としても大いに期待できる」。こうしてラソールは最終的に歴史的記録から77件のリチウムに関する記述を発見し、１０００枚以上の古地図から合計で20テラバイトに及ぶデータをデジタル化したのである。

キャンボーン鉱業学校の近くのモダンな建物にあるコーニッシュ・リチウム社のオフィスでラソールが見せてくれたのは、ミラーがユナイテッド鉱山でリチウムを発見した場所を示す地図で、「ホット・ロードの横断面」という表題が付けられていた。地図の右下隅には几帳面に書かれた囲みの文章があり「この鉱山の深部の気温は非常に高く」、地下２２０ファゾム（約４００メートル）で摂氏１１０度、２３０ファゾム（約４２０メートル）で摂氏１２４度と記されている。「この深度で湧き出る大量の熱水にはリシアが豊富に含まれる」とリチウムの旧称を使って書かれていた。ラソールにもっと地図に近づいてよく見るように促され、よく見ると鉱山の縦坑の一番上の部分では杖をつく小柄の棒人間がふたりで喧嘩をしている。ラソールは「この地図を描いた人物にはユーモアのセンスがあるね」と言葉を添えた。そのあとでコーンウォールで育ちかつて州の公文書館で働いていたニール・ウィリアムズが、厳重に警備されたアーカイブ室への入室を許可してくれた。ウィリアムズは、サウス・クロフティ鉱山（現在は閉鎖）から毎日午後3時になると爆発音が聞こえたのを今でも覚えていると言った。ちょうど学校から帰ってくる時間だったが、「誰も動じていなかった」と彼は当時を回想した。古い鉱山地図が床から天井まで積み上げられ、ジャック・トラウンソンのアーカイブズからコーニッシュ・リチウム社に寄贈されたノートやカセットテープも一緒になっていた。トラウンソンはコーンウォール鉱山に関する20世紀初めの専門家で、多くの写真を収集し、コーンウォールの鉱夫へのインタビューも収録していた。ウィリアムズによれば「彼はコーンウォールの鉱業界が破綻したため失意の中で亡くなった」という。彼が引っ張り出したテーブルくらいの大きさになるウィール・ビジー鉱山の古い鉱山地図を広げると、そこには縦坑巻揚機室と地下深くまで伸びる縦坑が細かいところまで詳細に描かれ、地図を横切る鉱脈の断層が短い赤線で示されていた。当時地下の暗闇を照らすのはロウソク1本だけだったことを考えると、この地図の詳細さは驚くべきものだと彼は語った。

古地図から得られたデータをソフトウェアに取り込み、コーニッシュ・リチウム社は地殻の3Dモデルを制作した。こうすることでリチウムを豊富に含む熱水が湧く亀裂に到達するにはどこを掘ればいいか、その重要なヒントが得られる。コーニッシュ・リチウム社はコーンウォールの海岸から海底まで全域の地質構造を明らかにした。「3Dモデルは本当に強力なツールで、さまざまな地図データを画面上で合成することができます。もちろんこのソフトウェアがなくても2枚の地図を並べることはできますが、ただの地図では回転させたり3Dにしたりして可視化することはできません」と解説してくれたのは、キャンボーン鉱業学校を卒業したコーニッシュ・リチウム社の上級地質学者ルーシー・クレーンで、「その正確さに感動しました」と語った。

ラソールは歴史的資料を発見することができた。次にコーンウォールのリチウムを探査する権利を取得する必要があった。多くの採掘権は依然として大地主が所有していたが、その他の権利は何度も売却されていて、土地の所有権からは切り離されていた。米国のシェール・オイルの先駆者たちのように、ラソールは気がついてみれば地元の地主階級を訪ね、彼らが所有する採掘権に基づいて探査できる協定に署名していた。2021年までにラソールは、英国国王の不動産を管理するクラウン・エステートから許可を受けたコーンウォールの北部及び南部の海岸地域も含め、広大な地域でリチウム探査をすすめる権利を取得した。

*

コーンウォールでの採掘は少なくとも青銅器時代の初期、紀元前2100~1500年頃から始まっており、紀元前14世紀までにはコーンウォールと地中海の間で金属の交易が行われていた証拠もある。錫の採掘は1500年頃からほぼ滞ることなく1998年まで続いた。ある研究によれば「ローマ人が侵略してきて350年後に彼らが撤退した事件を除けば、この国際貿易を長期的に妨げた歴史的大事件があったとする証拠はない」[3]。かつて19世紀の絶頂期には3000もの錫と銅の鉱山があり、その頃はナポレオン戦争が起き、王立海軍艦船の船体の保護に銅を用いていたことで、銅の価格は高騰していた。当時コーンウォールのグウェンナップは銅山からの富で世界で最も裕福な地区となった。ところが1870年代までに銅価格は暴落し、「コーンウォールの大移民」で鉱山労働者と資本家は米国やカナダ、オーストラリアの新天地へ移住した。「労働者も資本家もいなくなった」とラソールは言う。今日でもメキシコには英国人墓地、パンテオン・イングレス・デ・ミネラル・デル・モンテがあり、そこには19世紀に鉱物の豊かな土地に集まったコーンウォールの鉱夫たちも眠っている[4]。「19世紀後半までには、ほとんど世界中の鉱山でコーンウォールの労働者が働いていて、多くの鉱山長がコーンウォール出身者だった」と歴史家シャロン・シュワルツは書いている[5]。それでもコーンウォールではその後も錫の採掘は続き、1960～1970年代には短期間だったがコンソリデイティッド・ゴールドフィールズとリオティントによってコーンウォールで新たな探査が実施されることもあった。しかし1985年に錫価格が暴落すると業界は縮小し、最後まで残ったコーンウォールのサウス・クロフティ鉱山も1998年に閉山、約200名の雇用が失われた。そして錫の生産はミャンマーやマレーシア、インドネシアに移った。現在最大の錫生産国はインドネシアだが、電力はほぼ100パーセント石炭火力発電で賄われ、鉱山に対する環境規制もほとんどない。「歴史が完全に忘れ去られている」とラソールは言う。「誰もがコーンウォールを諦め、鉱夫たちが去り資本家たちも去った。今こそ古い鉱山地域を新しい目で再評価すべき時なのです」

コーンウォールは2億8000万年前に誕生した花崗岩の上にあり、その花崗岩は堆積物で覆われているが、ダートムーアのような場所ではそれが地表に露出していて「ネス湖の怪獣のよう」とコーニッシュ・リチウム社の若き地質学者ルーシー・クレーンは言う。その岩石の割れ目あるいは断層から水が花崗岩の中心にまで染み落ち、その過程で水にリチウムが吸収、溶解される。これがコーンウォールの鉱夫が鉱山の底で発見した熱泉水だ。古地図にはその流路が描かれていて、ラソールの会社ではその流路をコーンウォール全域から大西洋の海岸まで3Dで描き出すことができた。地質学ではコルヌビアン・バソリスとして知られるこの花崗岩にはウラニウムやトリウムなどの放射性元素も含まれ、これらが崩壊する時に放出する熱が、絶好の地熱エネルギーを提供する。ラソールによれば「地下の巨大原子炉のようだ」

地熱エネルギーを利用してリチウムを抽出できれば、採掘の低炭素化が可能になり、外部からの電力供給も削減できるだろう。地熱資源からリチウムを抽出する取り組みは、カリフォルニア州ですでに系統電力向けに地熱電力を提供している人造湖ソルトン湖で実を結び始めている。いわゆる「直接リチウム抽出法」の利点はチリのように巨大な池で塩水を蒸発させる必要がないことだ。高温の地熱塩水は、まずタービンを回転させて発電した後、リチウムを抽出するフィルターに通されるのである。その後塩水は地下に戻される。アレックス・グラントが言うように「地熱リチウム・プロジェクトは一石二鳥で、リチウムイオン・バッテリー製造用のリチウム化合物を二酸化炭素の排出を低く抑えて生産すると同時に、系統電力の脱炭素化にも貢献しているのです」[6]

*

翌日、私たちはファルマスから車に乗り、しっかり刈り込まれたヘッジが両側に並行して続く細道を、ラソールのチームが古い鉱山地図のデータをもとにリチウム探査をしている試掘現場へ向かった。ラソールは会社が鉱床を発見できるか神経質になっていた。「リスクは大きい、とんでもないリスクです」と彼は言った。採掘の歴史の痕跡はいたるところに見られた。かつて鉱山から蒸気機関で湧水を組み上げていた、今は廃屋となった古い機械小屋の脇を通った。続いて鉱山用の坑道支柱を製造していたパブ、そしてかつては港だった河川。ラソールは、地下に古い坑道があったためポーチが崩れ落ちた家があったことも教えてくれた。閉鎖されたウィール・ジェーン鉱山は、かつてラソールが再開を考えていた鉱山だが、そこには尾鉱廃棄物が積み上げられた広大な敷地があり、いまだに日にさらされたままで黒っぽい土と重金属が分厚い表層を形成している。また1991年に鉱山が閉鎖されてから、合計1000万ガロン（約3800万リットル）を超える高濃度の汚染水が排出されカーノン川に流出、ファルマス湾にまで広がった。[7] ヴェオリア社によって建設された処理プラントは長い年月を経た今でも廃水処理を続けている。そのことが鉱山の犠牲になった人たちのことを思い起こさせてくれるわけだが、それを遠い国ではなくこの英国で目にすることに、奇妙な感覚を覚えた。

試掘現場ではアイルランド出身の男たちが冷たい風の中で黄色のダイヤモンド掘削リグを操作していて、ときおり鋼鉄製のパイプから回収される完全に円筒形をしたドリルコア（地層をくり抜いた地質資料）を平らな面に押し出していた。このドリルコアは近くのコンテナ製の事務所にいるスタッフが検査し記録している。事務所の岩石のコンピューターモデルには古い鉱山地図のデータが読み込まれている。灰色の大理石のように見える岩石のコアには斑点状に長石や水晶が見られ、ところどころ金色に輝く部分があった。それは「愚か者の金です」とルーシー・クレーンが教えてくれる。黄鉄鉱のことだ。もっと驚かされたのがリチウムを豊富に含む雲母の破片だった。クレーンはアフリカやラテンアメリカの仕事を諦めて英国にとどまることにしたと私に打ち明けてくれた。「標高の高いモロッコのアトラス山脈でのトレッキングをしていると楽観的になれますが、本当に興味のある職業と生活をうまくバランスを取れる方が素敵です。英国には地下資源の大きな可能性があり、責任ある開発を進めなければなりません。鉱山の操業を社会的に認めてもらうためにも細心の注意が必要になるでしょう」と彼女は言う。ドリルコアの一部に崩れた豆腐のようにぼろぼろな部分があれば、それが花崗岩に亀裂がある兆候で、そこをリチウムを豊富に含む熱泉水が流れている可能性がある。

ラソールには答えを出そうとしていた問題があった。コーンウォールの資源の規模は十分に大きいのかということだ。競争力のある産業を維持し、私たちのバッテリー需要を満たせるだけの規模なのだろうか。コーニッシュ・リチウム社が資金を獲得するには、コーンウォールの花崗岩に低コストで回収できる大規模な資源が存在することを実証する必要があると、この分野の専門家であるグラントは私に語った。「英国は自国のリチウム資源が世界的に価値があるものなのかどうか誠実に示さなければならない」というのである。「依然として規模の経済が幅を利かせているのです。矛盾なく厳しく検証されたリチウム製品でなければ、VWはリチウムの長期供給契約は結んでくれないでしょう」

＊

私はコーンウォールの採掘を再開することで本当に利益を得るのは誰なのかという点も疑問に思っていた。土地所有については露骨なほど不平等で、皇太子と大地主が鉱業権の大部分を所有している。コーンウォール訪問の最終日にトレゴスナン・エステートを訪ねた。ファルマス近郊の丘陵に緑豊かな庭園があり、その上方にテューダーゴシック様式の大きな邸宅が佇んでいる。このエステートの代理人、アンドリュー・ジャーヴィスは新型コロナウイルスのため邸宅の外で私たちと会い、エステート内の植物園を案内してくれ、ジャーヴィスによると初めて栽培が始まったのは１２６４年とのことだという。ある場所で彼は「この低木は２５０歳以上です」と言った。かつては鉄鋼産業で働いていた頭が切れ抜け目のないジャーヴィスは現在、農業からハイテク新興企業まで、エステートを所有するボスコーエン一族の投資を管理している。彼は植物園の築山のような一画までくると、突端に立ってこのエステートで栽培している茶畑を眺めてみてくださいと、私を促した。「ここの微気候はダージリンの気候とまったく同じなのです」と彼は言う。このエステートにある茶畑は、英国で商品として茶が栽培されている唯一の場所で、その生産された茶の一部はフォルトナム・アンド・メイソンとクラリッジズ・ホテルで販売されている。次にジャーヴィスが見せてくれたのは珍しい木で、オーストラリアの科学者によって再発見されるまで、絶滅したものと考えられていた木だという。当時のファルマス子爵ジョージ・ヒュー・ボスコーエンはこのウォレマイ・パインという木をオンラインオークションで手に入れるため一晩中一睡もせず、ついにその木をコーンウォールへ運ばせたという。散策を続けていると、ジャーヴィスは鉱山とギャンブル、競馬そして海軍で財を成したとボスコーエン家の歴史を語った。18世紀に王立海軍大将エドワード・ボスコーエンがカナダで数隻のフランス艦船を拿捕《だほ》し、多額の懸賞金を得たという。「今日は良い一日になりそうですね」とジャーヴィスは言った。邸宅へ戻ると、建物の上にはボスコーエン・ローズの旗が高くはためいていた。ジャーヴィスにリチウムについて尋ねると、彼は急に機嫌をよくして「私どもが数百年にわたってやってきたことを今も続けているのです」と彼は答えた。「リチウム鉱山を適切に管理できれば、コーンウォールにとって、また英国にとっても大変革となるでしょう。採鉱を英国へ取り戻すことができるのです」

しかしコーンウォールの他の地主はもっと慎重だった。13世紀以来一族の土地を代々受け継いできたある地主は、ラソールとは契約を交わしたが、急増する鉱山新興企業については躊躇していると話してくれた。この地主一族はコーンウォールの鉱業の浮き沈みのすべてを見てきた。彼のエステートには今でも古い錫の廃鉱山がある。誰もが金持ちになったわけではないし、鉱山で失われた金はおそらく稼げた金よりも多いことを私たちは忘れてはいけない、と彼は言う。かつて鉱夫の平均寿命は35歳で、週給は農家よりわずかに高かったもののその寿命は農業労働者より10年も短かった。「汚くて不潔な産業で……『ポルダーク』の中の鉱山と実際の鉱山とはまるで違う」と彼は言う。「コーンウォールにとっては大きな経済的利益があったのですが、多くの人々が損失を被りました。鉱山に大きな愛着はありますが、それがうつろいやすいものであることも分かっています。私たちは好況と不況の波は避けたいのです。宝石強盗のような強奪ではなく理性的な経済成長を望んでいます」。上流階級の雰囲気漂う温厚な紳士の彼は、自分自身や他の地主階級は「風景の守り人」であることを自覚していた。

鉱業の再生はこれまでならアフリカやラテンアメリカの国々が向き合う挑戦だった。しかし英国が本当に中国への依存を減らし独自のサプライチェーンを構築したいのであれば、国はそれに真剣に立ち向かわなければならない。コーンウォールでラソールが実践しているようなプロジェクトがすべての問題を解決するわけではないが、ヨーロッパ中で新たな鉱山の開発とその構想の促進に貢献できるはずだ。

終章

米国でドレークが油井の機械掘りを成功させてから200年近くたち、今石油時代の終焉を迎えつつある。すでに子どもたちは自動車に対して私たちとは異なる認識の中で育っている。2017年7月の天気の良い日、高校生による自作の電気自動車レースを見学するため、妻と一緒にイングランド北部の都市ハルへ向かった。レースは1回の充電で走行できる距離を競う。自動車のスピードではなく効率を競うのである。私が話しかけた生徒たちは、そんなタイプのレースの意味を直感的に理解していた。彼らの頭に真っ先に浮かぶのは資源の希少性、自然保護、気候変動といった概念なのだ。前世代ならスリリングなスピード感に熱中し、豊富に手に入る石油を当たり前のことと思っていたはずだが、この生徒たちはもう電気の未来を見据えている。彼らの声に私は希望を感じ取ることができた。

かつては造船と漁業で知られた都市ハルも、別の形で変化していた。2016年の終わりにハル郊外にある大きな工場で初めて風力タービンのブレードが製造されたのである。長さ250フィート（約76メートル）のブレードはハルで製造された史上最大の製品として都心部に展示された。沖合では世界最大の洋上ウィンドファームが建設中だ。サンダーランドのバッテリー工場は、中国の再生可能エネルギー会社エンヴィジョンに買収されたが、電気自動車用のバッテリーとエネルギー貯蔵システムをかつてない規模で供給している。「私たちは今まさに転換点《ティッピング・ポイント》にいるのです」というのは、この工場のすぐ外にバッテリー会社を設立した童顔のエンジニア、スティーヴン・アイリッシュだ。２０１７年11月に彼のＢＭＷの電気自動車で自宅へ向かいながら話してくれた。アイリッシュは１９９６年に電気自動車に関する卒業論文を書いてから、長い間希望を持ち続けていた。彼の卒業論文からは何年も遅れたことになるが、私が見る限り今、あらゆる場所でクリーン・エネルギーへの転換が起きている。

電気自動車や再生可能エネルギーそしてバッテリーへの転換によって、環境に優しいよりよい世界が生まれるだろう。電気自動車は人々の健康状態を改善するだけでなく、特に中国では経済成長を加速させ、生産性を向上させている。中国での18年間にわたる大気汚染の記録を分析した研究によれば、技能が高く教養ある従業員が汚染のひどい都市から逃げ出していることがわかった。英国では道路からの汚染の影響が国土の70パーセント以上に及ぶことが研究によって明らかにされている。「おそらく道路の汚染の影響を受けていない土地は6パーセント以下で、汚染レベルはほぼすべての場所で悪化している」とその研究者は記している[1]。

しかしこの転換にあたっては、私たちが依存してきた闇のサプライチェーンを一掃する必要がある。電気自動車のように環境に優しい消費財でさえ、ピーター・ドヴァーン教授が「生態学的影」と呼ぶものを生み出し、その影はそれらにほとんど対処できない貧困国の上に落ちる。だから私たちはこのグリーン革命によってどのような生態学的影が生じるのか、しっかり認識しなければならない。ドヴァーンの言葉には先見の明があった。「環境保護主義は持続可能な世界の消費パターンの形成に失敗しているだけでなく、消費量の多い経済における政策立案者が『環境面での進歩』と銘打つことの多くは、実際には裕福な世界が『影』の影響とリスクを生態系と力の弱い人々、つまり国際関係での影響力がない人々に転嫁しているにすぎない」[2]

ＳＵＶや大型車の所有欲を抑えることもできる。大型車を選び続けていれば、大きくて重いバッテリー・パックを選択することになり、採掘への負担を増大させることになる。ＳＵＶの台数は２０１０年には５０００万台以下だったものが、２億８０００万台以上にまで増加した。ＩＥＡによれば２０２０年に世界で発表された電気自動車モデルの55パーセント以上がＳＵＶとピックアップトラックだ。その理由は自動車メーカーにとってＳＵＶやピックアップトラックは利益率が高く、電気自動車への転換コストを上回る利益が得られるからなのだ。しかしこうした傾向が続けば地球に負担がかかってしまう。それならトラックやバン、大型トラックなど毎日道路を走る車両に大型バッテリーを積んで、これらの電動化を優先するやり方もあるだろう。これらの車両は私たちが自家用車を運転するよりずっと長時間走行しているのだから。

また、環境に配慮したバッテリー製造と資源採掘も必要だ——これは問題を認識し、事実を確認することから始まる。鉱山用トラックは電動化したり水素燃料電池を動力として使える。精錬所とバッテリー工場を再生可能エネルギーで稼働させることもできる。さらに鉄鋼生産に用いる水素（水素還元製鉄）を再生可能エネルギーを利用して製造することも可能だ。持続可能性問題の研究者アウク・ホクストラは次のように述べている。「自動車そのものだけでなく、自動車のサプライチェーン全体が再生可能電力で稼働する未来を想像することも可能です。バッテリーで採掘装置を動かし、バッテリーやソーラーパネル、ウィンドミルの生産に必要な鉱石を回収することもできるでしょう。太陽光と風力で（バッテリーも組み合わせて）鉄鋼とアルミニウムの製造に必要な水素を生産すれば、二酸化炭素の放出はほぼゼロです。そうすればバッテリーや電気自動車、ソーラーパネルさらに風力タービンの製造もほとんどゼロエミッションになります。車のバッテリーも太陽光と風力から得られるエネルギーを蓄えることで、系統電力の安定化に役立ち、それが今度は必要となる定置型バッテリーの台数を減らすことにつながるのです[3]」。このような世界は実現可能であり、私たちすべてに希望を与えてくれる。

技術革新によって一部の資源への負担を軽減することもできる。中国で最大の電気自動車メーカーＢＹＤは、海外のバッテリー・メーカーからは長年無視されてきたリチウムイオンに関わるテクノロジーを洗練させていた。リン酸鉄リチウム（ＬＦＰ）バッテリーとして知られ、ニッケルやコバルトは使わず、リチウムと鉄という豊富に存在するふたつの元素だけで作られる。ただＬＦＰバッテリーはニッケルやコバルトを含むものよりパワーが小さいため、長距離を移動する車やピックアップトラック、大型トラックは動かせそうにない。しかし短距離の移動なら十分な性能だ。２０２１年に中国で最も売れた電気自動車はテスラではなくＬＦＰバッテリーを搭載した小型のウーリン・ミニで価格はおよそ4500ドルである。この車は1回の充電で100マイル（約160キロ）の走行が可能だ。

しかし「生態学的影」は常に変化していることも頭に入れておかなければいけない。開発中の新しいバッテリー技術によってある原材料の必要量を減らせても、同じように複雑なサプライチェーンを伴う別の原料と置き換えるだけということにもなりかねない。原材料の需要が増大すればさらに自然環境に負担をかけることになるが、すでに私たちは生物多様性を損ない、気候変動にも影響を与えてしまっている。採掘を基盤とした成長は永遠に続くわけではない。バーツラフ・シュミルが書いているように「物質的成長によってさらに地球の無機、有機の資源が採掘され、生物圏の限りあるストックとサービスの劣化が進むのだから、物質的成長の継続は不可能である[4]」

サプライチェーンを変化させるには消費者が継続的に圧力をかけるしかない。大衆の意識が高まれば、企業は材料の生産やエネルギーを確保する方法を改善せざるを得なくなる。本書で取り上げてきた華友《ホアヨウ》コバルトや青山《チンシャン》集団の例でもわかるように、中国企業は顧客が望めば即座に反応する。私たちは積極的消費者となり、クリスティアナ・フィガレスが書いているように持続可能な製品に「自分の金で投票する」必要があるのだ[5]。

電気を利用した輸送システムは神が与えてくれるものではない。世界の貴重な資源を採掘しなければ実現できないのである。

謝辞

長年にわたり支援ならびに協力をくださったサイモン・ムーアズ、そして洞察とご支援をいただいたベンチマーク・ミネラル・インテリジェンスのキャスパー・ロールズとアンドリュー・ミラーに感謝いたします。ただし本書の内容はベンチマーク・ミネラル・インテリジェンスの見解を示したものではありません。

リチウム産業について解説していただき、さらに中国のガンフォンリチウム社を訪問させていただいた王暁申《ワンシャオシェン》、そして現地視察とインタービューに応えていただいた天斉リチウム社に感謝いたします。ジョー・ラウリーそしてジョン・カネリツァスとジョン・エヴァンスは常に彼らの知識と専門性を惜しみなく提供してくれました。アレックス・グラントはリチウムの採取とカーボンフットプリントについて考える際に常に協力してくれました。ケン・ブリンスデンはリチウム市場の状況について気持ちよく洞察力に富む話を聞かせてくれました。チリで現地視察とご支援を頂いたＳＱＭ社、そしてアロンソ・バロス、エデュアルト・ビトラン、オスカー・ランデレッチェにも感謝いたします。ロバート・フリードランドにはお話を伺えたことと、コンゴ民主共和国のカモア鉱山を訪問させていただいたことに感謝いたします。またアイヴァンホー社では私の訪問を調整し鉱区に滞在させてくれたアレックス・ピカードとマシュー・ボスにも感謝申し上げます。バッテリーについてお話を伺ったスタン・ホイッティンガム、ラム・マンシラム、ビリー・ウー、ボブ・ガリエンにも感謝します。ありがとうございました。ハンス・エリック・メリンは長年にわたりバッテリー・リサイクルについて助言を頂いています。CATL社ではエレーヌ・ファンの協力に感謝します。グレンコア社ではチャールズ・ウォーテンフルにムタンダ鉱山への訪問を調整していただいたこと、そして長年の援助に感謝します。エリザベス・カーセンスとニコラス・ギャレットはコンゴ民主共和国に関するあらゆることで常に惜しみなく時間を割いて頂きました。ジェレミー・ラソールも時間を惜しみなく提供してくれ、新型コロナウイルスによる最初のシャットダウンの直前にコーンウォール中を案内してくれました。専門的な助言とフィードバックをいただいたジョー・ラウリー、アネク・ファン・ウーデンベルク、ハンス・メリン、スティーヴン・ブラウン、ジム・レノン、そしてエイドリアン・グローヴァーにも感謝申し上げます。もちろん本書で間違いがあるとすれば、責任はすべて私にあります。他にもバッテリー材料の理解を助けてくれたお名前を挙げられない人たちがいます。彼らにも感謝していいます。ありがとうございました。私の不手際でお礼を申し上げられなかった方がいらっしゃるかもしれません。失礼をお許しください。

『フィナンシャル・タイムズ』のジョフ・ダイヤー、トム・オサリヴァンそしてマレイ・ウィザーズには、本書でも取り上げた問題の多くを大型特集のFTビッグ・リードにはじめて執筆した際にご協力いただき感謝しています。またトム・ウィルソンからは彼のコンゴ民主共和国に対する深い見識を、パトリック・マクギーからはバッテリー・リサイクルについて学ばせてもらいました。また『フィナンシャル・タイムズ』のコモディティ市場チームの全員、ニール・ヒューム、アンジュリ・ラヴァル、エミコ・テラゾノ、そしてデイヴィッド・シェパードの支援と友情に、そして本書の出版を薦めてくださったケイティ・マーティンとジェームズ・ラモントに感謝いたします。

版元のワンワールドでは、この本を最初に引き受けてくれたアレックス・クリストフィに、そして上梓まで一貫してお世話していただいたセシリア・スタインに感謝申し上げます。またキャサリーン・マカリーには丁寧に編集、修正していただきました。ありがとうございました。私のエージェントであるデイヴィッド・マコーミックは、電気自動車とバッテリーがまだ世間では注目されていなかった頃から早くもこのテーマの重要性を確信し、私の言わんとするところを瞬時に理解してくれました。

最後に友人のマットとライアン、私の両親、そしてシリとジョー・ハリス夫妻には本書を読んでいただいたことに感謝します。そして何より洞察力と助言を与えてくれた妻のクラウディアと電気自動車に夢中な幼い息子のジェイミーに感謝します。ありがとうございました。

Aborigen Forum, https://indigenous-russia.com/archives/5785.
13 'Nornickel announces comprehensive support Programme for the Taimyr's Indigenous Peoples', Nornickel press release, 25 September 2020, www.nornickel.com/news-and-media/press-releases-and-news/nornickel-announces-comprehensive-support-programme-for-the-taimyr-s-indigenous-peoples/.
14 以下を参照. Foy, H., 'Oligarch Vladimir Potanin on money, power and Putin', Financial Times, 13 April 2018.
15 Butt, H., Okun, S., 'Norilsk Nickel plans to expand nickel production to meet growing EV demand', Fastmarkets, 20 November 2018, www. metalbulletin.com/Article/3844953/Norilsk-Nickel-plans-to-expand-nickel-production-to-meet-growing-EV-demand.html.

第15章　コーンウォールでの鉱業復活

1 'Cornish Lithium to receive significant investment from UK government's Getting Building Fund', Cornish Lithium, https://cornishlithium. com/company-announcements/cornish-lithium-to-receive-significant-investment-from-uk-governments-getting-building-fund/.
2 'Debate between Boris Johnson and Steve Double', 16 September 2021, www.parallelparliament.co.uk/mp/boris-johnson/vs/steve-double.
3 Buckley, J.A., The Cornish Mining Industry, A Brief History (Redruth, Tor Mark Press, 1992), p. 3.
4 Tonkin, B., 'Heroic and tragic truth behind Poldark: Cornishmen shaped mining in Britain and pushed boundaries the world over', Independent, 13 April 2015.
5 Schwartz, S., 'Creating the cult of "Cousin Jack": Cornish miners in Latin America 1812–1848 and the development of an international mining labour market' (1999), https://projects.exeter.ac.uk/cornishlatin/Creating%20 the%20Cult%20of%20Cousin%20Jack.pdf.
6 Pell, R., Grant, A., Deak, D., 'Geothermal lithium: the final frontier of decarbonization', Jade Cove Partners, May 2020.
7 以下の英国環境省報告書を参照, 'Wheal Jane, a clear improvement', https://consult.environment-agency.gov.uk/psc/tr3-6ee-uk-remediation-ltd/supporting_documents/1992%20EA%20pollution%20incident%20 report.pdf.

終章

1 Phillips, B.B., Bullock, J.M., Osborne, J.L., Gaston, K.J., 'Spatial extent of road pollution: a national analysis', Science of the Total Environment, 773 (2021), 145589.
2 Dauvergne, P., The Shadows of Consumption, Consequences for the Global Environment (Cambridge MA, MIT Press, 2008), p. 215.
3 Hoekstra, A., 'The Underestimated Potential of Battery Electric Vehicles to Reduce EmissionsUnderestimated potential'. Joule Volume 3, Issue 6, 19 June 2019, pp.1412-1414
4 Smil, Growth, p. 511.（『グロース「成長」大全：微生物から巨大都市まで』、田中嘉成監訳、ニュートンプレス）
5 Figueres, C., Rivett-Carnac, T., The Future We Choose (London, Manilla Press, 2020), p. 113.

et al., 'Progress towards a circular economy in materials to decarbonize electricity and mobility', Renewable and Sustainable Energy Reviews, 137 (2021), 110604, https://doi.org/10.1016/j.rser.2020.110604.
13 Owen, D., 'The efficiency dilemma', New Yorker, 12 December 2010.
14 Smith, B., 'Government won't meet net-zero emissions without "massive change", warns Defra chief scientist', Civil Service World, 29 August 2019, www.civilserviceworld.com/professions/article/government-wont-meet-netzero-emissions-without-massive-change-warns-defra-chief-scientist.
15 Owen, 'The efficiency dilemma'.
16 Smil, V., Growth, From Microorganisms to Megacities (Cambridge MA, MIT Press, 2019), p. 201.
17 Schmitt, A., 'What happened to pickup trucks?', Bloomberg News, 11 March 2021.
18 Platform for Accelerating the Circular Economy, 'A new circular vision for electronics: time for a global reboot', January 2019, https://www3.weforum. org/docs/WEF_A_New_Circular_Vision_for_Electronics.pdf.
19 統計数値はアナログデバイス社の厚意による。
20 McGrath, M., 'Climate change: "dangerous and dirty" used cars sold to Africa', BBC Online, 26 October 2020.
21 Xu, C., Dai, Q., Gaines, L. et al., 'Future material demand for automotive lithium-based batteries', Communications Materials, 1 (2020), 99, https:// doi.org/10.1038/s43246-020-00095-x.

第14章　世界一環境に優しいバッテリー

1 ノースボルト・クロニクル向けのインタビュー. 以下で参照可. https://chronicles.northvolt.com/.
2 Campbell, P., 'Eight carmakers on course to miss European CO2 targets', Financial Times, 27 November 2016.
3 Rathi, A., 'Europe is ready to spend billions on batteries to catch up with China', Quartz, 15 October 2008.
4 Scott, M., Posaner, J., 'Europe's big battery bet', Politico, 26 July 2020, www. politico.eu/article/europe-battery-electric-tesla-china/.
5 マロシュ・シェフチョヴィッチの欧州委員会でのスピーチ（2018年2月23日）.以下を参照. https:// ec.europa.eu/commission/presscorner/detail/en/SPEECH_18_1168.
6 Cole, L., 'Breaking new ground: the EU's push for raw materials sovereignty', Euractiv, 18 November 2019, www.euractiv.com/section/circular-economy/ news/breaking-new-ground-the-eus-push-for-raw-materials-sovereignty/.
7 'Speech by Vice-President Šefčovič at the European Investment Bank (EIB) Board of Directors' meeting', European Commission, 12 June 2019, https:// ec.europa.eu/commission/presscorner/detail/en/SPEECH_19_2973.
8 'TIER and Northvolt start partnership to equip e-scooters with greener batteries', Northvolt website, 24 February 2021, https://northvolt.com/ articles/tier-scooters/.
9 Sanderson, H., Milne, R., 'Sweden's Northvolt raises $2.75bn to boost battery output', Financial Times, 9 June 2021.
10 '如果未来几年仍然是这个趋势, 没有投入就没有产出, 我们就很难继续待在第一梯队', '技术创新, 产业协同共促新能源汽车行业持续健康发展', 29 September 2020, www.catl.com/news/503.html.
11 'A 20,000-tonne oil spill is contaminating the Arctic – it could take decades to clean up', The Conversation, 14 July 2020, https://theconversation. com/a-20-000-tonne-oil-spill-is-contaminating-the-arctic-it-could-take-decades-to-clean-up-141264.
12 'An appeal of Aborigen-Forum network to Elon Musk, the head of the Tesla company',

Bloomsbury Sigma, 2021), p. 96.（『深海学―深海底希少金属と死んだクジラの教え』、林 裕美子訳、築地書館）
9 Davis, J., 'New species from the abyssal ocean hint at incredible deep sea diversity', Natural History Museum, 21 April 2020, www.nhm.ac.uk/ discover/news/2020/april/new-species-from-the-abyssal-ocean-deep-sea-diversity.html.
10 Purser, A., Marcon, Y., Hoving, H-J.T. et al., 'Association of deep-sea incirrate octopods with manganese crusts and nodule fields in the Pacific Ocean', Current Biology, 26, 24 (2016), R1268–9.
11 Vonnahme, T.R., Molari, M., Janssen, F. et al., 'Effects of a deep-sea mining experiment on seafloor microbial communities and functions after 26 years', Science Advances, 6, 18 (2020).
12 'The Metals Company releases study comparing impacts of land ores to polymetallic nodules', The Metals Company press release, April 2020, https:// metals.co/ deepgreen-releases-study-comparing-land-ores-to-nodules/.
13 Hein et al., 'Deep-ocean polymetallic nodules'.
14 'Treasures of the abyss', Geological Society, May 2013, www.geolsoc.org.uk/ Geoscientist/ Archive/May-2013/Treasures-from-the-abyss.
15 Mero, J.L., The Mineral Resources of The Sea (Amsterdam, Elsevier, 1965), p. 5.
16 Thulin, L., 'During the Cold War, the CIA secretly plucked a Soviet submarine from the ocean floor using a giant claw', Smithsonian Magazine, 10 May 2019, www.smithsonianmag.com/history/during-cold-war-ci-secretly-plucked-soviet-submarine-ocean-floor-using-giant-claw-180972154/.
17 CIAのツイッター・アカウント（2019年5月13日付）, https://twitter.com/cia/status/1128052066650337280?lang=en.
18 Sparenberg, O., 'A historical perspective on deep-sea mining for manganese nodules, 1965–2019', Extractive Industries and Society, 6 (2019), 842–54.
19 Arvid Pardo, 国連総会でのスピーチ, www.un.org/ depts/los/convention_agreements/texts/pardo_ga1967.pdf.
20 ISA のウェブサイト, www.isa.org.jm/about-isa.

第13章　リデュース、リユース、リサイクル

1 Skrabec, The Green Vision of Henry Ford, p. 175.
2 McGee, P., Sanderson H., 'Electric vehicles: recycled batteries and the search for a circular economy', Financial Times, 2 August 2021.
3 'Sustainable Supply Chain for Batteries', Storage X Symposium, Stanford University [online], 2 November 2020, available at https://www.youtube. com/ watch?v=FQ0yFAGELnE (accessed 7 April 2022).
4 McGee, Sanderson, 'Electric vehicles: recycled batteries and the search for a circular economy'.
5 同上.
6 McDonough, W., Braungart, M., Cradle to Cradle: Remaking the Way We Make Things (London, Jonathan Cape, 2008), p. 24.
7 同書, p. 25.
8 同書, p. 158.
9 Home, A., 'Humble aluminium can shows a circular economy won't be easy', Reuters, 26 March 2021.
10 同上.
11 'Chemistry can help make plastics sustainable – but it isn't the whole solution', Nature, 17 February 2021, www.nature.com/articles/d41586- 021-00391-7?utm_source=Nature+Briefing&utm_campaign=4f69ad29e5- briefing-dy-20210219&utm_medium=email&utm_term=0_c9dfd39373- 4f69ad29e5-43565849.
12 Mulvaney, D., Richards, R.M., Bazilian, M.D.

7 Lipton, E., Searcey, D., 'How the US lost ground to China in the contest for clean energy', New York Times, 21 November 2021.
8 Isaacson, W., Steve Jobs: The Exclusive Biography (New York, Simon & Schuster, 2015), p. 37.（『スティーブ・ジョブズ』、井口耕二訳、講談社）
9 Brennan, The Bite in the Apple, p. 85.（『かじられた林檎：スティーブ・ジョブズ回顧録：愛と反骨の阿修羅』、北野恭弘訳、ソハコ）
10 同書.
11 Isaacson, Steve Jobs, p. 39.
12 McNish, The Big Score, p. 26.
13 'Controversial investor makes Burma centrepiece of Asian plan', Inter Press Service News Agency, 10 December 1996.
14 Larmer, M., 'At the crossroads: mining and political change on the Katangese-Zambian copperbelt', Oxford Handbooks Online, July 2016, www.oxfordhandbooks.com/view/10.1093/oxfordhb/9780199935369.001.0001/ oxfordhb-9780199935369-e-20?print=pdf.
15 Wells, J., 'Canada's next billionaire', MacLeans, 3 June 1996, https://archive.macleans.ca/article/1996/6/3/canadas-next-billio-naire.
16 Ivanhoe Mines, '2018 news', www.ivanhoemines.com/news/2018/ strategic-equity-investment-of-c-723-million-in-ivanhoe-mines-by-china-based-citic-metal-has-been-completed/.
17 Ivanhoe Mines press release, 19 September 2018, https://cn.ivanhoemines. com/news/2018/strategic-equity-investment-of-c-723-million-in-ivanhoe-mines-by-china-based-citic-metal-has-been-completed/.

第12章　最後のフロンティア

1 McVeigh, K., 'David Attenborough calls for ban on "devastating" deep sea mining', Guardian, 12 March 2020.
2 Pavid, K., 'Thank the ocean with every breath you take, says Dr Sylvia Earle', Natural History Museum, 28 November 2017, www.nhm.ac.uk/ discover/news/2017/november/thank-the-ocean-dr-sylvia-earle.html.
3 Petersen, S., Krätschell, A., Augustin, N., Jamieson, J., Hein, J.R., Hannington, M.D., 'News from the seabed – geological characteristics and resource potential of deep-sea mineral resources', Marine Policy, 70 (2016), 175–87, www.sciencedirect.com/science/article/pii/S0308597X16300732?via%3Dihub.
4 ディープグリーンは同社のクラリオン=クリッパートン海域における権利には、2億5000万台以上の電気自動車用バッテリーを製造できるニッケル、銅、コバルト、マンガンも含まれると主張した。ディープグリーンはのちに社名をザ・メタルズ・カンパニーに変更し、その後特別買収目的会社であるサステイナブル・オポチュニティーズ・アクイジションズ社との逆さ合併を介して株式上場を果たしている.
5 以下を参照. Mining Watch Canada, Deep Sea Mining Campaign, London Mining Network, 'Why the rush? Seabed mining in the Pacific Ocean', July 2019, www.deepseaminingoutofourdepth.org/wp-content/uploads/ Why-the-Rush.pdf, p. 26; and Stutt, A., 'Nautilus Minerals officially sinks, shares still trading', Mining.com, 26 November 2019, www.mining.com/ nautilus-minerals-officially-sinks-shares-still-trading/.
6 Hein, J.R., Koschinsky, A., Kuhn, T., 'Deep-ocean polymetallic nodules as a resource for critical materials', Nature Reviews: Earth and Environment, 1 (2020), 158–69.
7 Rogers, A., The Deep:The Hidden Wonders of Our Oceans and How We Can Protect Them (London, Wildfire, 2019), p. 9.
8 Scales, H., The Brilliant Abyss: True Tales of Exploring the Deep Sea, Discovering Hidden Life and Selling the Seabed (London,

delegation led by chairman Chen Xuehua', Huayou Cobalt, 9 July 2019, http://en.huayou.com/news/425.html.

18 同上.

19 '亲戚合伙撑起一片天:温商项光达、张积敏家族抱团创业的成功样板', 一波说传承有道, 20 June 2018, https://cj.sina.com.cn/articles/ view/6034141786/167a9b25a001008ruf.

20 中国寧徳市ステンレス鋼新材料イノベーション・セミナーでの講演. 2020年8月21日福建省寧徳市にて. 以下を参照. https://finance.sina. com.cn/stock/stockzmt/2020-08-23/doc-iivhuipp0237616.shtml.

21 'Tsingshan's Indonesia Morowali Industrial Park: build, and they will come', HSBCが財経(チャイチン)誌,30(2019)から再掲, www.business.hsbc. com.cn/en-gb/belt-and-road/story-5.

22 Nickel Mines presentation, May 2021, https://nickelmines.com.au/ wp-content/uploads/2021/05/pjn10794-1.pdf.

23 Camba, A., 'Indonesia Morowali Industrial Park: how industrial policy reshapes Chinese investment and corporate alliances', Panda Paw Dragon Claw, 17 January 2021, https://pandapawdragonclaw.blog/2021/01/17/indonesia-morowali-industrial-park-how-industrial-policy-reshapes-chinese-investment-and-corporate-alliances/.

24 以下を参照. Hudayana, B., Suharko, Widyanta, A.B., 'Communal violence as a strategy for negotiation: community responses to nickel mining industry in central Sulawesi, Indonesia', Extractive Industries and Society, 7 (2020), 1547–56.

25 Supriatna, J., 'Deforestation on Indonesian island of Sulawesi destroys habitat of endemic primates', The Conversation, 23 October 2020.

26 Supriatna, J., Shekelle, M., Fuad, A.H.H. et al., 'Deforestation on the Indonesian island of Sulawesi and the loss of primate habitat', Global Ecology and Conservation, 24 (2020), e10205.

27 'Nickel resources strong bargaining chip for Indonesia: Pandjaitan', Antara News, 18 June 2021, https://en.antaranews.com/news/176950/ nickel-resources-strong-bargaining-chip-for-indonesia-pandjaitan.

第11章　銅山王と環境問題

1 Robert Friedland, 2020年3月トロントで開催されたカナダ探鉱者開発者協会 (PDAC)のカンファレンスでの基調講演, www. youtube.com/watch?v=h-FbTqJW6eg.

2 Gates, B., How to Avoid a Climate Disaster: The Solutions We Have and the Breakthroughs We Need (London, Allen Lane, 2021), p. 41. (『地球の未来のため僕が決断したこと』、山田文訳、早川書房)

3 同書, p. 79.

4 以下を参照. Koelsch, J., 'Chinese firms position for an energy transition copper supercycle', Baker Institute Blog, 5 April 2021, http://blog.bakerinstitute.org/2021/04/05/chinese-firms-position-for-an-energy-transition-copper-supercycle/: 'For instance, every thousand battery electric vehicles (BEVs) produced can require approximately 83 metric tonnes (MT) of copper (well more than triple conventional vehicles at 23 MT), while wind turbines incorporate 3.6 MT of copper per megawatt (MW) of output, photovoltaic cells 4-to-5 MT per MW, and flywheels for pumped hydropower 0.3-to-4 MT per MW.'

5 Azadi, M., Northey, S.A., Ali, S.H. et al., 'Transparency on greenhouse gas emissions from mining to enable climate change mitigation', Nature Geoscience, 13 (2020), 100–4.

6 'CRU/CESCO-WRAPUP 1 – As copper projects rev up, deficit still seen', Reuters, 8 April 2010.

26 Sanderson, H., 'NGOs hit out at LME's cobalt sourcing plans', Financial Times, 7 February 2019.
27 'Glencore fails to disclose royalty payments for US-sanctioned businessman Dan Gertler', Resource Matters, 24 April 2019, https://resourcematters.org/ glencore-fails-disclose-royalty-payments-us-sanctioned-businessman-dan-gertler/.

第10章　汚れたニッケル

1 Sun, Y., Burton, M., '"Please mine more nickel," Musk urges as Tesla boosts production', Reuters, 23 July 2020.
2 'Chinese owned Ramu NICO brushes aside Basamuk report', Papua New Guinea Today, 12 October 2019, https://news.pngfacts.com/2019/10/ chinese-owned-ramu-nico-brushes-aside.html.
3 Doherty, B., 'Rio Tinto accused of violating human rights in Bougainville for not cleaning up Panguna mine', Guardian, 31 March 2020.
4 Mudd, G.M., Roche, C., Northey, S.A., Jowitt, S.M., Gamato, G., 'Mining in Papua New Guinea: a complex story of trends, impacts and governance', Science of The Total Environment, 741 (2020), 140375.
5 Allen, M., 'A brutal war and rivers poisoned with every rainfall: how one mine destroyed an island', The Conversation, 30 September 2020, https:// theconversation.com/a-brutal-war-and-rivers-poisoned-with-every-rainfall-how-one-mine-destroyed-an-island-147092.
6 'CEPA: only 80,000 litres slurry escape into Basamuk Sea', NBC News PNG, 17 October 2019, www.facebook.com/NBCNewsPNG/posts/952825368404384.
7 ストアブランド・アセット・マネージメント社からの電子メールで、以下に引用あり. Moore, E., 'Why did a Norwegian firm ditch a Chinese company over what it's doing in Papua New Guinea?', Earthworks, 12 May 2020, https://earthworks.org/blog/why-did-a-norwegian-firm-ditch-a-chinese-company-over-what-its-doing-in-papua-new-guinea/.
8 Morse, I., 'Locals stage latest fight against PNG mine dumping waste into sea', Mongabay, 22 May 2020, https://news.mongabay.com/2020/05/ locals-stage-latest-fight-against-png-mine-dumping-waste-into-sea/.
9 テスラ2020年第2四半期決算説明会講演,文字起こしモトレー・フール2020年7月22日, www.fool.com/earnings/call-transcripts/2020/07/23/tesla-tsla-q2-2020-earnings-call-transcript.aspx.
10 Tesla Battery Day presentation, YouTube, 22 September 2020, www. youtube.com/watch?v=l6T9xIeZTds.
11 Huang, C., 'Metallurgical knowledge transfer from Asia to Europe', Artefact, 8 (2018), 89–100, http://journals.openedition.org/artefact/1996.
12 同上.
13 Christensen, A., 'Thomas Edison – failed geophysicist and prospector?', LinkedIn, 1 June 2020, www.linkedin.com/pulse/thomas-edison-geophysicist-prospector-asbj%C3%B8rn-n%C3%B8rlund-christensen?articleId=6672117454019416064.
14 Romney, M., 'America is awakening to China. This is a clarion call to seize the moment', Washington Post, 23 April 2020.
15 'EU launches WTO challenge against Indonesian restrictions on raw materials', European Commission, 22 November 2019, https://trade. ec.europa.eu/doclib/press/index.cfm?id=2086&title=EU-launches-WTO-challenge-against-Indonesian-restrictions-on-raw-materials.
16 Bland, B., Man of Contradictions, Joko Widodo and the Struggle to Remake Indonesia (Penguin Books, 2020), p. 71.
17 'President Joko met cordially with a

Faber, B., Krause, B., Sánchez de la Sierra, R., 'Artisanal mining, livelihoods, and child labor in the cobalt supply chain of the Democratic Republic of Congo', UC Berkeley CEGA White Papers, 6 May 2017; 'Mapping of the artisanal copper-cobalt mining sector in the provinces of Haut-Katanga and Lualaba in the Democratic Republic of the Congo', BGR, October 2019.

5 Dauvergne, P., The Shadows of Consumption: Consequences for the Global Environment (Cambridge MA, MIT Press, 2010), p. 209.

6 'Building a responsible supply chain', Faraday Insights, 7 (May 2020), https://faraday.ac.uk/wp-content/uploads/2020/05/Insight-cobalt-supply-chain1.pdf.

7 Banza Lubaba Nkulu, C., Casas, L., Haufroid, V. et al., 'Sustainability of artisanal mining of cobalt in DR Congo', Nature Sustainability, 1 (2018), 495–504, https://doi.org/10.1038/s41893-018-0139-4.

8 'Metal mining and birth defects: a case-control study in Lubumbashi, Democratic Republic of the Congo', The Lancet Planetary Health, April 2020, www.thelancet.com/journals/lanplh/article/PIIS2542-5196(20)30059-0/fulltext.

9 Van Reybrouck, Congo, p. 526.

10 同書, p. 527.

11 Carroll, R., 'Return of mining brings hope of peace and prosperity to ravaged Congo', Guardian, 5 July 2006.

12 米外交公電(2005年4月29日付), Wikileaks, https://wikileaks.org/plusd/cables/05KINSHASA731_a.html.

13 Kabemba, C., Bokondu, G., Cihunda, J., 'Overexploitation and injustice against artisanal miners in the Congolese cobalt supply chain', Southern Africa Resource Watch, Resource Insight, 18 (January 2020), www.sarwatch.co.za/ wp-content/uploads/2020/03/Cobalt-Report-v2-English_compressed.pdf.

14 以下に引用あり, Liwanga, Child Mining, p. 22.

15 Clark, S., Smith, M., Wild, F., 'China lets child miners die digging in Congo mines for copper', Bloomberg News, 23 July 2008.

16 'This is what we die for, human rights abuses in the Democratic Republic of the Congo power the global trade in cobalt', Amnesty International, 19 January 2016, www.amnesty.org/en/documents/afr62/3183/2016/en/.

17 'Exposed: child labour behind smart phone and electric car batteries', Amnesty, 19 January 2016.

18 Pakenham, T., The Scramble for Africa (London, Weidenfeld and Nicolson, 1991), p. 588.

19 Jasanoff, M., The Dawn Watch: Joseph Conrad in a Global World (London, William Collins, 2017), p. 210.

20 同書, p. 213.

21 同書, p. 213.

22 Sovacool, B.K., Hook, A., Martiskainen, M., Brock, A., Turnheim, B., 'The decarbonisation divide: Contextualizing landscapes of low-carbon exploitation and toxicity in Africa', Global Environmental Change, 60 (2020), 102028.

23 Xing, X., 'A video allegedly staged by UK journalists in DR Congo has nobody fooled about Sino-Congolese relations', Global Times, 20 December 2017, www.globaltimes.cn/content/1081258.shtml.

24 Sanderson, H., 'Glencore warns on child labour in Congo's cobalt mining', Financial Times, 16 April 2018.

25 'Eurasian Resources Group joins with leading businesses and international organisations to launch the Global Battery Alliance', Eurasian Resources Group, 20 September 2019, https://eurasianresources.lu/en/news/eurasian-resources-group-joins-with-leading-businesses-and-.

21 ‘Deciphering the $440 million discount for Glencore’s DR Congo mines’, Resource Matters, November 2017, https://resourcematters.org/wp-content/uploads/2017/11/Resource-Matters-The-440-million-discount-2017-11- 29-FINAL-1.pdf.

22 ‘Fleurette and Glencore complete merger of Mutanda and Kansuki mining operations’, PR Newswire, 25 July 2013, www.prnewswire.com/ news-releases/fleurette-and-glencore-complete-merger-of-mutanda-and-kansuki-mining-operations-216882021.html.

23 ‘Glencore and the gatekeeper, how the world’s largest commodities trader made a friend of Congo’s president $67 million richer’, Global Witness, May 2014, www.globalwitness.org/en/archive/glencore-and-gatekeeper/.

24 Hearn, A., ‘EXCLUSIVE: Tycoon pays £46m for London flat (plus £3m more in stamp duty)’, Evening Standard, 7 January 2015.

25 Oz Africa Plea Agreement and Statement of Facts, 29 September 2016, www.justice.gov/opa/pr/och-ziff-capital-management-admits-role-africa-bribery-conspiracies-and-agrees-pay-213. この文書にはダン・ガートラーの名は出てこないが、コンゴ民主共和国でのパートナーに関する記述は彼と一致する.

26 Rose-Smith, I., ‘Dan Och’s African nightmare’, Institutional Investor, 7 November 2016, www.institutionalinvestor.com/article/b14z9p2nzrs2gl/ dan-ochs-african-nightmare.

27 Oz Africa Plea Agreement.

28「オクジフ・キャピタル・マネージメント社はアフリカにおける贈収賄陰謀への関与を認め、罰金2億1300万ドルの支払いに同意した」,2016年9月29日,司法省.‘Och-Ziff Capital Management admits to role in Africa bribery conspiracies and agrees to pay $213 million criminal fine’, Department of Justice, 29 September 2016, www.justice.gov/opa/pr/och-ziff-capital-management-admits-role-africa-bribery-conspiracies-and-agrees-pay-213.

29 Wild, F., Riseborough, J., ‘Glencore reviewing bribery allegations said to involve Gertler’, Bloomberg News, 30 September 2016, www.bloombergquint. com/markets/glencore-reviewing-bribery-allegations-said-to-involve-gertler.

30 ‘Settlement of dispute with Ventora and Africa horizons’, Glencore, 15 June 2018, www.glencore.com/media-and-insights/news/Settlement-of-dispute-with-Ventora-and-Africa-horizons.

31 ‘Blog: Glencore unfazed by muddy Congo deals’, Global Witness, 21 May 2014, www.globalwitness.org/en/archive/8622/.

32 ‘A new mining code for the DRC’, DLA Piper, 10 August 2018, www. dlapiper.com/en/morocco/insights/publications/2018/08/democratic-republic-of-congo-mining-code/.

第9章　血まみれのコバルト

1 Van Reybrouck, D., Congo: The Epic History of a People (New York, Ecco Press, 2015), p. 119.

2 Kavanagh, M., ‘This is our land’, New York Times, 26 January 2019.

3 Liwanga, R.C., Child Mining in An Era of High-Technology, Understanding the Roots, Conditions, and Effects of Labor Exploitation in the Democratic Republic of Congo (Dearborn MI, Alpha Academic Press, 2017), p. vii.

4 他の研究も参照のこと:ファーバーらの推定によると子どもたちの約23パーセントがコバルト鉱山部門で働いており、地球科学・天然資源ドイツ連邦機関(BGR)は17の鉱山(鉱山の29パーセント)で子どもの存在を確認している. Faber et al. estimated that about 23 percent of children worked in the cobalt mining sector, while Bundesanstalt für Geowissenschaften und Rohstoffe (BGR) found children at 17 mines (or 29 percent);

Gonzalez- Privatizations.pdf.

8 O'Brien, T.L., Rohter, L., 'The Pinochet money trail', New York Times, 12 December 2004.

9 この歴史の詳細は張暁暉による以下の記事による.'The secret history of Tianqi lithium industry', Economic Observer, 10 June 2020, http://m.eeo.com. cn/2010/0610/172275.shtml.

10 同上.

11 Sanderson, H., 'China warns Chile against blocking $5bn SQM lithium deal', Financial Times, 26 April 2018.

第7章　コバルト問題

1 Moores, S., 'Has Glencore given electric vehicles the extra push to engineer cobalt out of a battery?', Benchmark Mineral Intelligence, 16 November 2018, www.benchmarkminerals.com/has-glencore-given-electric-vehicles-the-extra-push-to-engineer-cobalt-out-of-a-battery/.

2 The Economist, 17–23 February 2018.

第8章　コバルトの巨人現る

1 トーマス・ジェファーソンからホラシオ・G・スパフォード宛1814年3月17日付書簡, https://founders. archives.gov/documents/Jefferson/03-07-02-0167.

2 Glencore Nikkelverk, 'Sustainability', www.nikkelverk.no/en/sustainability.

3 Van Vuuren, H., Apartheid, a Tale of Profit, Guns and Money (Johannesburg, Jacana Media (Pty) Ltd, 2017), p. 111.

4 Breiding, J., 'Yes, he played dirty – but Marc Rich also changed the world', Financial Times, 27 June 2013.

5 United States Congressional Serial Set, No. 14778, House Report No. 454.

6 'DR Congo stands to lose $3.71 billion in mining deals with Dan Gertler', Raid, 12 May 2021, www.raid-uk.org/blog/ drc-congo-stands-lose-3-71-billion-mining-deals-dan-gertler.

7 以下を参照. Melman, Y., Carmel, A., 'Diamond in the rough', Haaretz, 24 March 2005.

8 同上.

9 同上.

10 Richburg, K.B., 'Mobutu: a rich man in poor standing', Washington Post, 3 October 1991, www.washingtonpost.com/archive/politics/1991/10/03/ mobutu-a-rich-man-in-poor-standing/49e66628-3149-47b8-827f-159dff8ac1cd/.

11 Stearns, J., Dancing in the Glory of Monsters: The Collapse of the Congo and the Great War of Africa (New York, PublicAffairs, 2012), p. 165.(『名前を言わない戦争：終わらないコンゴ紛争』、武内進一監訳、白水社)

12 米国外交公電, ウィキリークス, https://wikileaks.org/plusd/cables/01KINSHASA1610_a.html.

13 Wilson, T., 'DRC president Joseph Kabila defends Glencore and former partner Gertler', Financial Times, 10 December 2018.

14 'Cutting-edge diplomacy', Africa Confidential, 24 October 2003, www. africa-confidential.com/article-preview/id/189/Cutting-edge_diplomacy.

15 Melman and Carmel, 'Diamond in the rough'.

16 'The mineral industry of Congo (Kinshasa)', United States Geological Survey, 1997, https://minerals.usgs.gov/minerals/pubs/country/1997/9244097.pdf.

17 Stearns, Dancing in the Glory of Monsters, p. 289.(スターンズ、『名前を言わない戦争：終わらないコンゴ紛争』)

18 同上, p. 319.

19 Heaps, T., 'Tea with the FT: young blood', Financial Times, 7 April 2006.

20 Mahtani, D., 'Transparency fears lead to review of Congo contracts', Financial Times, 3 January 2007.

28 Zeng, Y., '抓住重大历史机遇, 推动我国新能源产业快速发展', GaoGong Industry Institute, www.gg-lb.com/art-40852.html.
29 同上.

第5章　中国のリチウムラッシュ

1 Elon Musk Twitter account, 20 July 2020.
2 Fioretti, J., Zhu, J., 'Ganfeng Lithium in dreadful Hong Kong debut, may bode ill for rival Tianqi', Reuters, 11 October 2018, www.reuters.com/ article/ganfeng-lithium-listing-idUSL4N1WR17E.
3 'Lithium comes from exploding stars', NASA, 29 May 2020, www.nasa.gov/ feature/lithium-comes-from-exploding-stars.
4 Fles, A., 'Should we all take a little bit of lithium?', New York Times, 14 September 2014.
5 Brown, W., Lithium: A Doctor, a Drug, and a Breakthrough (New York, Liveright, 2019) 参照.
6 Comer, E.P., 'The lithium industry today', Energy, June 1978.
7 Kinzley, J., Natural Resources and the New Frontier, Constructing China's Borderlands (Chicago, University of Chicago Press, 2018), p. 150.
8 Coughlin, W., 'Into the outback', Stanford Magazine, March/April 2000, https://stanfordmag.org/contents/into-the-outback.
9 'The lithium-ion supply chain', Benchmark Mineral Intelligence, September 2016, https://s1.q4cdn.com/337451660/files/doc_articles/2016/161214- Benchmark-approved-for-distribution-Lithium-ion-supply-chain.pdf.
10 Ingram, T., 'Pilbara Minerals boss Ken Brinsden's "fortuitous" leap from iron ore to lithium', Australian Financial Review, 4 November 2017.
11 ゴールドマン・サックスの調査レポートは以下を参照. www.goldmansachs.com/ insights/pages/what-if-i-told-you-full/?playlist=0&video=0.
12 Burton, M., 'Australian lithium recovery seen by mid-2020 as EV production revs up', Reuters, 18 September 2019.
13 Grant, A., Deak, D., Pell, R., 'The CO2 impact of the 2020s' battery quality lithium hydroxide supply chain', Jade Cove Partners, https://jadecove.com/ research/liohco2impact.
14 Raby, G., China's Grand Strategy and Australia's Future in the New Global Order (Melbourne, Melbourne University Publishing, 2020), p. 2.
15 Sanderson, H., 'Australia seeks investment from European electric carmakers', Financial Times, 17 September 2019.

第6章　チリの埋蔵宝物

1 Dubiński, J., 'Sustainable development of mining mineral resources', Journal of Sustainable Mining, 12, 1 (2013), 1–6.
2 'Eduardo Bitrán, vicepresidente ejecutivo de Corfo: "Ponce Lerou representa una época muy desgraciada de nuestra historia"', The Clinic, 22 November 2015, www.theclinic.cl/2015/11/22/eduardo-bitran-vicepresidente-ejecutivo-de-corfo-ponce-lerou-representa-una-epoca-muy-desgraciada-de-nuestra-historia/.
3 De Onis, J., 'Allende accuses US copper interests', New York Times, 12 July 1971.
4 Méndez, P.G., The Reinvention of the Saltpeter Industry (SQM Department of Communications, Santiago, Chile, December 2018), p. 90. 著者の私的複製
5 Ibid., p. 90.
6 Herrera, H., 'el ex Sindicalista de SQM que busca hundir a Ponce Lerou', The Clinic, 12 April 2015, www.theclinic.cl/2015/04/12/hugo-herrera-el-ex-sindicalista-de-sqm-que-busca-hundir-ponce-lerou/.
7 以下を参照. 'Take the money and run? The consequences of controversial privatizations', www.lse.ac.uk/lacc/publications/PDFs/

with German carmakers', Financial Times, 15 November 2019.

3 Scott, A., 'Can Europe be a contender in electric-vehicle batteries?Chemical & Engineering News, 13 July 2020, https://cen.acs.org/energy/ energy-storage-/Europe-contender-electric-vehicle-batteries/98/i27.

4 'Mercedes-Benz and CATL as a major supplier team up for leadership in future battery technology', PR Newswire, 5 August 2020, www.prnewswire.com/in/news-releases/mercedes-benz-and-catl-as-a-major-supplier-team-up-for-leadership-in-future-battery-technology-831440057.html.

5 'Interview with Prof. Friedrich Prinz', Volkswagen, www.volkswagenag.com/ en/news/stories/2019/05/e-mobility-transition-interview-with-professor-prinz.html.

6 曾の生い立ちや経歴の詳細については中国メディアの記事から引用.

7 Fletcher, Bottled Lightning, p. 59.

8 锂业课堂｜解析' 电动中国':中国锂电池产业的崛起之路, 任道重远, Tianqi Lithium official WeChat channel, https://mp.weixin.qq.com/s/ WGP81G1G3X3uRX_w2btVtQ.

9 同上.

10 李曙光, '宁德时代, 不能永远只做选择题', Tencent News, https://new. qq.com/omn/20200302/20200302A03D5B00.html.

11 家族の追悼ブログ 'Memorial to Tang-Hua (TH) Chen, PhD'を参照, https://tanghua-chen.muchloved.com/Gallery/Thoughts/7766885.

12「カーライルはスリーアイと共同で中国のバッテリー製造最大手アンペレクス・テクノロジー・リミテッド(ATL)に3000万米ドルを投資」, 2003年6月17日付カーライル社プレスリリースを参照, www.carlyle.com/media-room/news-release-archive/ carlyle-leads-us30-million-investment-3i-co-investor-leading.

13 同上.

14 同上.

15 Tao, W., 'Recharging China's electric vehicle policy' (Carnegie-Tsinghua Center for Global Policy, 2013), https://carnegieendowment.org/files/ china_electric_vehicles.pdf?TB_iframe=true.

16 Eckhouse, B., 'The US has a fleet of 300 electric buses. China has 421,000', Bloomberg News, 15 May 2019.

17 Mazzocco, I., 'Electrifying: how China built an EV industry in a decade', Macro Polo, 8 July 2020, https://macropolo.org/analysis/china-electric-vehicle-ev-industry/.

18 'Next generation lithium: from electronic components to the smart grid of the future', Batteries International, Issue 92 (summer 2014).

19 Li, F., 'Powerful CATL dominates electric car battery sector', China Daily, 11 March 2019.

20 'The breakneck rise of China's colossus of electric-car batteries', Bloomberg Businessweek, 1 February 2018.

21 Schreffler, R., 'Battery supplier CATL riding crest of EV wave', Wards Auto, 29 January 2018, www.wardsauto.com/technology/battery-supplier-catl-riding-crest-ev-wave.

22 同上.

23 Ward, A., 'Low-carbon technology power play by China's CATL', Financial Times, 15 March 2018.

24 'CATL aims to plug into the global market', China Daily, 29 December 2016.

25 Li, F., 'Powerful CATL dominates electric car battery sector', China Daily, 11 March 2019.

26 'Battery pack prices cited below $100/kWh for the first time in 2020, while market average sits at $137/kWh', Bloomberg New Energy Finance, 16 December 2020, https://about.bnef.com/blog/battery-pack-prices-cited-below-100- kwh-for-the-first-time-in-2020-while-market-average-sits-at-137-kwh/.

27 バーンスタインのアナリストとのカンファレンスコール, 2020年4月.

energy-storage. Extracted from the New York Sunday Herald, 28 January 1882.
11 Morris, Edison, p. 219.
12 同書, p. 220.
13 Bakker, G., 'Infrastructure killed the electric car', Nature Energy, 6, 947–8 (2021).
14 Kirsch, D., The Electric Car and the Burden of History (New Brunswick, Rutgers University Press, 2000), p. 31.
15 Morris, Edison, p. 236.
16 Morris, Edison, p. 249.
17 'Edison's new battery, as applied to automobiles is now on exhibition', New York Times, 18 January 1903.
18 Josephson, M., Edison (New York, McGraw-Hill, 1959), p. 415.
19 Mom, G., 'Inventing the miracle battery: Thomas Edison and the electric vehicle', in G. Hollister-Short, ed., History of Technology, vol. 20 (London, Bloomsbury Publishing, 2016), p. 32.
20 Kirsch, The Electric Car and the Burden of History, p. 200.
21 同書, p. 13.
22 Kirsch, The Electric Car and the Burden of History, p. 200.

第3章　ブレイクスルー

1 スタンリー・ウィッティンガムのノーベル賞授賞晩餐会でのスピーチ（2019年12月10日）, www.nobelprize.org/prizes/chemistry/2019/whittingham/speech/.
2 Belli, B., 'Nobel-winning alum John Goodenough '44 B.A. inspires next generation of Yale scientists', Yale News, 9 October 2019, https://news.yale.edu/2019/10/09/nobel-laureate-john-goodenough-44-inspires-next-generation-scientists.
3 スタンリー・ウィッティンガムへのインタビュー（2019年11月）, www.volkswagenag. com/en/news/stories/2019/11/we-must-believe-in-the-unbelievable.html.
4 Gardiner, B., Choked: The Age of Air Pollution and the Fight for a Cleaner Future (London, Granta, 2019), p. 147.
5 Goodenough, J.B., Witness to Grace (PublishAmerica, 2008), p. 51.
6 Rhodes, R., Energy, A Human History (New York, Simon & Schuster, 2018), p. 172.
7 'Ford demonstrates an electric auto; seeks new battery', New York Times, 20 July 1967.
8 Banerjee, N., Cushman, J., Hasemyer, D., Song, L., Exxon: The Road Not Taken (InsideClimate News, 2015), p. 2.
9 Goodenough, Witness to Grace, p. 17.
10 Manthiram, A., 'A reflection on lithium-ion battery cathode chemistry', Nature Communications, 11, 1550 (2020), https://doi.org/10.1038/ s41467-020-15355-0.
11 Manthiram, A., Goodenough, J.B., 'Layered lithium cobalt oxide cathodes', Nature Energy, 6, 323 (2021).
12 Goodenough, Witness to Grace, p. 73.
13 Fletcher, S., Bottled Lightning: Superbatteries, Electric Cars, and the New Lithium Economy (New York, Hill & Wang, 2011), p. 56.
14 Yoshino, A., 'From polyacetylene to carbonaceous anodes', Nature Energy, 6, 449 (2021).
15 Wald, M., 'Improving batteries', New York Times, 14 June 1989.
16 Lewis, L., 'Japan powers up for the new battle over batteries', Financial Times, 30 March 2021.
17 Trancik, J., Ziegler, M., 'Re-examining rates of lithium-ion battery technology improvement and cost decline', Energy and Environmental Science, 14 (2021), 1635–51.

第4章　中国のバッテリー王

1 Robin Zeng, CATL従業員宛のへ2017年の電子メール. CATLのWeChatオフィシャルサイトからデータ保存。現在は削除されている。
2 Chazan, G., 'Tesla's Berlin plant sets up "duel"

原 注

序章

1 テスラ2019年第4四半期決算説明会講演，文字起こしモトレー・フール2020年1月29日。www.fool.com/earnings/call-transcripts/2020/01/30/tesla-inc-tsla-q4-2019-earnings-call-transcript.aspx (all URLs were checked on 27 January 2022).

2 Timperley, J., 'How our daily travel harms the planet', BBC Future, 18 March 2020, www.bbc.com/future/article/20200317-climate-change-cut-carbon-emissions-from-your-commute.

3 McKibben, B., 'If the world ran on sun, it wouldn't fight over oil', Guardian, 18 September 2019, www.theguardian.com/commentisfree/2019/sep/18/ climate-crisis-oil-war-iraq-saudi-attack-green-energy.

4 Fisher, A., 'Tony Fadell's next act? Taking on Silicon Valley – from Paris', Wired, 19 October 2017, www.wired.com/story/tony-fadell-revenge-on-silicon-valley-from-paris/.

第1章　バッテリー時代

1 Tesla Battery Day presentation, YouTube, 22 September 2020, www. youtube.com/watch?v=l6T9xIeZTds.

2 同上.

3 同上.

4 Watts, S., The People's Tycoon, Henry Ford and the American Century (New York, Vintage, 2009), p. 288.

第2章　期待はずれのEV

1 Strohl, D., 'Ford, Edison and the cheap EV that almost was', Wired, 18 June 2010, www.wired.com/2010/06/henry-ford-thomas-edison-ev/.

2 'Edison batteries for new Ford cars', New York Times, 11 January 1914.

3 'World mobility at the end of the twentieth century and its sustainability', Massachusetts Institute of Technology and Charles River Associated Incorporated, October 2001, https://docs.wbcsd.org/2001/12/Mobility2001_FullReport.pdf.

4 Morris, E., Edison (New York, Penguin Random House, 2019), p. 273.

5 Crawford, M., Why We Drive: On Freedom, Risk and Taking Back Control (London, Bodley Head, 2020), p. 31.

6 McCall, B., 'My life in cars', New Yorker, 12 December 2020.

7 Watts, The People's Tycoon, p. 46.

8 同書, p. 42.

9 Skrabec, Q., The Green Vision of Henry Ford and George Washington Carver: Two Collaborators in the Cause of Clean Industry (Jefferson NC, McFarland & Co., 2013), p. 91.

10 '1883 interview with Thomas Edison on energy storage', Seeking Alpha, 9 December 2013, https://seekingalpha.com/instablog/227454-john-petersen/2479201-1883-interview-with-thomas-edison-on-

【著者】 ヘンリー・サンダーソン(HENRY SANDERSON)

ブルームバーグ・ニュースの記者を経て、近年はロンドンのフィナンシャル・タイムズ紙でコモディティと鉱業を取材し、クリーンエネルギーへの移行が地球資源に及ぼす影響について広く執筆、案内している。邦訳に『チャイナズ・スーパーバンク』(共著)がある。

【訳者】 柴田譲治(しばた・じょうじ)

翻訳業。主な訳書にブーマ『世界環境変動アトラス: 過去・現在・未来』、ハート『目的に合わない進化』、ウェバー『エネルギーの物語』、シップマン『ヒトとイヌがネアンデルタール人を絶滅させた』、ウィグナル『大絶滅時代とパンゲア超大陸』、モンビオ『地球を冷ませ』、スズキ『生命の聖なるバランス』他。

VOLT RUSH
by
HENRY SANDERSON

電気自動車《でんきじどうしゃ》は本当《ほんとう》にエコなのか

サプライチェーンの資源争奪戦《しげんそうだつせん》から環境《かんきょう》破壊《はかい》まで

●

2024年11月29日　第1刷

著者…………ヘンリー・サンダーソン

訳者…………柴田譲治《しばたじょうじ》

装幀…………岡 孝治

発行者…………成瀬雅人

発行所…………株式会社原書房

〒160-0022 東京都新宿区新宿 1-25-13
電話・代表 03（3354）0685
http://www.harashobo.co.jp
振替・00150-6-151594

印刷…………新灯印刷株式会社
製本…………東京美術紙工協業組合

ISBN978-4-562-07480-8, Printed in Japan